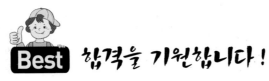

Best 합격을 기원합니다!

로더운전기능사

박광암 편저

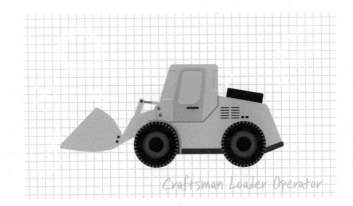

Craftsman Loader Operator

일진사

건설 산업 현장에서 건설기계는 그 효율성이 매우 높기 때문에 국가 산업 발전뿐만 아니라 각종 해외 공사에서까지 막대한 역할을 수행하고 있다.

최근 건설 및 토목 등의 분야에서 각종 건설기계가 다양하게 사용되고 있으며, 건설기계의 구조 및 성능도 날로 발전하고 있다.

이에 따라 건설 산업 현장에서 건설기계 조종사가 많이 필요하게 되었으나 현재는 이 기술 인력이 절대적으로 부족한 실정이다. 따라서 건설기계 조종사 면허증에 대한 효용 가치가 그만큼 높아졌으며, 유망 직종으로 부각되고 있다.

이 책은 로더운전기능사 필기시험을 준비하는 수험생들을 위해 새로 개정된 출제기준에 따라 짧은 시간 내에 마스터할 수 있도록 하는 데 중점을 두었으며, 다음과 같은 특징으로 구성하였다.

첫째, 개정된 출제기준에 맞추어 단원을 구성함으로써 수험생이 이해하기 쉽고 편리하도록 집필하였다.

둘째, 지금까지 출제된 기출문제들을 분석하여 각 단원별로 정리하였다.

셋째, 시험에 자주 출제되는 문제들의 핵심적인 내용을 정리하여 수록함으로써 시험 출제 경향을 파악할 수 있도록 하였다.

넷째, 부록으로 모의고사 문제를 수록하여 수험생들이 스스로 실력을 평가할 수 있도록 하였다.

끝으로 수험생 여러분들의 앞날에 합격의 기쁨과 발전이 있기를 기원하며, 부족한 점은 여러분들의 조언으로 계속하여 수정·보완할 것을 약속드린다. 또한 이 책이 세상에 나오기까지 물심양면으로 도와주신 **일진사** 직원 여러분께 깊은 감사의 말씀을 전한다.

저자 씀

CBT 안내

    한국산업인력공단에서 시행하는 국가기술자격검정 기능사 필기시험이 CBT 방식으로 달라졌습니다. CBT란 컴퓨터 기반 시험(Computer-Based Testing)의 약자로, 종이 시험지 없이 컴퓨터상에서 시험을 본다는 의미입니다. CBT 시험은 답안이 제출된 뒤 현장에서 바로 본인의 점수와 합격 여부를 확인할 수 있습니다.

    Q-net에서 안내하는 CBT 시험 진행 절차는 다음과 같습니다.

➲ 신분 확인

    시험 시작 전 수험자에게 배정된 좌석에 앉아 있으면 신분 확인 절차가 진행됩니다. 시험장 감독위원이 컴퓨터에 나온 수험자 정보와 신분증이 일치하는지를 확인하는 단계입니다.

➲ 시험 준비

1. 안내사항

    시험 안내사항을 확인합니다. 확인을 다하신 후 아래의 [다음] 버튼을 클릭합니다.

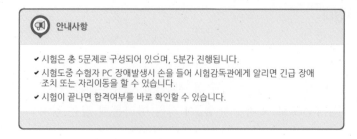

2. 유의사항

    시험 유의사항을 확인합니다. **다음 유의사항 보기 ▶** 버튼을 클릭하여 유의사항 3쪽을 모두 확인합니다.

유의사항 - [1/3]

• 다음과 같은 부정행위가 발각될 경우 감독관의 지시에 따라 퇴실 조치되고, 시험은 무효로 처리되며, 3년간 국가기술자격검정에 응시할 자격이 정지됩니다.

✔ 시험 중 다른 수험자와 시험에 관련한 대화를 하는 행위
✔ 시험 중에 다른 수험자의 문제 및 답안을 엿보고 답안지를 작성하는 행위
✔ 다른 수험자를 위하여 답안을 알려주거나, 엿보게 하는 행위
✔ 시험 중 시험문제 내용과 관련된 물건을 휴대하여 사용하거나 이를 주고받는 행위

다음 유의사항 보기 ▶

3. 메뉴 설명

문제풀이 메뉴 설명을 확인하고 기능을 숙지합니다. 각 메뉴에 관한 모든 설명을 확인하신 후 아래의 [다음] 버튼을 클릭해 주세요.

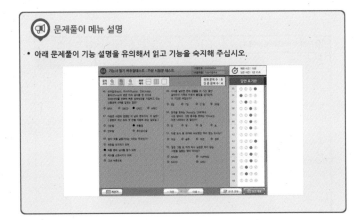

문제풀이 메뉴 설명

• 아래 문제풀이 기능 설명을 유의해서 읽고 기능을 숙지해 주십시오.

4. 문제풀이

 버튼을 클릭하여 실제 시험과 동일한 방식의 문제풀이 연습을 준비합니다.

자격검정 CBT 문제풀이 연습

• 실제 시험과 동일한 방식의 문제풀이 연습을 통해 CBT 시험을 준비합니다.
• 하단의 버튼을 클릭하시면 문제풀이 연습 화면으로 넘어갑니다.

자격검정 CBT 문제풀이 연습

※ 조금 복잡한 자격검정 CBT 프로그램 사용법을 충분히 배웠습니다. [확인] 버튼을 클릭하세요.

CBT 안내

한국산업인력공단에서 운영하는 큐넷(www.q-net.or.kr)의
'CBT 체험하기'를 참고하시기 바랍니다.

5. 시험 준비 완료

시험 안내사항 및 문제풀이 연습까지 모두 마친 수험자는 시험 준비 완료 버튼을 클릭한 후 잠시 대기 합니다.

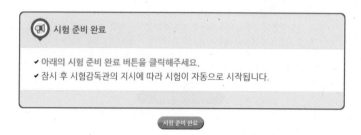

시험 시작

문제를 꼼꼼히 읽어보신 후 답안을 작성하시기 바랍니다. 시험을 다 보신 후 답안 제출 버튼을 클릭하세요.

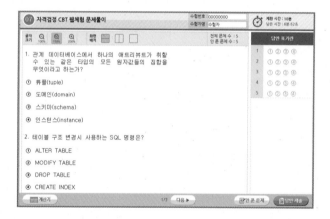

시험 종료

본인의 득점 및 합격 여부를 확인할 수 있습니다.

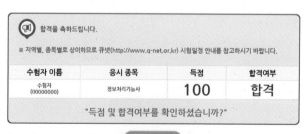

산업안전 표지

금지 표지

출입 금지	차량 통행 금지	금연	탑승 금지	보행 금지	사용 금지	화기 금지	물체 이동 금지

경고 표지

인화성 물질 경고	산화성 물질 경고	폭발성 물질 경고	급성 독성 물질 경고	부식성 물질 경고	유해 물질 경고

방사성 물질 경고	고압 전기 경고	매달린 물체 경고	낙화물 경고	고온 경고	저온 경고

몸균형 상실 경고	레이저 광선 경고	위험 장소 경고

지시 표지

보안경 착용	방독 마스크 착용	방진 마스크 착용	보안면 착용	안전모 착용	귀마개 착용

안전화 착용	안전 장갑 착용	안전복 착용

안내 표지

안전 제일	응급 구호 표시	들 것	세안 장치	비상구	좌측 비상구	우측 비상구	비상용 기구

로더운전기능사 출제기준(필기)

직무 분야	건설	중직무 분야	건설기계운전	자격 종목	로더운전기능사	적용 기간	2016.7.1. ~ 2021.6.30.

○ 직무내용 : 건설재료의 이동을 위하여 장비를 조종하여 재료의 적재(상차), 소운반 등의 작업을 수행하는 직무

필기검정방법	객관식	문제 수	60	시험시간	1시간

필기과목명	문제 수	주요항목	세부항목	세세항목
건설기계기관, 전기, 섀시, 로더작업장치, 유압일반, 건설기계관리 법규, 안전관리	60	1. 건설기계 기관 장치	1. 기관의 구조, 기능 및 점검	1. 기관본체 2. 연료장치 3. 냉각장치 4. 윤활장치 5. 흡 · 배기장치
		2. 건설기계 전기 장치	1. 전기장치의 구조, 기능 및 점검	1. 시동장치 2. 충전장치 3. 조명장치 4. 계기장치 5. 예열장치
		3. 건설기계 섀시 장치	1. 섀시의 구조, 기능 및 점검	1. 동력전달장치 2. 제동장치 3. 조향장치 4. 주행장치
		4. 로더 작업장치	1. 로더 작업장치	1. 로더 구조 2. 작업장치 기능 3. 작업방법
		5. 유압일반	1. 유압유	1. 유압유
			2. 유압기기	1. 유압펌프 2. 제어밸브 3. 유압실린더와 유압모터 4. 유압기호 및 회로 5. 기타 부속장치 등
		6. 건설기계관리 법규	1. 건설기계 등록검사	1. 건설기계 등록 2. 건설기계 검사
			2. 면허 · 사업 · 벌칙	1. 건설기계 조종사의 면허 및 건설 기계사업 2. 건설기계관리법규의 벌칙
		7. 안전관리	1. 안전관리	1. 산업안전일반 2. 기계 · 기기 및 공구에 관한 사항 3. 환경오염방지장치
			2. 작업 안전	1. 작업 시 안전사항 2. 기타 안전 관련 사항

제1편 건설기계 기관장치

제1장 기관의 개요 및 기관의 주요 부분 ····· 14

  1-1 기관의 개요 ································· 14

  1-2 기관의 주요 부분 ······················ 14

  ■ 출제 예상 문제 ·························· 18

제2장 연료장치 ···························· 26

  2-1 디젤기관 연료장치의 개요 ·········· 26

  2-2 디젤기관 연료장치의 구조와 작용 ······· 26

  ■ 출제 예상 문제 ·························· 29

제3장 냉각장치 ···························· 37

  3-1 냉각장치의 개요 ······················ 37

  3-2 수랭식 기관의 냉각방식 ·············· 37

  3-3 수랭식의 주요 구조와 그 기능 ·········· 37

  3-4 부동액 ································· 38

  ■ 출제 예상 문제 ·························· 39

제4장 윤활장치 ···························· 45

  4-1 윤활유의 작용과 구비조건 ·············· 45

  4-2 윤활유의 분류 ························ 45

  4-3 윤활장치의 구성부품 ·················· 46

  ■ 출제 예상 문제 ·························· 48

제5장 흡·배기장치 및 과급기 ········· 53

  5-1 공기청정기 ··························· 53

  5-2 과급기 ································· 53

  ■ 출제 예상 문제 ·························· 54

제2편 건설기계 전기장치

제1장 기초전기 및 반도체 ············· 58

  1-1 전기의 기초 사항 ···················· 58

  1-2 전기회로의 법칙 ···················· 58

  1-3 접촉저항 ····························· 59

  1-4 퓨즈 ································· 59

  1-5 반도체 ······························· 59

  ■ 출제 예상 문제 ·························· 61

제2장 축전지 ···························· 63

  2-1 축전지의 개요 ························ 63

  2-2 납산 축전지의 구조 ·················· 63

  2-3 납산 축전지의 화학작용 ·············· 65

  2-4 납산 축전지의 특성 ·················· 65

  2-5 납산 축전지의 자기방전 ·············· 66

  2-6 납산 축전지 충전 ···················· 66

  2-7 MF 축전지 ··························· 66

  ■ 출제 예상 문제 ·························· 67

제3장 시동장치와 예열장치 ················ 74

　3-1 시동장치 ······························· 74

　3-2 예열장치 ······························· 75

　■ 출제 예상 문제 ······················· 76

제4장 충전장치 ···························· 81

　4-1 발전기의 원리 ······················· 81

4-2 교류충전장치 ························· 81

　■ 출제 예상 문제 ······················· 83

제5장 계기 · 등화장치 ···················· 86

　5-1 조명의 용어 ························· 86

　5-2 전조등과 그 회로 ··················· 86

　5-3 방향지시등 ························· 87

　■ 출제 예상 문제 ······················· 88

제3편 건설기계 섀시장치

제1장 동력전달장치 ······················· 92

　1-1 클러치 ······························· 92

　1-2 변속기 ······························· 93

　1-3 자동변속기 ························· 94

　1-4 드라이브 라인 ····················· 95

　1-5 종감속기어와 차동기어장치 ········· 95

　■ 출제 예상 문제 ······················· 96

제2장 조향장치와 제동장치 ················ 102

　2-1 조향장치 ··························· 102

　2-2 제동장치 ··························· 104

　■ 출제 예상 문제 ····················· 106

제3장 주행장치 ··························· 111

　3-1 타이어 ····························· 111

　3-2 무한궤도 ··························· 112

　■ 출제 예상 문제 ····················· 114

제4편 로더의 구조 및 작업장치

제1장 로더의 개요 ······················· 120

　1-1 적재 방법에 따른 로더의 분류 ······· 120

　1-2 로더 버킷의 종류 ··················· 121

제2장 로더의 구조 ······················· 122

　2-1 로더의 동력전달장치 ··············· 122

　2-2 타이어형 로더의 조향장치 ··········· 123

제3장 로더의 작업장치의 기능 ············· 124

제4장 로더의 작업 방법 ··················· 125

　4-1 로더의 토사 깎기 작업 방법 ········· 125

　4-2 로더의 작업 방법 ··················· 125

　4-3 로더의 상차 방법 ··················· 125

　4-4 로더의 상차 작업 ··················· 126

　■ 출제 예상 문제 ····················· 127

제5편 건설기계 유압장치

제1장 유압의 개요 ···························· 142
1-1 액체의 성질 ···························· 142
1-2 유압장치의 정의 ······················· 142
1-3 파스칼의 원리 ························· 142
1-4 압력 ································· 142
1-5 유량 ································· 143
1-6 유압장치의 장점 및 단점 ··············· 143

제2장 유압유(작동유) ·················· 144
2-1 유압유의 점도 ························· 144
2-2 유압유의 구비조건 ····················· 144
2-3 유압유 첨가제 ························· 145
2-4 유압유에 수분이 미치는 영향 ··········· 145
2-5 유압유 열화 판정 방법 ················· 145
2-6 유압유의 온도 ························· 145

2-7 유압장치의 이상 현상 ·················· 146
■ 출제 예상 문제 ························· 147

제3장 유압장치 ···························· 153
3-1 오일 탱크 ···························· 153
3-2 유압 펌프 ···························· 154
3-3 제어밸브 ····························· 157
3-4 액추에이터 ···························· 160
3-5 그 밖의 유압장치 ······················ 162
■ 출제 예상 문제 ························· 164

제4장 유압 회로 및 기호 ·············· 179
4-1 유압 회로 ···························· 179
4-2 유압 기호 ···························· 179
■ 출제 예상 문제 ························· 181

제6편 건설기계관리법규

제1장 건설기계관리법 ·················· 186
1-1 건설기계관리법의 목적 ················· 186
1-2 건설기계 사업 ························· 186
1-3 건설기계의 신규 등록 ·················· 186
1-4 등록사항 변경신고 ····················· 187
1-5 건설기계 조종사 면허 ·················· 187
1-6 등록번호표 ···························· 188
1-7 건설기계 임시운행 사유 ················ 188
1-8 건설기계 검사 ························· 189

1-9 건설기계의 구조변경을 할 수 없는 경우 ··· 190
1-10 건설기계 사후관리 ···················· 190
1-11 건설기계 조종사 면허취소 사유 및
     면허정지 기간 ························· 190
1-12 벌칙 ································· 191
1-13 특별표지판 부착대상 건설기계 ········· 192
1-14 건설기계의 좌석안전띠 및 조명장치 ·· 192
■ 출제 예상 문제 ························· 193

제7편 · 안전관리

제1장 산업안전일반 ···················· 208

1-1 산업안전의 일반적인 사항 ············· 208
1-2 산업재해 ···························· 208
1-3 안전 · 보건표지의 종류 ··············· 209
1-4 방호장치의 종류 ···················· 209
1-5 화재 ······························· 210
■ 출제 예상 문제 ······················ 211

제2장 기계 · 기기 및 공구에 관한 사항 ······ 225

2-1 수공구 안전사항 ···················· 225
2-2 드릴작업을 할 때의 주의사항 ··········· 226

2-3 그라인더(연삭숫돌) 작업을 할 때의
     주의사항 ···························· 226
2-4 산소용접 작업을 할 때의 유의사항 ······ 226
■ 출제 예상 문제 ······················ 227

제3장 작업상의 안전 ····················· 233

3-1 작업장의 안전수칙 ··················· 233
3-2 운반 작업을 할 때의 안전사항 ·········· 233
3-3 벨트에 관한 안전사항 ················· 233
■ 출제 예상 문제 ······················ 234

부록 모의고사

▣ 모의고사 1 ··· 240
▣ 모의고사 2 ··· 247
▣ 모의고사 3 ··· 254
▣ 모의고사 정답 및 해설 ··· 261

로더
운전기능사

제**1**편

건설기계 기관장치

제1장 기관의 개요 및 기관의 주요 부분

제2장 연료장치

제3장 냉각장치

제4장 윤활장치

제5장 흡 · 배기장치 및 과급기

제 1 장 기관의 개요 및 기관의 주요 부분

1-1 기관의 개요

(1) 기관(engine)의 정의

열기관(엔진)이란 열에너지를 기계적 에너지로 변환시키는 장치이다.

(2) 4행정 사이클 디젤기관의 작동 과정

① 피스톤이 흡입 → 압축 → 동력(폭발) → 배기의 4행정을 할 때 크랭크축은 2회전 하여 1사이클을 완성한다.

② 피스톤 행정이란 피스톤이 상사점(TDC)에서 하사점(BDC)으로 또는 하사점에서 상 사점으로 이동한 거리이다.

1-2 기관의 주요 부분

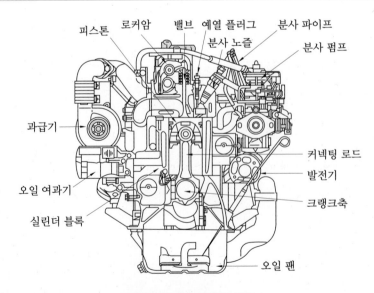

디젤기관 주요 부분의 구조

1 실린더 헤드(cylinder head)

(1) 실린더 헤드의 구조

헤드 개스킷을 사이에 두고 실린더 블록에 볼트로 설치되며, 피스톤, 실린더와 함께 연소실을 형성한다.

(2) 디젤기관의 연소실

연소실의 종류에는 단실식인 직접분사실식과 복실식인 예연소실식, 와류실식, 공기실식 등이 있다.

(3) 헤드 개스킷(head gasket)

실린더 헤드와 블록 사이에 삽입하여 압축과 폭발가스의 기밀을 유지하고 냉각수와 기관오일의 누출을 방지한다.

2 실린더 블록(cylinder block)

(1) 일체형 실린더

① 실린더 블록과 같은 재질로 실린더를 일체로 제작한 형식이다.
② 부품 수가 적고 무게가 가벼우며, 강성 및 강도가 크고, 냉각수 누출 우려가 적다.

(2) 실린더 라이너(cylinder liner)

실린더 블록과 라이너(실린더)를 별도로 제작한 후 라이너를 실린더 블록에 끼우는 형식으로 습식(라이너 바깥둘레가 냉각수와 직접 접촉함)과 건식이 있다.

3 피스톤(piston)

(1) 피스톤의 구비조건

① 중량이 작고, 고온·고압가스에 견딜 수 있을 것
② 블로바이(blow-by ; 실린더 벽과 피스톤 사이에서의 가스 누출)가 없을 것
③ 열전도율이 크고, 열팽창률이 적을 것

(2) 피스톤 간극

① 피스톤 간극이 작을 때의 영향

기관 작동 중 열팽창으로 인해 실린더와 피스톤 사이에서 고착(소결)이 발생한다.

② **피스톤 간극이 클 때의 영향**

㉮ 기관 시동성능이 저하되고, 기관 출력이 감소한다.

㉯ 피스톤 링의 기능 저하로 기관오일이 연소실에 유입되어 소비가 많아진다.

㉰ 연료가 기관오일에 떨어져 희석되어 수명이 단축된다.

㉱ 피스톤 슬랩(piston slap)이 발생한다.

㉲ 블로바이에 의해 압축압력이 낮아진다.

4 피스톤 링(piston ring)

(1) 피스톤 링의 작용

① 기밀작용(밀봉작용)

② 오일제어 작용(실린더 벽의 오일 긁어내리기 작용)

③ 열전도 작용(냉각작용)

(2) 피스톤 링이 마모되었을 때의 영향

기관오일이 연소실로 올라와 연소하며, 배기가스 색깔은 회백색이 된다.

5 크랭크축(crank shaft)

① 피스톤의 직선운동을 회전운동으로 변환시키는 장치이다.

② 메인저널, 크랭크 핀, 크랭크 암, 밸런스 웨이트(평형추) 등으로 구성되어 있다.

6 플라이휠(fly wheel)

기관의 맥동적인 회전을 관성력을 이용하여 원활한 회전으로 바꾸어 준다.

7 밸브기구(valve train)

(1) 캠축과 캠(cam shaft & cam)

① 크랭크축으로부터 동력을 받아 흡입 및 배기밸브를 개폐시키는 작용을 한다.

② 4행정 사이클 기관의 크랭크축 기어와 캠축 기어의 지름비율은 1 : 2이고 회전비율은 2 : 1이다.

(2) 유압식 밸브 리프터(hydraulic valve lifter)

기관의 작동온도 변화에 관계없이 밸브간극을 0으로 유지시키는 방식으로, 특징은 다음과 같다.

① 밸브간극 조정이 자동으로 조절된다.

② 밸브개폐 시기가 정확하다.

③ 밸브기구의 내구성이 좋다.

④ 밸브기구의 구조가 복잡하다.

(3) 흡입 및 배기밸브(intake & exhaust valve)

① 밸브의 구비조건

㈎ 열에 대한 저항력이 크고, 열전도율이 좋을 것

㈏ 무게가 가볍고, 열팽창률이 작을 것

㈐ 고온과 고압가스에 잘 견딜 것

② 밸브의 구조

㈎ 밸브 헤드(valve head) : 고온·고압가스에 노출되며, 특히 배기밸브는 열부하가 매우 크다.

㈏ 밸브 페이스(valve face) : 밸브시트(seat)에 밀착되어 연소실 내의 기밀작용을 한다.

㈐ 밸브 스템(valve stem) : 밸브 가이드 내부를 상하 왕복운동하며 밸브헤드가 받는 열을 가이드를 통해 방출하고, 밸브의 개폐를 돕는다.

㈑ 밸브 가이드(valve guide) : 밸브의 상하운동 및 시트와 밀착을 바르게 유지하도록 밸브 스템을 안내한다.

㈒ 밸브 스프링(valve spring) : 밸브가 닫혀 있는 동안 밸브시트와 밸브 페이스를 밀착시켜 기밀을 유지시킨다.

③ 밸브간극(valve clearance)

㈎ 밸브간극이 작으면 밸브가 열려 있는 기간이 길어지므로 실화(miss fire)가 발생할 수 있다.

㈏ 밸브간극이 너무 크면 정상 작동온도에서 밸브가 완전히 열리지 못한다.

출제 예상 문제

01. 열에너지를 기계적 에너지로 변환시켜
주는 장치는?

① 펌프　　　　② 모터

③ 엔진　　　　④ 밸브

_{해설} 엔진(열기관)이란 열에너지를 기계적 에너지
로 변환시켜 주는 장치이다.

02. 디젤엔진의 장점으로 볼 수 없는 것은?

① 압축압력과 폭압압력이 크기 때문에
마력당 중량이 크다.

② 유해 배기가스 배출량이 적다.

③ 열효율이 높다.

④ 흡입행정 시 펌핑손실을 줄일 수 있다.

_{해설} 디젤기관은 압축압력, 폭압압력이 크기 때문
에 마력당 중량이 큰 단점이 있다.

03. 디젤기관의 일반적인 특징으로 가장 거
리가 먼 것은?

① 소음이 크다.

② 마력당 무게가 무겁다.

③ 회전수가 높다.

④ 진동이 크다.

_{해설} 디젤기관은 가솔린 기관보다 최고 회전수
(rpm)가 낮다.

04. 공기만을 실린더 내로 흡입하여 고압축
비로 압축한 후 압축열에 연료를 분사하
는 작동원리의 디젤기관은?

① 압축착화 기관　　② 전기점화 기관

③ 외연기관　　　　④ 제트기관

_{해설} 디젤기관은 흡입행정에서 공기만을 실린더
내로 흡입하여 고압축비로 압축한 후 압축열
에 연료를 분사하여 자기 착화하는 압축착화
기관이다.

05. 4행정 사이클 엔진은 피스톤이 흡입 →
압축 → 동력 → 배기의 4행정을 하면서
1사이클을 완료하며 크랭크축은 몇 회전
하는가?

① 1회전　② 2회전　③ 3회전　④ 4회전

_{해설} 4행정 사이클 기관은 크랭크축이 2회전하고,
피스톤은 흡입 → 압축 → 동력(폭발) → 배기
의 4행정을 하여 1사이클을 완성한다.

06. 기관에서 피스톤의 행정이란?

① 피스톤의 길이이다.

② 실린더 벽의 상하 길이이다.

③ 상사점과 하사점과의 총면적이다.

④ 상사점과 하사점과의 거리이다.

_{해설} 피스톤의 행정이란 상사점(TDC)과 하사점
(BDC)까지의 거리이다.

07. 4행정 사이클 기관의 행정순서로 옳은
것은?

① 압축 → 흡입 → 동력 → 배기

② 흡입 → 압축 → 동력 → 배기

③ 압축 → 동력 → 흡입 → 배기

④ 흡입 → 동력 → 압축 → 배기

08. 4행정 사이클 디젤기관에서 흡입행정 시
실린더 내에 흡입되는 것은?

① 혼합기　　　② 공기

③ 스파크　　　④ 연료

해설 디젤기관은 흡입행정에서 공기만 흡입한다.

09. 디젤기관의 압축비가 높은 이유는?

① 연료의 무화를 양호하게 하기 위하여

② 공기의 압축열로 착화시키기 위하여

③ 기관과열과 진동을 적게 하기 위하여

④ 연료의 분사를 높게 하기 위하여

해설 디젤기관의 압축비가 높은 이유는 공기의 압축열로 자기 착화시키기 위함이다.

10. 디젤기관에서 실린더의 압축압력이 저하하는 주요 원인으로 틀린 것은?

① 실린더 벽이 마멸되었을 때

② 피스톤 링의 탄력이 부족할 때

③ 헤드 개스킷이 파손되어 누설이 있을 때

④ 연소실 내부에 카본이 누적되었을 때

해설 연소실 내부에 카본이 누적되면 기관이 과열하기 쉽다.

11. 4행정 사이클 디젤기관에서 흡입밸브와 배기밸브가 모두 닫혀 있는 행정은?

① 흡입행정과 압축행정

② 압축행정과 동력행정

③ 흡입행정과 배기행정

④ 동력행정과 배기행정

해설 흡입밸브와 배기밸브가 모두 닫혀 있는 행정은 압축행정과 동력(폭발)행정이다.

12. 기관에서 폭발행정 말기에 배기가스가 실린더 내의 압력에 의해 배기밸브를 통해 배출되는 현상은?

① 블로바이　　② 블로백

③ 블로다운　　④ 블로업

해설 블로다운(blow down)이란 폭발행정 말기, 즉 배기행정 초기에 배기밸브가 열려 실린더 내의 압력에 의해서 배기가스가 배기밸브를 통해 스스로 배출되는 현상을 말한다.

13. 2행정 사이클 디젤기관의 흡입과 배기행정에 관한 설명으로 틀린 것은?

① 피스톤이 하강하여 소기포트가 열리면 예압된 공기가 실린더 내로 유입된다.

② 압력이 낮아진 나머지 연소가스가 압출되어 실린더 내는 와류를 동반한 새로운 공기로 가득 차게 된다.

③ 연소가스가 자체의 압력에 의해 배출되는 것을 블로바이라고 한다.

④ 동력행정의 끝부분에서 배기밸브가 열리고 연소가스가 자체의 압력으로 배출이 시작된다.

해설 연소가스가 자체의 압력에 의해 배출되는 것을 블로다운이라고 한다.

14. 2행정 사이클 기관에만 해당되는 과정(행정)은?

① 동력행정　　② 소기행정

③ 흡입행정　　④ 압축행정

해설 소기행정은 실린더 내의 잔류가스를 내보내고 새로운 공기를 실린더 내에 공급하는 행정이며, 2행정 사이클 기관에만 해당된다.

15. 2행정 사이클 디젤기관의 소기방식에 속하지 않는 것은?

① 루프소기 방식　② 횡단소기 방식

③ 복류소기 방식　④ 단류소기 방식

해설 소기방식에는 단류소기 방식, 횡단소기 방식, 루프소기 방식이 있다.

정답　09 ②　10 ④　11 ②　12 ③　13 ③　14 ②　15 ③

16. 디젤기관에서 실화(miss fire)할 때 나타나는 현상으로 옳은 것은?

① 기관회전이 불량해진다.
② 냉각수가 유출된다.
③ 기관이 과랭한다.
④ 연료소비가 감소한다.

해설 실화가 발생하면 기관의 회전이 불량해진다.

17. 디젤기관의 연소실 형상과 관련이 적은 것은?

① 기관출력　　　② 공전속도
③ 열효율　　　　④ 운전 정숙도

해설 기관의 연소실 형상에 따라 기관출력, 열효율, 운전 정숙도, 노크발생 빈도 등이 달라진다.

18. 〈보기〉에 나타낸 것은 기관에서 어느 구성부품을 형태에 따라 구분한 것인가?

┌─| 보기 |────────────
│ 직접분사식, 예연소실식, 와류실식, 공
│ 기실식
└──────────────────

① 동력전달장치
② 연소실
③ 점화장치
④ 연료분사장치

해설 디젤기관 연소실은 단실식인 직접분사식과 복실식인 예연소실식, 와류실식, 공기실식 등으로 나누어진다.

19. 기관 연소실이 갖추어야 할 조건으로 가장 거리가 먼 것은?

① 압축 끝에서 혼합기의 와류를 형성하는 구조일 것
② 연소실 내에 돌출부분이 없을 것

③ 화염전파 거리가 짧을 것
④ 연소실 내의 표면적은 최대가 되도록 할 것

해설 연소실 내의 표면적은 최소가 되도록 하여야 한다.

20. 디젤기관의 연소실 중 연료소비율이 낮으며 연소압력이 가장 높은 연소실 형식은?

① 예연소실식　　② 와류실식
③ 직접분사실식　④ 공기실식

해설 직접분사실식은 열효율이 높고, 연료소비율이 낮으며 연소압력이 가장 높다.

21. 디젤기관에서 직접분사식 연소실의 장점이 아닌 것은?

① 냉간 시동이 용이하다.
② 연소실 구조가 간단하다.
③ 연료소비율이 낮다.
④ 저질 연료사용이 가능하다.

해설 직접분사실식은 사용연료 변화에 매우 민감하므로 저질 연료사용이 어려운 단점이 있다.

22. 예연소실식 연소실에 대한 설명으로 틀린 것은?

① 연료의 분사압력이 낮다.
② 예열플러그가 필요하다.
③ 예연소실은 주연소실보다 작다.
④ 사용연료의 변화에 민감하다.

해설 예연소실식 연소실은 사용연료의 변화에 둔감하다.

23. 실린더 헤드와 블록 사이에 삽입하여 압축과 폭발가스의 기밀을 유지하고 냉각수와 엔진오일이 누출되는 것을 방지하

는 역할을 하는 것은?

① 헤드 워터재킷　　② 헤드 개스킷

③ 헤드 오일 통로　　④ 헤드 볼트

해설 헤드 개스킷은 실린더 헤드와 블록 사이에 삽입하여 압축과 폭발가스의 기밀을 유지하고 냉각수와 엔진오일이 누출되는 것을 방지한다.

24. 실린더 헤드 개스킷에 대한 구비조건으로 틀린 것은?

① 기밀유지가 좋을 것

② 내열성과 내압성이 있을 것

③ 복원성이 적을 것

④ 강도가 적당할 것

해설 헤드 개스킷은 복원성이 있어야 한다.

25. 기관에서 사용되는 일체형 실린더의 특징이 아닌 것은?

① 냉각수 누출 우려가 적다.

② 라이너 형식보다 내마모성이 높다.

③ 부품 수가 적고 중량이 가볍다.

④ 강성 및 강도가 크다.

해설 일체형 실린더는 부품 수가 적고 중량이 가벼우며, 강성 및 강도가 크고 냉각수 누출 우려가 적으나 라이너 형식보다 내마모성이 다소 낮다.

26. 실린더 라이너(cylinder liner)에 대한 설명으로 틀린 것은?

① 종류는 습식과 건식이 있다.

② 슬리브(sleeve)라고도 한다.

③ 냉각효과는 습식보다 건식이 더 좋다.

④ 습식은 냉각수가 실린더 안으로 들어갈 염려가 있다.

해설 라이너의 냉각효과는 냉각수가 라이너 바깥둘레와 직접 접촉하는 습식이 더 좋다.

27. 기관 실린더(cylinder) 벽에서 마멸이 가장 크게 발생하는 부위는?

① 중간 부근

② 하사점 이하

③ 하사점 부근

④ 상사점 부근

해설 실린더 벽의 마멸은 상사점 부근(윗부분)이 가장 크다.

28. 실린더의 내경이 행정보다 작은 기관을 무엇이라고 하는가?

① 스퀘어 기관　　② 단 행정기관

③ 장 행정기관　　④ 정방행정 기관

해설 장 행정기관은 실린더의 내경이 피스톤 행정보다 작은 형식이다.

29. 기관의 실린더 수가 많을 때의 장점이 아닌 것은?

① 가속이 원활하고 신속하다.

② 연료소비가 적고 큰 동력을 얻을 수 있다.

③ 저속회전이 용이하고 큰 동력을 얻을 수 있다.

④ 기관의 진동이 적다.

해설 실린더 수가 많으면 연료소비가 많아진다.

30. 디젤기관에서 실린더가 마모되었을 때 발생할 수 있는 현상이 아닌 것은?

① 윤활유 소비량이 증가한다.

② 연료 소비량이 증가한다.

③ 압축압력이 증가한다.

④ 블로바이(blow-by) 가스의 배출이 증가한다.

해설 실린더 벽이 마모되면 압축압력이 낮아진다.

정답 24 ③　25 ②　26 ③　27 ④　28 ③　29 ②　30 ③

31. 피스톤의 구비조건으로 틀린 것은?

① 고온·고압에 견딜 것
② 피스톤 중량이 클 것
③ 열팽창률이 적을 것
④ 열전도가 잘될 것

해설 피스톤은 중량이 작아야 한다.

32. 피스톤의 형상에 의한 종류 중에 측압부의 스커트 부분을 떼어 내 경량화하여 고속엔진에 많이 사용하는 피스톤은 어느 것인가?

① 슬리퍼 피스톤
② 풀 스커트 피스톤
③ 스플릿 피스톤
④ 솔리드 피스톤

해설 슬리퍼 피스톤은 측압부의 스커트 부분을 떼어 내 경량화하여 고속엔진에 많이 사용한다.

33. 〈보기〉에서 피스톤과 실린더 벽 사이의 간극이 클 때 미치는 영향을 모두 나타낸 것은?

┌─ | 보기 | ─────────────────
㉮ 마찰열에 의해 소결되기 쉽다.
㉯ 블로바이에 의해 압축압력이 낮아진다.
㉰ 피스톤 링의 기능 저하로 인하여 오일이 연소실에 유입되어 오일 소비가 많아진다.
㉱ 피스톤 슬랩 현상이 발생되며, 기관 출력이 저하된다.
└────────────────────────

① ㉮, ㉯, ㉰   ② ㉰, ㉱
③ ㉯, ㉰, ㉱   ④ ㉮, ㉯, ㉰, ㉱

해설 피스톤 간극이 작으면 마찰열에 의해 소결되기 쉽다.

34. 디젤기관의 피스톤이 고착되는 원인으로 틀린 것은?

① 기관이 과열되었을 때
② 기관오일이 부족하였을 때
③ 압축압력이 너무 낮을 때
④ 냉각수량이 부족할 때

해설 피스톤이 고착되는 원인 : 피스톤 간극이 작을 때, 기관오일이 부족하였을 때, 기관이 과열되었을 때, 냉각수량이 부족할 때

35. 피스톤 링의 구비조건으로 틀린 것은?

① 고온에서도 탄성을 유지할 것
② 열팽창률이 적을 것
③ 피스톤 링이나 실린더 마모가 적을 것
④ 피스톤 링 이음 부분의 압력을 크게 할 것

해설 피스톤 링은 실린더 벽 재질보다 다소 경도가 낮고, 링 이음 부분의 압력이 작아야 한다.

36. 디젤기관에서 피스톤 링의 작용으로 틀린 것은?

① 기밀작용
② 완전연소 억제 작용
③ 열전도 작용
④ 오일 제어 작용

해설 피스톤 링의 작용은 기밀작용(밀봉작용), 오일 제어 작용, 열전도 작용이 있다.

37. 엔진오일이 연소실로 올라오는 주된 이유는?

① 커넥팅 로드가 마모되었을 때
② 피스톤 핀이 마모되었을 때

③ 피스톤 링이 마모되었을 때

④ 크랭크축이 마모되었을 때

해설 피스톤 링이 마모되면 기관오일이 연소실로 올라와 연소하므로 오일의 소모가 증가하며 이때 배기가스 색이 회백색이 된다.

38. 건설기계 디젤기관에서 크랭크축의 역할은?

① 원활한 직선운동을 하는 장치이다.

② 상하운동을 좌우운동으로 변환시키는 장치이다.

③ 기관의 진동을 줄이는 장치이다.

④ 직선운동을 회전운동으로 변환시키는 장치이다.

해설 크랭크축은 피스톤의 직선운동을 회전운동으로 변환시키는 장치이다.

39. 건설기계 엔진에서 크랭크축(crank shaft)의 구성품이 아닌 것은?

① 메인저널(main journal)

② 플라이휠(fly wheel)

③ 크랭크 암(crank arm)

④ 크랭크 핀(crank pin)

해설 크랭크축은 메인저널, 크랭크 핀, 크랭크 암, 평형추 등으로 구성되어 있다.

40. 크랭크축은 플라이휠을 통하여 동력을 전달해 주는 역할을 하는데 회전균형을 위해 크랭크 암에 설치되어 있는 것은?

① 크랭크 베어링

② 메인저널

③ 밸런스 웨이트

④ 크랭크 핀

해설 밸런스 웨이트(balance weight)는 크랭크축의 회전균형을 위하여 크랭크 암에 설치되어 있다.

41. 크랭크축의 위상각이 180°이고 5개의 메인 베어링에 의해 크랭크 케이스에 지지되는 엔진은?

① 2실린더 엔진

② 3실린더 엔진

③ 4실린더 엔진

④ 5실린더 엔진

해설 4실린더 엔진은 크랭크축의 위상각이 180°이고 5개의 메인 베어링에 의해 크랭크 케이스에 지지된다.

42. 크랭크축의 비틀림 진동에 대한 설명으로 틀린 것은?

① 강성이 클수록 크다.

② 크랭크축이 길수록 크다.

③ 각 실린더의 회전력 변동이 클수록 크다.

④ 회전 부분의 질량이 클수록 크다.

해설 크랭크축에서 비틀림 진동은 크랭크축의 강도와 강성이 작을수록 크다.

43. 기관의 크랭크축 베어링의 구비조건으로 틀린 것은?

① 추종 유동성이 있을 것

② 내피로성이 클 것

③ 매입성이 있을 것

④ 마찰계수가 클 것

해설 크랭크축 베어링은 마찰계수가 작아야 한다.

44. 공회전 상태의 기관에서 크랭크축의 회전과 관계없이 작동되는 기구는?

① 워터펌프　　② 스타트 모터

③ 발전기　　　④ 캠 샤프트

해설 스타트 모터(기동전동기)는 축전지의 전류로 작동된다.

정답 38 ④　39 ②　40 ③　41 ③　42 ①　43 ④　44 ②

45. 엔진의 맥동적인 회전 관성력을 원활한 회전으로 바꾸어 주는 역할을 하는 것은?

① 플라이휠　　② 커넥팅 로드
③ 크랭크축　　④ 피스톤

해설 플라이휠은 엔진의 맥동적인 회전을 관성력을 이용하여 원활한 회전으로 바꾸어 준다.

46. 엔진의 동력을 전달하는 계통의 순서를 바르게 나타낸 것은?

① 피스톤 → 클러치 → 크랭크축 → 커넥팅 로드
② 피스톤 → 크랭크축 → 커넥팅 로드 → 클러치
③ 피스톤 → 커넥팅 로드 → 크랭크축 → 클러치
④ 피스톤 → 커넥팅 로드 → 클러치 → 크랭크축

해설 실린더 내에서 폭발이 일어나면 피스톤 → 커넥팅 로드 → 크랭크축 → 플라이휠(클러치) 순서로 전달된다.

47. 4행정 사이클 디젤기관에서 크랭크축 기어와 캠축 기어와의 지름의 비율 및 회전 비율은 각각 얼마인가?

① 1 : 2 및 2 : 1
② 2 : 1 및 1 : 2
③ 1 : 2 및 1 : 2
④ 2 : 1 및 2 : 1

해설 4행정 사이클 디젤기관에서 크랭크축 기어와 캠축 기어와의 지름의 비율은 1 : 2이고, 회전비율은 2 : 1이다.

48. 유압식 밸브 리프터의 장점이 아닌 것은?

① 밸브기구의 내구성이 좋다.

② 밸브구조가 간단하다.
③ 밸브간극 조정은 자동으로 조절된다.
④ 밸브개폐 시기가 정확하다.

해설 유압식 밸브 리프터는 밸브기구의 구조가 복잡한 단점이 있다.

49. 흡입과 배기밸브의 구비조건이 아닌 것은?

① 열에 대한 저항력이 작을 것
② 열전도율이 좋을 것
③ 열에 대한 팽창률이 적을 것
④ 가스에 견디고 고온에 잘 견딜 것

해설 흡입과 배기밸브는 열에 대한 저항력이 커야 한다.

50. 기관의 밸브장치 중 밸브 가이드 내부를 상하 왕복운동하며 밸브헤드가 받는 열을 가이드를 통해 방출하고, 밸브의 개폐를 돕는 부품의 명칭은?

① 밸브 페이스　　② 밸브 시트
③ 밸브 스프링　　④ 밸브 스템

해설 밸브 스템은 밸브 가이드 내부를 상하 왕복운동하며 밸브헤드가 받는 열을 가이드를 통해 방출하고, 밸브의 개폐를 돕는다.

51. 기관의 밸브가 닫혀 있는 동안 밸브시트와 밸브 페이스를 밀착시켜 기밀이 유지되도록 하는 것은?

① 밸브 가이드　　② 밸브 리테이너
③ 밸브 스프링　　④ 밸브 스템

해설 밸브 스프링은 밸브가 닫혀 있는 동안 밸브시트와 밸브 페이스를 밀착시켜 기밀을 유지시킨다.

52. 기관의 밸브간극이 너무 클 때 발생하는 현상에 관한 설명으로 올바른 것은?

① 정상온도에서 밸브가 확실하게 닫히지 않는다.
② 정상온도에서 밸브가 완전히 개방되지 않는다.
③ 푸시로드가 변형된다.
④ 밸브 스프링의 장력이 약해진다.

해설 밸브간극이 너무 크면 정상작동 온도에서 밸브가 완전히 개방되지 않는다.

53. 밸브간극이 작을 때 일어나는 현상으로 옳은 것은?

① 기관이 과열된다.
② 밸브시트의 마모가 심하다.
③ 실화가 일어날 수 있다.
④ 밸브가 적게 열리고 닫히기는 꽉 닫힌다.

해설 밸브간극이 작으면 실화가 발생할 수 있다.

54. 건설기계 기관의 압축압력 측정 방법으로 틀린 것은?

① 기관의 분사노즐을 모두 제거한다.
② 습식시험을 먼저 하고 건식시험을 나중에 한다.
③ 기관을 정상온도로 작동시킨다.
④ 축전지의 충전상태를 점검한다.

해설 습식시험이란 건식시험을 실시한 후 분사노즐 설치구멍으로 기관오일을 10cc 정도 넣고 1분 후에 다시 하는 시험이며, 밸브불량, 실린더 벽 및 피스톤 링, 헤드 개스킷 불량 등의 상태를 판단하기 위함이다.

55. 가동 중인 기관에서 기계적 소음이 발생할 수 있는 사항 중 거리가 먼 것은?

① 크랭크축 베어링이 마모되어
② 냉각팬 베어링이 마모되어
③ 분사노즐 끝이 마모되어
④ 밸브간극이 규정치보다 커서

56. 회전력의 단위로 맞는 것은?

① kgf · m
② kgf/cm²
③ kgf
④ m/kgf

해설 회전력(토크)의 단위는 kgf · m이다.

57. 1kW는 몇 PS인가?

① 0.75PS
② 1.36PS
③ 75PS
④ 735PS

해설 1kW = 1.36PS

58. 엔진의 회전수를 나타낼 때 rpm이란?

① 시간당 엔진 회전수
② 분당 엔진 회전수
③ 초당 엔진 회전수
④ 10분간 엔진 회전수

해설 rpm(revolution per minute)이란 분당 엔진의 회전수를 나타내는 단위이다.

연료장치

2-1 디젤기관 연료장치(fuel system)의 개요

(1) 디젤기관 연료의 구비조건

① 연소속도가 빠르고, 점도가 적당할 것
② 자연발화점이 낮을 것(착화가 쉬울 것)
③ 세탄가가 높고, 발열량이 클 것
④ 카본의 발생이 적을 것
⑤ 온도변화에 따른 점도변화가 적을 것

(2) 연료의 착화성

디젤기관 연료(경유)의 착화성은 세탄가로 표시한다.

(3) 디젤기관의 연소과정

착화지연기간 → 화염전파기간 → 직접연소기간 → 후 연소기간으로 구성된다.

(4) 디젤기관의 노크(노킹, knock or knocking)

착화지연기간이 길 때 연소실에 누적된 연료가 많아 일시에 연소되어 실린더 내의 압력상승이 급격하게 되어 발생하는 현상이다.

2-2 디젤기관 연료장치(기계제어)의 구조와 작용

1 연료탱크(fuel tank)

연료탱크는 주행 및 작업에 필요한 연료를 저장하는 용기이며, 겨울철에는 공기 중의 수증기가 응축하여 물이 되어 들어가므로 작업 후 탱크에 연료를 가득 채워 두어야 한다.

2 연료 여과기(fuel filter)

연료 중의 수분 및 불순물을 걸러 주며, 오버플로 밸브, 드레인 플러그, 여과망(엘리먼트), 중심파이프, 케이스로 구성된다.

3 연료공급펌프(feed pump)

① 연료탱크 내의 연료를 연료 여과기를 거쳐 분사펌프의 저압 부분으로 공급한다.
② 연료계통의 공기빼기 작업에 사용하는 프라이밍 펌프(priming pump)가 설치되어 있다.

4 분사펌프(injection pump)

연료공급펌프에서 보내 준 저압의 연료를 압축하여 분사 순서에 맞추어 고압의 연료를 분사노즐로 압송시키는 것으로 조속기와 타이머가 설치되어 있다.

5 분사노즐(injection nozzle, 인젝터)

① 분사펌프에서 보내온 고압의 연료를 미세한 안개 모양으로 연소실 내에 분사한다.
② 연료분사의 3대 조건은 무화(안개 모양), 분산(분포), 관통력이다.

6 전자제어 디젤기관 연료장치(커먼레일 장치)

(1) 전자제어 디젤기관의 연료장치

커먼레일 디젤엔진의 연료장치는 연료탱크, 연료 여과기, 저압연료펌프, 고압연료펌프, 커먼레일, 인젝터로 구성되어 있다.

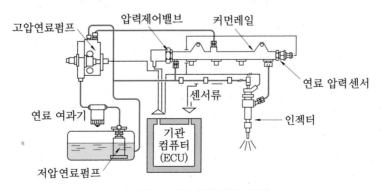

전자제어 디젤기관의 연료장치

(2) ECU(컴퓨터)의 입력요소(각종 센서)

① **공기유량센서(AFS, air flow sensor)** : 열막(hot film) 방식을 사용하며, 주요 기능은 EGR(exhaust gas recirculation, 배기가스 재순환) 피드백(feed back) 제어이다. 또 다른 기능은 스모그(smog) 제한 부스트 압력제어(매연 발생을 감소시키는 제어) 이다.

② **흡기온도센서(ATS, air temperature sensor)** : 부특성 서미스터를 사용하며, 연료분사량, 분사 시기, 시동할 때 연료분사량 제어 등의 보정신호로 사용된다.

③ **연료온도센서(FTS, fuel temperature sensor)** : 부특성 서미스터를 사용하며, 연료온도에 따른 연료분사량 보정신호로 사용된다.

④ **수온센서(WTS, water temperature sensor)** : 부특성 서미스터를 사용하며, 기관온도에 따른 연료분사량을 증감하는 보정신호로 사용되며, 기관의 온도에 따른 냉각 팬 제어신호로도 사용된다.

⑤ **크랭크축 위치센서(CPS, crank position sensor)** : 크랭크축과 일체로 되어 있는 센서 휠(톤 휠)의 돌기를 검출하여 크랭크축의 각도 및 피스톤의 위치, 기관 회전속도 등을 검출한다.

⑥ **가속페달 위치센서(APS, accelerator position sensor)** : 운전자가 가속페달을 밟은 정도를 ECU로 전달하는 센서이며, 센서 1에 의해 연료분사량과 분사 시기가 결정되고, 센서 2는 센서 1을 감시하는 기능으로 차량의 급출발을 방지하기 위한 것이다.

⑦ **연료압력센서(RPS, rail pressure sensor)** : 반도체 피에조 소자(압전소자)를 사용한다. 이 센서의 신호를 받아 ECU는 연료분사량 및 분사 시기 조정신호로 사용한다.

(3) ECU(컴퓨터)의 출력요소

① **압력제한밸브** : 커먼레일에 설치되어 커먼레일 내의 연료압력이 규정 값보다 높아지면 ECU의 신호에 의해 열려 연료의 일부를 연료탱크로 복귀시킨다.

② **인젝터(Injector)** : 인젝터는 고압연료펌프로부터 송출된 연료가 커먼레일을 통하여 인젝터로 공급되며, 연료를 연소실에 직접 분사한다. 인젝터의 점검항목은 저항, 연료분사량, 작동음이다.

③ **EGR 밸브** : EGR(배기가스 재순환) 밸브는 기관에서 배출되는 가스 중 질소산화물 (NOx) 배출을 억제하기 위한 밸브이다.

출제 예상 문제

로더
운전기능사

01. 디젤기관에서 사용하는 연료의 구비조건으로 옳은 것은?

① 착화점이 높을 것
② 황(S)의 함유량이 많을 것
③ 발열량이 클 것
④ 점도가 높고 약간의 수분이 섞여 있을 것

해설 연료는 착화점이 낮고, 발열량이 크고, 황(S)의 함유량이 적고, 연소속도가 빠르고, 점도가 알맞고 수분이 섞여 있지 않아야 한다.

02. 디젤기관에서 연료의 착화성을 표시하는 것은?

① 세탄가　　　② 부탄가
③ 프로판가　　④ 옥탄가

해설 연료의 세탄가란 착화성을 표시하는 수치이다.

03. 연료취급에 관한 설명으로 가장 거리가 먼 것은?

① 연료주입 시 물이나 먼지 등의 불순물이 혼합되지 않도록 주의한다.
② 정기적으로 드레인콕을 열어 연료탱크 내의 수분을 제거한다.
③ 연료주입은 운전 중에 하는 것이 효과적이다.
④ 연료를 취급할 때에는 화기에 주의한다.

해설 작업을 마친 후에 연료를 주입하는 것이 좋다.

04. 디젤엔진 연소과정 중 연소실 내에 분사된 연료가 착화될 때까지 지연되는 기간으로 옳은 것은?

① 화염전파기간
② 착화지연기간
③ 직접연소기간
④ 후 연소시간

해설 착화지연기간은 연소실 내에 분사된 연료가 착화될 때까지 지연되는 기간으로 약 1/1000~4/1000초 정도이다.

05. 착화지연기간이 길어져 실린더 내에 연소 및 압력상승이 급격하게 일어나는 현상은?

① 디젤기관 노크
② 조기점화
③ 가솔린 기관 노크
④ 정상연소

해설 디젤기관 노크는 착화지연기간이 길어져 실린더 내에 연소 및 압력상승이 급격하게 일어나는 현상이다.

06. 디젤기관에서 노킹을 일으키는 원인으로 맞는 것은?

① 연료에 공기가 혼입되었을 때
② 연소실에 누적된 연료가 많아 일시에 연소할 때
③ 흡입공기의 온도가 높을 때
④ 착화지연기간이 짧을 때

해설 디젤기관의 노킹은 연소실에 누적된 연료가 많아 일시에 연소할 때 발생한다.

07. 디젤기관의 노크 발생 원인과 가장 거리가 먼 것은?

① 세탄가가 높은 연료를 사용하였을 때
② 기관이 과도하게 냉각되었을 때
③ 착화지연기간 중 연료분사량이 많을 때
④ 분사노즐의 분무상태가 불량할 때

해설 디젤기관의 노크는 세탄가가 낮은 연료를 사용하였을 때 발생한다.

08. 디젤기관에서 노크 방지 방법으로 틀린 것은?

① 착화성이 좋은 연료를 사용한다.
② 연소실 벽 온도를 높게 유지한다.
③ 압축비를 낮춘다.
④ 착화지연기간 중의 연료분사량을 적게 한다.

해설 디젤기관에서 노크를 방지하려면 압축비를 높여야 한다.

09. 노킹이 발생되었을 때 디젤기관에 미치는 영향이 아닌 것은?

① 배기가스의 온도가 상승한다.
② 연소실 온도가 상승한다.
③ 엔진에 손상이 발생할 수 있다.
④ 출력이 저하된다.

해설 노킹이 디젤기관에 미치는 영향 : 기관 회전속도 저하, 흡기효율 저하, 기관출력 저하, 기관 과열, 기관에 손상 발생

10. 기관에서 발생하는 진동의 억제 대책이 아닌 것은?

① 캠 샤프트를 사용한다.
② 밸런스 샤프트를 사용한다.
③ 플라이휠을 사용한다.
④ 댐퍼 풀리를 사용한다.

해설 캠 샤프트는 흡입 및 배기밸브를 개폐시키는 작용을 한다.

11. 디젤엔진에서 엔진 회전 중 진동이 발생하는 원인으로 옳지 않은 것은?

① 크랭크축 중량이 불평형인 경우
② 분사압력 및 분사시기가 틀린 경우
③ 과급기를 설치한 경우
④ 연료계통 내에 공기가 유입된 경우

해설 디젤기관의 진동 원인 : 크랭크축에 불균형이 있을 때, 연료계통에 공기가 유입되었을 때, 연료분사량의 불균형이 있을 때, 분사압력 및 분사시기에 불균형이 있을 때

12. 디젤엔진의 연료탱크에서 분사노즐까지 연료의 순환 순서로 옳은 것은?

① 연료탱크 → 연료공급펌프 → 연료 여과기 → 분사펌프 → 분사노즐
② 연료탱크 → 연료 여과기 → 분사펌프 → 연료공급펌프 → 분사노즐
③ 연료탱크 → 연료공급펌프 → 분사펌프 → 연료 여과기 → 분사노즐
④ 연료탱크 → 분사펌프 → 연료 여과기 → 연료공급펌프 → 분사노즐

해설 연료공급 순서는 연료탱크 → 연료공급펌프 → 연료 여과기 → 분사펌프 → 분사노즐이다.

13. 건설기계 작업 후 연료탱크에 연료를 가득 채워 주는 이유가 아닌 것은?

① 연료탱크에 수분이 생기는 것을 방지하기 위함이다.
② 다음의 작업을 준비하기 위함이다.
③ 연료의 기포 방지를 위함이다.

④ 연료의 압력을 높이기 위함이다.

해설 작업 후 연료탱크에 연료를 가득 채워 주는 이유는 연료탱크 내의 수분 발생 방지, 다음의 작업 준비, 연료의 기포 방지를 위함이다.

14. 운전자가 연료탱크의 배출 콕을 열었다가 잠그는 작업을 하고 있다면, 무엇을 배출하기 위한 예방정비 작업인가?

① 엔진오일　　　② 수분과 오물

③ 공기　　　　　④ 유압오일

해설 연료탱크의 배출 콕(드레인 플러그)을 열었다가 잠그는 것은 수분과 오물을 배출하기 위함이다.

15. 디젤기관 연료여과기에 설치된 오버플로 밸브(over flow valve)의 기능이 아닌 것은?

① 여과기 각 부분을 보호한다.

② 인젝터의 연료분사시기를 제어한다.

③ 연료공급펌프의 소음 발생을 억제한다.

④ 운전 중 공기배출 작용을 한다.

해설 **오버플로 밸브의 기능** : 여과기 각 부분 보호, 연료공급펌프 소음 발생 억제, 운전 중 공기배출 작용

16. 디젤기관 연료장치에서 연료여과기의 공기를 배출하기 위해 설치되어 있는 것으로 가장 적합한 것은?

① 코어 플러그　　② 글로 플러그

③ 벤트 플러그　　④ 오버플로 밸브

해설 **벤트 플러그와 드레인 플러그**

　㉠ 벤트 플러그 : 공기를 배출하기 위해 사용하는 플러그

　㉡ 드레인 플러그 : 액체를 배출하기 위해 사용하는 플러그

17. 연료탱크의 연료를 분사펌프 저압 부분까지 공급하는 장치는?

① 인젝션 펌프　　② 로터리 펌프

③ 연료분사펌프　　④ 연료공급펌프

해설 연료공급펌프는 연료탱크 내의 연료를 연료여과기를 거쳐 분사펌프의 저압 부분으로 공급한다.

18. 디젤기관 연료공급펌프에 설치된 프라이밍 펌프의 사용 시기는?

① 기관의 출력을 증가시키고자 할 때

② 연료계통의 공기배출을 할 때

③ 연료의 양을 가감할 때

④ 연료의 분사압력을 측정할 때

해설 프라이밍 펌프(priming pump)는 연료계통의 공기를 배출할 때 사용한다.

19. 프라이밍 펌프를 이용하여 디젤기관 연료장치 내에 있는 공기를 배출하기 어려운 곳은?

① 연료공급펌프　　② 연료 여과기

③ 분사펌프　　　　④ 분사노즐

해설 프라이밍 펌프로는 연료공급펌프, 연료 여과기, 분사펌프 내의 공기를 빼낼 수 있다.

20. 디젤기관에서 연료계통에 공기가 혼입되었을 때 발생하는 현상으로 가장 적절한 것은?

① 기관부조 현상이 발생된다.

② 노크가 일어난다.

③ 연료분사량이 많아진다.

④ 분사압력이 높아진다.

해설 연료에 공기가 흡입되면 기관회전이 불량해진다. 즉 기관이 부조를 일으킨다.

21. 디젤기관 연료라인에 공기빼기를 하여야 하는 경우가 아닌 것은?

① 예열이 안 되어 예열플러그를 교환한 경우

② 연료호스나 파이프 등을 교환한 경우

③ 연료탱크 내의 연료가 결핍되어 보충한 경우

④ 연료필터의 교환, 분사펌프를 탈·부착한 경우

해설 공기빼기를 하여야 하는 경우 : 연료호스나 파이프 등을 교환한 경우, 연료탱크 내의 연료가 결핍되어 보충한 경우, 연료필터의 교환, 분사펌프를 탈·부착한 경우

22. 디젤기관에서 연료장치 공기빼기 순서로 옳은 것은?

① 연료 여과기 → 연료공급펌프 → 분사펌프

② 연료 여과기 → 분사펌프 → 연료공급펌프

③ 연료공급펌프 → 분사펌프 → 연료 여과기

④ 연료공급펌프 → 연료 여과기 → 분사펌프

해설 연료장치 공기빼기 순서는 연료공급펌프 → 연료여과기 → 분사펌프이다.

23. 디젤기관에서 부조 발생의 원인이 아닌 것은?

① 거버너의 작용이 불량할 때

② 발전기가 고장 났을 때

③ 분사시기의 조정이 불량할 때

④ 연료의 압송이 불량할 때

해설 기관에서 부조가 발생하는 원인은 연료의 압송불량, 연료분사량 불량, 분사시기 조정불량, 거버너(조속기) 작용불량 등이다.

24. 디젤기관 연료계통의 고장으로 기관이 부조를 하다가 시동이 꺼졌을 때 그 원인

이 될 수 없는 것은?

① 연료 파이프 연결이 불량할 때

② 연료탱크 내에 오물이 연료장치로 유입되었을 때

③ 연료필터가 막혔을 때

④ 프라이밍 펌프가 불량할 때

해설 프라이밍 펌프는 연료계통의 공기빼기 작업을 할 때만 사용한다.

25. 디젤기관에 공급하는 연료의 압력을 높이는 것으로 조속기와 분사시기를 조절하는 장치가 설치되어 있는 것은?

① 유압 펌프

② 프라이밍 펌프

③ 분사 펌프

④ 트로코이드 펌프

해설 분사 펌프는 연료를 압축하여 분사순서에 맞추어 노즐로 압송시키는 것으로 조속기(연료분사량 조정)와 분사시기를 조절하는 장치(타이머)가 설치되어 있다.

26. 디젤기관의 연료분사펌프에서 연료분사량 조정은?

① 리밋 슬리브를 조정한다.

② 프라이밍 펌프를 조정한다.

③ 플런저 스프링의 장력을 조정한다.

④ 컨트롤 슬리브와 피니언의 관계위치를 변화하여 조정한다.

해설 각 실린더별로 연료분사량에 차이가 있으면 분사펌프 내의 컨트롤 슬리브와 피니언의 관계위치를 변화하여 조정한다.

27. 디젤기관 인젝션 펌프에서 딜리버리 밸브의 기능으로 틀린 것은?

① 역류 방지　　② 후적 방지

③ 잔압 유지　　④ 유량 조정

해설 딜리버리 밸브는 연료의 역류를 방지하고, 후적을 방지하며, 잔압을 유지시킨다.

28. 디젤기관의 부하에 따라 자동적으로 연료분사량을 가감하여 최고 회전속도를 제어하는 것은?

① 거버너　　② 타이머

③ 플런저 펌프　　④ 캠축

해설 거버너(조속기)는 분사펌프에 설치되어 있으며, 기관의 부하에 따라 자동적으로 연료분사량을 가감하여 최고 회전속도를 제어한다.

29. 디젤기관에서 각 인젝터 사이의 연료분사량이 일정하지 않을 때 나타나는 현상은?

① 연소 폭발음의 차이가 있으며 기관은 부조를 한다.

② 출력은 향상되나 기관은 부조를 한다.

③ 연료 분사량에 관계없이 기관은 순조로운 회전을 한다.

④ 연료소비에는 관계가 있으나 기관 회전에는 영향을 미치지 않는다.

해설 각 인젝터(분사노즐) 사이의 연료분사량이 일정하지 않으면 연소 폭발음의 차이가 있으며 기관은 부조를 한다.

30. 디젤기관에서 타이머의 역할로 가장 적당한 것은?

① 연료분사량을 조절한다.

② 자동변속기 단계를 조절한다.

③ 연료 분사시기를 조절한다.

④ 기관 회전속도를 조절한다.

해설 타이머(timer)는 기관의 회전속도에 따라 자동적으로 분사시기를 조정하여 운전을 안정되게 한다.

31. 디젤엔진에서 고압의 연료를 연소실에 분사하는 것은?

① 인젝션 펌프　　② 프라이밍 펌프

③ 분사노즐　　④ 조속기

해설 분사노즐은 분사펌프에 보내준 고압의 연료를 연소실에 안개 모양으로 분사하는 부품이다.

32. 디젤기관 분사노즐의 연료분사 3대 요건이 아닌 것은?

① 착화　　② 분포

③ 무화　　④ 관통력

해설 연료분사의 3대 요소는 무화(안개화), 분포(분산), 관통력이다.

33. 직접분사실식 연소실에 가장 적합한 분사노즐은?

① 개방형 노즐　　② 구멍형 노즐

③ 스로틀형 노즐　　④ 핀틀형 노즐

해설 구멍형 노즐은 직접분사실식 연소실에서 사용한다.

34. 연료 분사노즐 테스터로 노즐을 시험할 때 점검하지 않는 것은?

① 연료분포상태

② 연료분사 개시압력

③ 연료분사 시간

④ 연료 후적 유무

해설 노즐테스터로 점검할 수 있는 항목은 분포(분무)상태, 분사각도, 후적 유무, 분사 개시압력 등이다.

정답 28 ①　29 ①　30 ③　31 ③　32 ①　33 ②　34 ③

35. 디젤기관의 가동을 정지시키는 방법으로 가장 적합한 것은?

① 초크밸브를 닫는다.

② 기어를 넣어 기관을 정지한다.

③ 연료공급을 차단한다.

④ 축전지를 분리시킨다.

해설 디젤기관을 정지시킬 때에는 연료공급을 차단한다.

36. 기관을 점검하는 요소 중 디젤기관과 관계없는 것은?

① 연료   ② 연소

③ 예열   ④ 점화

해설 가솔린 기관에서는 전기불꽃으로 점화한다.

37. 커먼레일 디젤엔진의 연료장치 구성품이 아닌 것은?

① 분사펌프   ② 커먼레일

③ 고압연료펌프   ④ 인젝터

해설 커먼레일 디젤엔진의 연료장치는 연료탱크, 연료 여과기, 저압연료펌프, 고압연료펌프, 커먼레일, 인젝터로 구성되어 있다.

38. 커먼레일 연료분사장치의 저압계통이 아닌 것은?

① 저압연료펌프   ② 연료 스트레이너

③ 커먼레일   ④ 연료 여과기

해설 커먼레일은 고압연료펌프로부터 이송된 고압의 연료를 저장하는 부품이다.

39. 커먼레일 연료분사장치에서 인젝터의 점검항목이 아닌 것은?

① 작동온도   ② 연료분사량

③ 저항   ④ 작동소음

해설 인젝터의 점검항목은 저항, 연료분사량, 작동소음이다.

40. 커먼레일 디젤기관의 압력제한밸브에 대한 설명 중 틀린 것은?

① 기계방식 밸브가 많이 사용된다.

② 운전조건에 따라 커먼레일의 압력을 제어한다.

③ 연료압력이 높으면 연료의 일부분이 연료탱크로 되돌아간다.

④ 커먼레일과 같은 라인에 설치되어 있다.

해설 압력제한밸브는 커먼레일에 설치되어 커먼레일 내의 연료압력이 규정 값보다 높아지면 ECU의 신호에 의해 열려 연료의 일부를 연료탱크로 복귀시킨다.

41. 커먼레일 디젤기관에서 크랭킹은 되는데 기관이 시동되지 않을 때 점검부위로 틀린 것은?

① 연료탱크 유량

② 분사펌프 딜리버리 밸브

③ 인젝터

④ 커먼레일 압력

해설 분사펌프 딜리버리 밸브는 기계제어 방식에서 사용한다.

42. 기관에서 연료압력이 너무 낮은 원인이 아닌 것은?

① 연료여과기가 막혔다.

② 리턴호스에서 연료가 누설된다.

③ 연료펌프의 공급압력이 누설된다.

④ 연료압력 레귤레이터에 있는 밸브의 밀착이 불량하여 리턴포트 쪽으로 연료가 누설되었다.

해설 리턴호스는 연소실에 분사되고 남은 연료가

연료탱크로 복귀하는 호스이므로 연료압력에는 영향을 주지 않는다.

43. 커먼레일 디젤기관의 연료압력센서 (RPS)에 대한 설명 중 맞지 않는 것은?

① 반도체 피에조 소자방식이다.
② 이 센서가 고장 나면 기관의 시동이 꺼진다.
③ RPS의 신호를 받아 연료분사량을 조정하는 신호로 사용한다.
④ RPS의 신호를 받아 연료 분사시기를 조정하는 신호로 사용한다.

해설 연료압력센서(RPS)가 고장 나면 페일 세이프 (fail safe)로 진입하여 비상 운행을 가능하게 한다.

44. 커먼레일 디젤기관의 공기유량센서 (AFS)에 대한 설명 중 옳지 않은 것은?

① 연료량 제어 기능을 주로 한다.
② 스모그 제한 부스터 압력제어용으로 사용한다.
③ EGR 피드백 제어 기능을 주로 한다.
④ 열막 방식을 사용한다.

해설 공기유량센서는 열막(hot film) 방식을 사용한다. 이 센서의 주요 기능은 EGR 피드백 제어이며, 또 다른 기능은 스모그 제한 부스트 압력제어(매연 발생을 감소시키는 제어)이다.

45. 커먼레일 디젤기관의 흡기온도센서 (ATS)에 대한 설명으로 틀린 것은?

① 부특성 서미스터이다.
② 연료분사량 제어 보정신호로 사용된다.
③ 분사시기 제어 보정신호로 사용된다.
④ 주로 냉각팬 제어신호로 사용된다.

해설 흡기온도센서는 부특성 서미스터를 이용하며,

분사시기와 연료량 제어 보정신호로 사용된다.

46. 전자제어 디젤엔진의 회전속도를 검출하여 분사순서와 분사시기를 결정하는 센서는?

① 가속페달 센서
② 냉각수 온도센서
③ 엔진오일 온도센서
④ 크랭크축 위치센서

해설 크랭크축 위치센서(CPS, CKP)는 크랭크축과 일체로 되어 있는 센서 휠의 돌기를 검출하여 크랭크축의 각도 및 피스톤의 위치, 기관 회전속도 등을 검출한다.

47. 커먼레일 디젤기관의 센서에 대한 설명이 아닌 것은?

① 연료온도센서는 연료온도에 따른 연료량 보정신호로 사용된다.
② 크랭크 포지션 센서는 밸브개폐시기를 감지한다.
③ 수온센서는 기관의 온도에 따른 냉각팬 제어신호로 사용된다.
④ 수온센서는 기관온도에 따른 연료량을 증감하는 보정신호로 사용된다.

48. 커먼레일 디젤기관의 연료장치에서 출력요소는?

① 공기유량센서
② 인젝터
③ 엔진 ECU
④ 브레이크 스위치

해설 인젝터는 엔진 ECU의 신호에 의해 연료를 분사하는 출력요소이다.

49. 커먼레일 디젤기관의 가속페달 포지션 센서에 대한 설명 중 옳지 않은 것은?

① 가속페달 포지션 센서는 운전자의 의지를 전달하는 센서이다.

② 가속페달 포지션 센서 1은 연료량과 분사시기를 결정한다.

③ 가속페달 포지션 센서 2는 센서 1을 감시하는 센서이다.

④ 가속페달 포지션 센서 3은 연료 온도에 따른 연료량 보정 신호를 한다.

해설 가속페달 위치센서는 운전자의 의지를 컴퓨터로 전달하는 센서이며, 센서 1에 의해 연료분사량과 분사시기가 결정된다. 센서 2는 센서 1을 감시하는 기능으로 차량의 급출발을 방지하기 위한 것이다.

50. 기관의 운전 상태를 감시하고 고장 진단할 수 있는 기능은?

① 윤활기능   ② 제동기능

③ 조향기능   ④ 자기진단기능

해설 자기진단기능은 기관의 운전 상태를 감시하고 고장 진단할 수 있는 기능이다.

51. 건설기계 예방정비에 관한 설명으로 틀린 것은?

① 운전자와는 관련이 없다.

② 계획표를 작성하여 실시하면 효과적이다.

③ 건설기계의 수명 · 성능 유지 등에 효과가 있다.

④ 사고나 고장 등을 사전에 예방하기 위해 실시한다.

해설 예방정비(일상점검)는 운전 전 · 중 · 후 행하는 점검이며 운전자가 하여야 하는 정비이다.

52. 디젤기관 시동 전에 점검할 사항으로 틀린 것은?

① 엔진오일량

② 엔진 주변 오일 누유 확인

③ 엔진오일의 압력

④ 냉각수량

53. 디젤기관을 시동하여 공전상태에서 점검하는 사항으로 틀린 것은?

① 배기가스 색깔 점검

② 냉각수 누수 점검

③ 팬벨트 장력 점검

④ 이상소음 발생유무 점검

해설 **공전상태에서 점검할 사항** : 오일의 누출여부 점검, 냉각수의 누출여부 점검, 배기가스의 색깔 점검, 이상소음 발생유무 점검

54. 건설기계 운전 중 점검사항이 아닌 것은?

① 경고등 점멸여부

② 라디에이터 냉각수량 점검

③ 작동 중 기계 이상소음 점검

④ 작동상태 이상 유무 점검

55. 기관 운전 중에 진동이 심해질 경우 점검해야 할 사항으로 거리가 먼 것은?

① 기관의 점화시기를 점검

② 기관과 차체 연결 마운틴의 점검

③ 라디에이터 냉각수의 누설여부 점검

④ 연료계통의 공기유입 여부 점검

냉각장치

3-1 냉각장치의 개요

기관의 정상작동 온도는 실린더 헤드 물재킷 내의 냉각수 온도로 나타내며 약 75~95℃이다.

3-2 수랭식 기관의 냉각방식

① 기관 내부의 연소를 통해 일어나는 열에너지가 기계적 에너지로 바뀌면서 뜨거워진 기관을 냉각수로 냉각하는 방식이다.
② 자연순환 방식, 강제순환 방식, 압력순환 방식(가압 방식), 밀봉압력 방식 등이 있다.

3-3 수랭식의 주요 구조와 그 기능

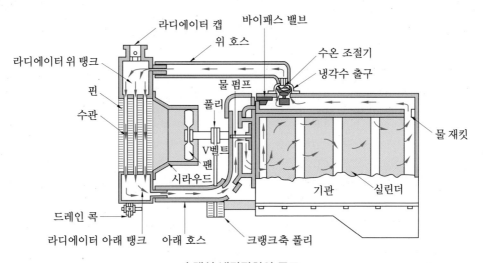

수랭식 냉각장치의 구조

(1) 물 재킷(water jacket)

실린더 헤드 및 블록에 일체 구조로 된 냉각수가 순환하는 물 통로이다.

(2) 물 펌프(water pump)

팬벨트를 통하여 크랭크축에 의해 구동되며, 실린더 헤드 및 블록의 물 재킷 내로 냉각수를 순환시키는 원심력 펌프이다.

(3) 냉각 팬(cooling fan)

라디에이터를 통하여 공기를 흡입하여 라디에이터 통풍을 도와주며, 냉각 팬이 회전할 때 공기가 향하는 방향은 라디에이터이다.

(4) 팬벨트(drive belt or fan belt)

크랭크축 풀리, 발전기 풀리, 물 펌프 풀리 등을 연결 구동하며, 팬벨트는 각 풀리의 양쪽 경사진 부분에 접촉되어야 한다.

(5) 라디에이터(radiator ; 방열기)

① 라디에이터의 구비조건
　㈎ 가볍고 작으며, 강도가 클 것
　㈏ 단위면적당 방열량이 클 것
　㈐ 공기 흐름저항이 적을 것
　㈑ 냉각수 흐름저항이 적을 것
② 라디에이터 캡(radiator cap) : 냉각장치 내의 비등점(비점)을 높이고, 냉각범위를 넓히기 위하여 압력식 캡을 사용하며, 압력밸브와 진공밸브로 되어 있다.

(6) 수온 조절기(정온기 ; thermostat)

실린더 헤드 물 재킷 출구 부분에 설치되어 냉각수 온도에 따라 냉각수 통로를 개폐하여 기관의 온도를 알맞게 유지한다.

3-4 부동액(anti freezer)

메탄올(알코올), 글리세린 에틸렌글리콜이 있으며, 에틸렌글리콜을 주로 사용한다.

출제 예상 문제

01. 기관과열 시 일어날 수 있는 현상으로 가장 적합한 것은?

① 연료가 응결될 수 있다.
② 실린더 헤드의 변형이 발생할 수 있다.
③ 흡배기 밸브의 열림이 커진다.
④ 밸브개폐 시기가 빨라진다.

해설 기관이 과열되면 금속이 빨리 산화되고 실린더 헤드가 변형될 우려가 있으며, 윤활유의 점도 저하로 유막이 파괴되며, 각 작동 부분이 열팽창으로 고착될 우려가 있다.

02. 디젤엔진의 과랭 시 발생할 수 있는 사항으로 틀린 것은?

① 블로바이 현상이 발생된다.
② 연료소비량이 증대된다.
③ 압축압력이 저하된다.
④ 엔진의 회전저항이 감소한다.

해설 엔진이 과랭되면 엔진오일의 점도가 높아져 엔진의 회전저항이 증가한다.

03. 기관의 온도를 측정하기 위해 냉각수의 온도를 측정하는 곳으로 가장 적절한 곳은?

① 실린더 헤드 물 재킷 부분
② 엔진 크랭크케이스 내부
③ 라디에이터 하부
④ 수온조절기 내부

해설 기관의 냉각수 온도는 실린더 헤드 물 재킷 부분의 온도로 나타내며, 75~95℃ 정도면 정상이다.

04. 수랭식 기관의 정상운전 중 냉각수 온도로 옳은 것은?

① 20~30℃   ② 55~60℃
③ 40~60℃   ④ 75~95℃

05. 엔진 내부의 연소를 통해 일어나는 열에너지가 기계적 에너지로 바뀌면서 뜨거워진 엔진을 물로 냉각하는 방식으로 옳은 것은?

① 유랭식   ② 공랭식
③ 수랭식   ④ 가스 순환식

해설 수랭식은 엔진 내부의 연소를 통해 일어나는 열에너지가 기계적 에너지로 바뀌면서 뜨거워진 엔진을 물로 냉각하는 방식이다.

06. 디젤기관의 냉각장치 방식에 속하지 않는 것은?

① 자연순환 방식   ② 압력순환 방식
③ 진공순환 방식   ④ 강제순환 방식

해설 냉각장치 방식에는 자연순환 방식, 강제순환 방식, 압력순환 방식, 밀봉압력 방식이 있다.

07. 기관에 온도를 일정하게 유지하기 위해 설치된 물 통로에 해당되는 것은?

① 오일 팬   ② 워터 재킷
③ 흡입밸브   ④ 실린더 헤드

해설 워터 재킷(water jacket)은 기관의 온도를 일정하게 유지하기 위해 실린더 헤드와 실린더 블록에 설치된 물 통로이다.

정답 01 ②   02 ④   03 ①   04 ④   05 ③   06 ③   07 ②

08. 가압식 라디에이터의 장점으로 틀린 것은?

① 냉각수의 순환속도가 빠르다.
② 냉각수의 비등점을 높일 수 있다.
③ 방열기를 적게 할 수 있다.
④ 냉각장치의 효율을 높일 수 있다.

해설 가압방식(압력순환 방식)은 라디에이터(방열기)를 적게 할 수 있고, 냉각수의 비등점을 높여 비등에 의한 손실을 줄일 수 있으며, 냉각수 손실이 적어 보충횟수를 줄일 수 있고, 기관의 열효율이 향상된다.

09. 물 펌프에 대한 설명으로 틀린 것은?

① 팬벨트를 통하여 크랭크축에 의해서 구동된다.
② 주로 원심펌프를 사용한다.
③ 물 펌프 효율은 냉각수 온도에 비례한다.
④ 냉각수에 압력을 가하면 물 펌프의 효율은 증대된다.

해설 물 펌프의 효율은 냉각수 온도에 반비례하고 압력에 비례한다.

10. 기관의 냉각 팬이 회전할 때 공기가 불어가는 방향은?

① 하부 방향   ② 방열기 방향
③ 회전 방향   ④ 상부 방향

해설 냉각 팬이 회전할 때 공기가 불어 가는 방향은 방열기(라디에이터) 방향이다.

11. 냉각장치에 사용되는 전동 팬에 대한 설명으로 틀린 것은?

① 엔진이 시동되면 동시에 회전한다.
② 팬벨트가 필요 없다.
③ 냉각수 온도에 따라 작동한다.

④ 정상온도 이하에서는 작동하지 않고 과열일 때 작동한다.

해설 전동 팬은 엔진의 시동여부에 관계없이 냉각수 온도에 따라 작동한다.

12. 다음 중 팬벨트와 연결되지 않는 것은?

① 발전기 풀리
② 기관 오일펌프 풀리
③ 워터펌프 풀리
④ 크랭크축 풀리

해설 기관 오일펌프는 크랭크축이나 캠축에 의해 구동된다.

13. 디젤엔진에서 팬벨트 장력 점검 방법으로 옳은 것은?

① 벨트길이 측정 게이지로 점검한다.
② 엔진의 가동이 정지된 상태에서 벨트의 중심을 엄지손가락으로 눌러서 점검한다.
③ 엔진을 가동한 후 텐셔너를 이용하여 점검한다.
④ 발전기의 고정 볼트를 느슨하게 하여 점검한다.

해설 팬벨트 장력은 엔진의 가동이 정지된 상태에서 물 펌프와 발전기 사이의 벨트 중심을 엄지손가락으로 눌러서 점검한다.

14. 엔진의 팬벨트에 대한 점검 과정으로 적합하지 않은 것은?

① 팬벨트는 눌러(약 10kgf)처짐이 13~20mm 정도로 한다.
② 팬벨트가 너무 헐거우면 기관 과열의 원인이 된다.
③ 팬벨트 조정은 발전기를 움직이면서 조정한다.

④ 팬벨트는 풀리의 밑부분에 접촉되어야 한다.

해설 팬벨트는 풀리의 양쪽 경사진 부분에 접촉되어야 미끄러지지 않는다.

15. 건설기계 엔진에 있는 팬벨트의 장력이 약할 때 생기는 현상으로 맞는 것은?

① 발전기 출력이 저하될 수 있다.
② 물 펌프 베어링이 조기에 손상된다.
③ 엔진이 과랭된다.
④ 엔진이 부조를 일으킨다.

해설 냉각 팬의 장력이 약하면 기관 과열의 원인이 되며, 발전기의 출력이 저하한다.

16. 기관에서 팬벨트 및 발전기 벨트의 장력이 너무 강할 경우에 발생될 수 있는 현상은?

① 기관의 밸브장치가 손상될 수 있다.
② 발전기 베어링이 손상될 수 있다.
③ 충전부족 현상이 생긴다.
④ 기관이 과열된다.

해설 팬벨트의 장력이 너무 강하면(팽팽하면) 발전기 베어링이 손상되기 쉽다.

17. 냉각장치에 사용되는 라디에이터의 구성품이 아닌 것은?

① 냉각수 주입구   ② 냉각핀
③ 코어   ④ 물 재킷

해설 물 재킷은 실린더 헤드와 블록에 설치한 냉각수 순환 통로이다.

18. 라디에이터(radiator)에 대한 설명으로 틀린 것은?

① 공기흐름 저항이 커야 냉각효율이 높다.

② 단위면적당 방열량이 커야 한다.
③ 냉각효율을 높이기 위해 방열 핀이 설치된다.
④ 라디에이터 재료 대부분은 알루미늄 합금이 사용된다.

해설 라디에이터는 공기흐름 저항이 작아야 냉각효율을 높일 수 있다.

19. 사용하던 라디에이터와 신품 라디에이터의 냉각수 주입량을 비교했을 때 신품으로 교환해야 할 시점은?

① 10% 이상의 차이가 발생했을 때
② 20% 이상의 차이가 발생했을 때
③ 30% 이상의 차이가 발생했을 때
④ 40% 이상의 차이가 발생했을 때

해설 신품과 사용품의 냉각수 주입량이 20% 이상의 차이가 발생하면 라디에이터를 교환한다.

20. 디젤기관 냉각장치에서 냉각수의 비등점을 높여 주기 위해 설치된 부품으로 맞는 것은?

① 코어   ② 냉각핀
③ 보조탱크   ④ 압력식 캡

해설 냉각장치 내의 비등점(비점)을 높이고, 냉각범위를 넓히기 위하여 압력식 캡을 사용한다.

21. 밀봉압력 냉각방식에서 보조탱크 내의 냉각수가 라디에이터로 빨려 들어갈 때 개방되는 압력 캡의 밸브는?

① 릴리프 밸브   ② 진공밸브
③ 압력밸브   ④ 감압밸브

해설 밀봉압력 냉각방식에서 보조탱크 내의 냉각수가 라디에이터로 빨려 들어갈 때 진공밸브가 개방된다.

정답 15 ①   16 ②   17 ④   18 ①   19 ②   20 ④   21 ②

22. 기관 라디에이터에 연결된 보조탱크의 역할을 설명한 것으로 가장 적합하지 않은 것은?

① 냉각수의 체적팽창을 흡수한다.

② 냉각수 온도를 적절하게 조절한다.

③ 오버플로(over flow) 되어도 증기만 방출된다.

④ 장기간 냉각수 보충이 필요 없다.

해설 라디에이터(방열기)에 연결된 보조탱크는 냉각수의 체적팽창을 흡수하므로 오버플로 되어도 증기만 방출되며, 장기간 냉각수 보충이 필요 없다.

23. 압력식 라디에이터 캡에 대한 설명으로 옳은 것은?

① 냉각장치 내부압력이 부압이 되면 진공밸브는 열린다.

② 냉각장치 내부압력이 부압이 되면 공기밸브는 열린다.

③ 냉각장치 내부압력이 규정보다 낮을 때 공기밸브는 열린다.

④ 냉각장치 내부압력이 규정보다 높을 때 진공밸브는 열린다.

해설 압력식 라디에이터 캡의 작동
  ㉠ 냉각장치 내부압력이 부압이 되면(내부압력이 규정보다 낮을 때) 진공밸브가 열린다.
  ㉡ 냉각장치 내부압력이 규정보다 높을 때 압력밸브가 열린다.

24. 라디에이터 캡의 스프링이 파손되는 경우 발생하는 현상은?

① 냉각수 비등점이 높아진다.

② 냉각수 순환이 불량해진다.

③ 냉각수 순환이 빨라진다.

④ 냉각수 비등점이 낮아진다.

해설 압력밸브의 주 작용은 냉각수의 비등점을 상승시키는 것이므로 압력밸브 스프링이 파손되거나 장력이 약해지면 비등점이 낮아져 기관이 과열되기 쉽다.

25. 엔진의 온도를 항상 일정하게 유지하기 위하여 냉각계통에 설치되는 것은?

① 크랭크축 풀리

② 물 펌프 풀리

③ 수온조절기

④ 벨트 조절기

해설 수온조절기(정온기)는 엔진의 온도를 항상 일정하게 유지하기 위하여 냉각계통에 설치한다.

26. 디젤기관에서 냉각수의 온도에 따라 냉각수 통로를 개폐하는 수온조절기가 설치되는 곳으로 적당한 곳은?

① 라디에이터 상부

② 라디에이터 하부

③ 실린더 블록 물 재킷 입구 부분

④ 실린더 헤드 물 재킷 출구 부분

해설 수온조절기는 실린더 헤드 물 재킷 출구 부분에 설치되어 있다.

27. 왁스실에 왁스를 넣어 온도가 높아지면 팽창 축을 올려 열리는 온도조절기는?

① 바이패스형   ② 바이메탈형

③ 벨로즈형   ④ 펠릿형

해설 펠릿형(pellet type)은 왁스실에 왁스를 넣어 온도가 높아지면 팽창 축을 올려 밸브를 여는 형식이다.

28. 엔진의 냉각장치에서 수온조절기의 열림 온도가 낮을 때 발생하는 현상은?

① 방열기 내의 압력이 높아진다.

② 엔진이 과열되기 쉽다.

③ 엔진의 워밍업 시간이 길어진다.

④ 물 펌프에 과부하가 발생한다.

해설 수온조절기의 열림 온도가 낮으면 엔진의 워밍업(난기운전) 시간이 길어지기 쉽다.

29. 디젤기관을 시동시킨 후 충분한 시간이 지났는데도 냉각수 온도가 정상적으로 상승하지 않을 경우 그 고장의 원인이 될 수 있는 것은?

① 팬벨트가 헐거울 때

② 수온조절기가 열린 채 고장 났을 때

③ 물 펌프가 고장 났을 때

④ 라디에이터 코어가 막혔을 때

해설 기관을 시동시킨 후 충분한 시간이 지났는데도 냉각수 온도가 정상적으로 상승하지 않는 원인은 수온조절기가 열린 상태로 고장 난 경우이다.

30. 건설기계 운전 중 운전석 계기판에 그림과 같은 등이 갑자기 점등되었다. 무슨 표시인가?

① 배터리 충전 경고등

② 연료레벨 경고등

③ 냉각수 과열 경고등

④ 유압유 온도 경고등

31. 건설기계 작업 시 계기판에서 냉각수 경고등이 점등되었을 때 운전자로서 가장 적절한 조치는?

① 엔진 오일량을 점검한다.

② 작업이 모두 끝나면 곧바로 냉각수를 보충한다.

③ 라디에이터를 교환한다.

④ 작업을 중지하고 점검 및 정비를 받는다.

해설 냉각수 경고등이 점등되면 작업을 중지하고 냉각수량 점검 및 냉각계통의 정비를 받는다.

32. 건설기계 기관에서 부동액으로 사용할 수 없는 것은?

① 메탄　　　　　② 알코올

③ 글리세린　　　④ 에틸렌글리콜

해설 부동액의 종류에는 알코올(메탄올), 글리세린, 에틸렌글리콜이 있다.

33. 라디에이터의 캡을 열어 냉각수를 점검하였더니 엔진오일이 떠 있다면 그 원인은?

① 피스톤 링과 실린더가 마모되었을 때

② 밸브간극이 과다할 때

③ 압축압력이 높아 역화 현상이 발생하였을 때

④ 실린더 헤드 개스킷이 파손되었을 때

해설 라디에이터에 엔진오일이 떠 있는 원인은 실린더 헤드 개스킷 파손, 헤드볼트 풀림 또는 파손, 수랭식 오일 냉각기에서의 누출 때문이다.

34. 다음 중 냉각장치에서 냉각수가 줄어들 때 그 원인과 정비 방법으로 틀린 것은?

① 워터펌프 불량 : 조정

② 서머스타트 하우징 불량 : 개스킷 및 하우징 교체

③ 히터 혹은 라디에이터 호스 불량 : 수리 및 부품 교환

④ 라디에이터 캡 불량 : 부품 교환

해설 워터펌프가 불량하면 교환한다.

35. 냉각장치에서 소음이 발생하는 원인으로 틀린 것은?

① 수온조절기가 불량할 때

② 팬벨트 장력이 헐거울 때

③ 냉각 팬 조립이 불량할 때

④ 물 펌프 베어링이 마모되었을 때

해설 냉각장치에서 소음이 발생하는 원인은 팬벨트 장력이 헐거울 때, 냉각 팬 조립이 불량할 때, 물 펌프 베어링이 마모되었을 때이다.

36. 작업 중 엔진온도가 급상승하였을 때 가장 먼저 점검하여야 할 것은?

① 윤활유 점도지수

② 크랭크축 베어링 상태

③ 부동액 점도

④ 냉각수의 양

해설 작업 중 엔진온도가 급상승하면 냉각수의 양을 가장 먼저 점검한다.

37. 수랭식 기관이 과열되는 원인으로 틀린 것은?

① 방열기의 코어가 20% 이상 막혔을 때

② 규정보다 높은 온도에서 수온조절기가 열릴 때

③ 수온조절기가 열린 채로 고정되었을 때

④ 규정보다 적게 냉각수를 넣었을 때

해설 수온조절기가 열린 채로 고정되면 기관이 과랭하기 쉽다.

38. 동절기 냉각수가 빙결되어 기관이 동파되는 원인은?

① 열을 빼앗아 가기 때문

② 냉각수가 빙결되면 발전이 어렵기 때문

③ 엔진의 쇠붙이가 얼기 때문

④ 냉각수의 체적이 늘어나기 때문

해설 동절기에 기관이 동파되는 원인은 냉각수가 얼면 체적이 늘어나기 때문이다.

39. 냉각장치에 대하여 설명한 것 중 틀린 것은?

① 냉각수 온도가 너무 낮으면 엔진의 운전상태가 나빠진다.

② 냉각장치 내부의 세척에는 가성소다를 섞은 물을 사용한다.

③ 엔진과열의 원인은 서모스탯의 고장으로 냉각수 순환이 빠른 경우이다.

④ 냉각장치 내부에 물때가 끼면 엔진과열의 원인이 된다.

해설 엔진과열의 원인 : 서모스탯(수온조절기)이 닫힌 상태의 고장으로 냉각수 순환이 느린 경우이다.

40. 건설기계 엔진에 대한 일반적인 설명으로 가장 적절하지 못한 것은?

① 운전 중 팬벨트가 끊어지면 충전경고등이 꺼진다.

② 윤활계통에 이상이 생기면 운전 중에 오일압력 경고등이 켜진다.

③ 기관이 과열되었을 때는 기관을 정지시킨 후 냉각수의 상태를 점검한다.

④ 연료탱크는 주기적으로 청소를 하여 물과 찌꺼기를 제거시키는 것이 좋다.

해설 운전 중 팬벨트가 끊어지면 충전경고등이 켜진다.

윤활장치

4-1 윤활유의 작용과 구비조건

(1) 윤활유의 작용

윤활유는 마찰 감소 · 마멸 방지 작용, 기밀(밀봉)작용, 열전도(냉각)작용, 세척(청정)작용, 완충(응력분산)작용, 방청(부식 방지)작용을 한다.

(2) 윤활유의 구비조건

① 점도지수가 높고, 온도와 점도와의 관계가 적당할 것
② 인화점 및 자연발화점이 높을 것
③ 강인한 유막을 형성할 것
④ 응고점이 낮고 비중과 점도가 적당할 것
⑤ 기포 발생 및 카본 생성에 대한 저항력이 클 것

4-2 윤활유의 분류

(1) SAE(미국 자동차 기술협회) 분류

SAE 번호로 오일의 점도를 표시하며, 번호(숫자)가 클수록 점도가 높다.

(2) API(미국 석유협회) 분류

가솔린 기관용(ML, MM, MS)과 디젤기관용(DG, DM, DS)으로 구분된다.

4-3 윤활장치의 구성부품

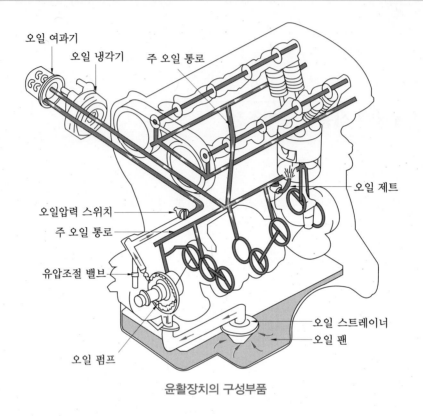

오일 여과기
오일 냉각기
주 오일 통로
오일 제트
오일압력 스위치
주 오일 통로
유압조절 밸브
오일 스트레이너
오일 팬
오일 펌프

윤활장치의 구성부품

[1] 오일 팬(oil pan) 또는 아래 크랭크 케이스

윤활유 저장용기이며, 윤활유의 냉각작용도 한다.

[2] 오일 스트레이너(oil strainer)

오일펌프로 들어가는 윤활유를 유도하며, 철망으로 제작하여 비교적 큰 입자의 불순물을 여과한다.

[3] 오일 펌프(oil pump)

① 오일 팬 내의 윤활유를 흡입 가압하여 오일 여과기를 거쳐 각 윤활 부분으로 공급한다.
② 종류에는 기어펌프, 로터리펌프, 플런저펌프, 베인펌프 등이 있다.

4 오일 여과기(oil filter)

윤활장치 내를 순환하는 불순물을 제거하며, 윤활유를 교환할 때 함께 교환한다.

(1) 윤활유 여과방식

① 분류식(bypass filter), 샨트식(shunt flow filter), 전류식((full-flow filter)이
  있다.
② 전류식은 오일펌프에서 나온 윤활유 모두가 여과기를 거쳐서 여과된 후 윤활 부분
  으로 공급된다.
③ 오일 여과기가 막히는 것에 대비하여 여과기 내에 바이패스 밸브를 둔다.

5 유압조절 밸브(oil pressure relief valve)

유압이 과도하게 상승하는 것을 방지하여 유압을 일정하게 유지시킨다.

6 기관 오일량 점검 방법

① 건설기계를 평탄한 지면에 주차시킨다.
② 기관을 시동하여 난기운전(워밍업)시킨 후 기관가동을 정지한다.
③ 유면 표시기(오일레벨 게이지)를 빼어 묻은 오일을 깨끗이 닦은 후 다시 끼운다.
④ 다시 유면 표시기를 빼어 오일이 묻은 부분이 "Full"과 "Low"선의 표시 사이에서
  "Full" 가까이에 있으면 된다.
⑤ 기관 오일량을 점검할 때 점도도 함께 점검한다.

로더
운전기능사 | # 출제 예상 문제

01. 윤활유의 기능으로 모두 옳은 것은?

    ① 마찰 감소, 스러스트 작용, 밀봉작용,
       냉각작용

    ② 마멸 방지, 수분 흡수, 밀봉작용, 마찰
       증대

    ③ 마찰 감소, 마멸 방지, 밀봉작용, 냉각
       작용

    ④ 마찰 증대, 냉각작용, 스러스트 작용,
       응력분산작용

해설 윤활유의 기능은 기밀작용(밀봉작용), 방청 작용(부식 방지 작용), 냉각작용, 마찰 및 마멸 방지 작용, 응력분산작용, 세척작용 등이 있다.

02. 엔진오일의 구비조건으로 틀린 것은?

    ① 응고점이 높을 것

    ② 비중과 점도가 적당할 것

    ③ 인화점과 발화점이 높을 것

    ④ 기포 발생과 카본 생성에 대한 저항력
       이 클 것

해설 엔진오일은 응고점이 낮아야 한다.

03. 기관에 사용되는 윤활유의 성질 중 가장 중요한 것은?

    ① 습도   ② 건도   ③ 온도   ④ 점도

해설 윤활유의 성질 중 가장 중요한 것은 점도이다.

04. 온도에 따르는 윤활유의 점도변화 정도를 표시하는 것은?

    ① 점도분포   ② 윤활성능

    ③ 점도지수   ④ 점화지수

해설 점도지수란 온도에 따르는 윤활유의 점도변화 정도를 표시하는 것이다.

05. 점도지수가 큰 오일의 온도변화에 따른 점도변화는?

    ① 온도변화에 따른 점도변화가 많다.

    ② 온도변화에 따른 점도변화가 적다.

    ③ 불변이다.

    ④ 온도와 점도변화는 무관하다.

해설 점도지수가 큰 오일은 온도변화에 따른 점도변화가 적다.

06. 기관에 사용되는 윤활유 사용 방법으로 옳은 것은?

    ① 여름용은 겨울용보다 SAE 번호가 크다.

    ② 겨울은 여름보다 SAE 번호가 큰 윤활
       유를 사용한다.

    ③ SAE 번호는 일정하다.

    ④ 계절과 윤활유 SAE 번호는 관계가 없다.

해설 여름에는 SAE 번호가 큰 윤활유(점도가 높은)를 사용하고, 겨울에는 SAE 번호가 작은(점도가 낮은) 오일을 사용한다.

07. 윤활유 점도가 기준보다 높은 것을 사용했을 때 일어나는 현상은?

    ① 겨울철에 사용하면 기관 시동이 쉽다.

    ② 윤활유가 점차 묽어지므로 경제적이다.

    ③ 윤활유가 좁은 공간에 잘 스며들어 충
       분한 주유가 된다.

    ④ 윤활유 공급이 원활하지 못하다.

정답   01 ③   02 ①   03 ④   04 ③   05 ②   06 ①   07 ④

해설 윤활유 점도가 기준보다 높은 것을 사용하면 점도가 높아져 윤활유 공급이 원활하지 못하게 되며, 기관을 시동할 때 동력이 많이 소모된다.

08. 윤활유 첨가제가 아닌 것은?

① 점도지수 향상제
② 에틸렌글리콜
③ 청정분산제
④ 기포방지제

해설 윤활유 첨가제에는 부식방지제, 유동점(응고점)강하제, 극압윤활제, 청정분산제, 산화방지제, 점도지수 향상제, 기포방지제, 유성향상제, 형광염료 등이 있다.

09. 일반적으로 디젤기관에서 많이 사용하는 윤활방식은?

① 적하급유 방식
② 비산압송 급유방식
③ 수 급유방식
④ 분무급유 방식

해설 디젤기관에서 많이 사용하는 윤활방식은 비산압송 방식이다.

10. 엔진의 윤활방식 중 오일 펌프로 급유하는 방식은?

① 비산방식   ② 분사방식
③ 압송방식   ④ 비산분무 방식

해설 압송방식은 엔진의 크랭크축이나 캠축으로 구동되는 오일 펌프로 급유한다.

11. 기관의 주요 윤활 부분이 아닌 것은?

① 실린더   ② 플라이휠
③ 피스톤 링   ④ 크랭크 저널

해설 수동변속기 차량의 경우 플라이휠 뒷면에는 클러치가 설치되므로 윤활을 해서는 안 된다.

12. 엔진 윤활에 필요한 엔진오일이 저장되어 있는 곳으로 옳은 것은?

① 오일 팬   ② 오일여과기
③ 스트레이너   ④ 유면표시기

해설 오일 팬은 엔진오일을 저장하는 부품이다.

13. 오일 스트레이너(oil strainer)에 대한 설명으로 바르지 못한 것은?

① 고정방식과 부동방식이 있으며 일반적으로 고정식이 많이 사용되고 있다.
② 철망으로 만들어져 있으며 비교적 큰 입자의 불순물을 여과한다.
③ 오일 여과기에 있는 오일을 여과하여 각 윤활 부분으로 보낸다.
④ 불순물로 인하여 여과망이 막힐 때에는 오일이 통할 수 있도록 바이패스 밸브(bypass valve)가 설치된 것도 있다.

해설 오일 스트레이너는 오일 펌프로 들어가는 오일을 여과하는 부품이며, 철망으로 제작하여 비교적 큰 입자의 불순물을 여과한다.

14. 디젤엔진에서 오일을 가압하여 윤활부에 공급하는 역할을 하는 것은?

① 공기펌프   ② 오일 펌프
③ 워터펌프   ④ 진공펌프

해설 오일 펌프는 오일 팬 내의 오일을 흡입·가압하여 각 윤활부로 공급하는 장치이다.

15. 디젤기관의 윤활장치에서 사용하고 있는 오일 펌프로 적합하지 않은 것은?

① 베인펌프   ② 포막펌프
③ 기어펌프   ④ 로터리펌프

해설 오일 펌프의 종류에는 기어펌프, 로터리펌프, 베인펌프, 플런저펌프가 있다.

16. 4행정 사이클 기관에서 주로 사용하고 있는 오일펌프의 형식은?

① 기어펌프와 로터리펌프
② 로터리펌프와 나사펌프
③ 원심펌프와 플런저펌프
④ 기어펌프와 플런저펌프

해설 4행정 사이클 기관에서 주로 사용하고 있는 오일펌프는 기어펌프와 로터리펌프이다.

17. 기관에 사용되는 여과장치가 아닌 것은?

① 오일 스트레이너
② 인젝션 타이머
③ 공기청정기
④ 오일 여과기

18. 기관의 윤활장치에서 기관오일의 여과방식이 아닌 것은?

① 합류식   ② 분류식
③ 전류식   ④ 샨트식

해설 기관오일의 여과방식에는 분류식, 샨트식, 전류식이 있다.

19. 윤활유 공급펌프에서 공급된 윤활유 전부가 오일 여과기를 거쳐 윤활부로 가는 방식은?

① 분류식   ② 샨트식
③ 자력식   ④ 전류식

해설 전류식(full flow filter)은 공급된 윤활유 전부를 오일 여과기를 거쳐 윤활 부분으로 보내는 방식이며, 여과기가 막히는 것을 대비하여 바이패스 밸브(bypass valve)를 설치한다.

20. 기관에 사용되는 오일 여과기에 대한 사항으로 틀린 것은?

① 오일 여과기가 막히면 유압이 높아진다.
② 엘리먼트는 물로 깨끗이 세척한 후 압축공기로 다시 청소하여 사용한다.
③ 여과능력이 불량하면 부품의 마모가 빠르다.
④ 작업조건이 나쁘면 교환 시기를 빨리 한다.

21. 기관에 사용하는 오일 여과기의 적절한 교환시기로 맞는 것은?

① 윤활유 1회 교환 시 2회 교환한다.
② 윤활유 1회 교환 시 1회 교환한다.
③ 윤활유 2회 교환 시 1회 교환한다.
④ 윤활유 3회 교환 시 1회 교환한다.

해설 오일 여과기는 윤활유를 교환할 때마다 함께 교환한다.

22. 디젤기관의 기관오일 압력이 규정 이상으로 높아질 수 있는 원인은?

① 기관오일에 연료가 희석되었다.
② 기관오일의 점도가 지나치게 낮다.
③ 기관오일의 점도가 지나치게 높다.
④ 기관의 회전속도가 낮다.

해설 기관오일의 점도가 지나치게 높으면 유압이 높아진다.

23. 기관의 오일 펌프 유압이 낮아지는 원인이 아닌 것은?

① 윤활유 점도가 너무 높을 때
② 베어링의 오일간극이 클 때
③ 윤활유의 양이 부족할 때
④ 오일 스트레이너가 막혔을 때

해설 기관의 오일압력이 낮은 원인은 윤활유의 점도가 낮을 때, 베어링의 오일간극이 클 때, 윤활유의 양이 부족할 때, 오일 스트레이너가 막혔을 때이다.

24. 다음 그림과 같은 경고등의 의미는?

① 엔진오일 압력경고등
② 워셔액 부족 경고등
③ 브레이크액 누유 경고등
④ 냉각수 온도경고등

25. 엔진오일 압력경고등이 켜지는 경우가 아닌 것은?

① 엔진을 급가속시켰을 때
② 오일이 부족할 때
③ 오일필터가 막혔을 때
④ 오일회로가 막혔을 때

해설 엔진오일 압력경고등이 켜지는 원인 : 기관오일의 점도가 낮을 때, 기관오일이 누출되었을 때, 기관오일이 부족할 때, 오일필터 및 오일회로가 막혔을 때

26. 건설기계 작업 시 계기판에서 오일경고등이 점등되었을 때 우선 조치사항으로 적합한 것은?

① 엔진을 분해한다.
② 즉시 엔진시동을 끄고 오일계통을 점검한다.
③ 엔진오일을 교환하고 운전한다.
④ 냉각수를 보충하고 운전한다.

해설 오일경고등이 점등되면 즉시 엔진의 시동을 끄고 오일계통을 점검한다.

27. 건설기계 기관에 설치되는 오일 냉각기의 주요 기능으로 맞는 것은?

① 기관오일 온도를 30℃ 이하로 유지한다.
② 기관오일 온도를 정상온도로 일정하게 유지한다.
③ 기관오일의 수분, 슬러지 등을 제거한다.
④ 기관오일의 압력을 일정하게 유지한다.

해설 오일 냉각기는 냉각수를 이용하여 기관오일 온도를 정상온도로 일정하게 유지시킨다.

28. 기관의 오일레벨 게이지(유면표시기)에 관한 설명으로 틀린 것은?

① 윤활유의 양(레벨)을 점검할 때 사용한다.
② 윤활유를 육안 검사 시에도 활용한다.
③ 반드시 기관 작동 중에 점검해야 한다.
④ 기관의 오일 팬에 있는 오일을 점검하는 것이다.

해설 기관오일량을 점검할 때에는 반드시 기관의 가동이 정지된 상태에서 점검해야 한다.

29. 엔진오일이 많이 소비되는 원인이 아닌 것은?

① 피스톤 링의 마모가 심할 때
② 실린더의 마모가 심할 때
③ 기관의 압축압력이 높을 때
④ 밸브 가이드의 마모가 심할 때

해설 엔진오일이 많이 소비되는 원인 : 피스톤 및 피스톤 링의 마모가 심할 때, 실린더의 마모가 심할 때, 밸브 가이드의 오일 실이 불량할 때

30. 기관의 윤활유 소모가 많아질 수 있는 원인으로 옳은 것은?

① 비산과 압력   ② 비산과 희석
③ 연소와 누설   ④ 희석과 혼합

해설 윤활유의 소비가 증대되는 2가지 원인은 '연소와 누설'이다.

정답 24 ①   25 ①   26 ②   27 ②   28 ③   29 ③   30 ③

31. 기관오일량 점검에서 오일게이지에 상한 선(Full)과 하한선(Low) 표시가 되어 있을 때 가장 적합한 것은?

① Low 표시에 있어야 한다.

② Full 표시 이상이 되어야 한다.

③ Low와 Full 표시 사이에서 Low에 가까이 있으면 좋다.

④ Low와 Full 표시 사이에서 Full에 가까이 있으면 좋다.

해설 기관오일량은 오일게이지(유면표시기)의 Low와 Full 표시 사이에서 Full에 가까이 있으면 좋다.

32. 엔진에서 오일의 온도가 상승되는 원인이 아닌 것은?

① 과부하 상태에서 연속적으로 작업을 하였을 때

② 오일 냉각기가 불량할 때

③ 오일의 점도가 부적당할 때

④ 유량이 과다할 때

해설 유량이 부족하면 오일의 온도가 상승한다.

33. 사용 중인 엔진오일을 점검하였더니 오일량이 처음 양보다 증가하였을 경우 그 원인에 해당될 수 있는 것은?

① 냉각수가 혼입되었다.

② 산화물이 혼입되었다.

③ 오일필터가 막혔다.

④ 배기가스가 유입되었다.

해설 냉각수가 혼입되면 오일량이 처음 양보다 증가한다.

34. 엔진에서 작동 중인 엔진오일에 가장 많이 포함된 이물질은?

① 유입먼지　　　② 산화물

③ 금속분말　　　④ 카본

해설 작동 중인 엔진오일에 가장 많이 포함된 이물질은 카본(carbon)이다.

35. 엔진오일을 점검하는 방법으로 틀린 것은?

① 유면표시기를 사용한다.

② 오일의 색과 점도를 확인한다.

③ 끈적끈적하지 않아야 한다.

④ 검은색은 교환시기가 경과한 것이다..

해설 엔진오일은 끈적끈적함(점도)이 있어야 한다.

36. 엔진오일의 교환시기와 주유할 때의 요령이다. 틀린 것은?

① 엔진에 알맞은 오일을 선택한다.

② 주유할 때 사용지침서 및 주유표에 의한다.

③ 오일 교환시기를 맞춘다.

④ 재생오일을 사용한다.

해설 재생오일을 사용하면 안 된다.

제5장 흡·배기장치 및 과급기

5-1 공기청정기(air cleaner)

① 연소에 필요한 공기를 실린더로 흡입할 때, 먼지 등의 불순물을 여과하여 피스톤 등의 마모를 방지하는 장치이다.

② 흡입공기 중의 먼지 등의 여과와 흡입공기의 소음을 감소시킨다.

③ 통기저항이 크면 기관의 출력이 저하되고, 연료소비에 영향을 준다.

④ 공기청정기가 막히면 실린더 내로의 공기공급 부족으로 불완전 연소가 일어나 실린더 마멸을 촉진한다.

5-2 과급기(터보 차저, turbo charger)

① 흡기관과 배기관 사이에 설치되어 기관의 실린더 내에 공기를 압축하여 공급한다.

② 과급기를 설치하면 기관의 중량은 10~15% 정도 증가되고, 출력은 35~45% 정도 증가된다.

③ 구조와 설치가 간단하다.

④ 연소상태가 양호하기 때문에 비교적 질이 낮은 연료를 사용할 수 있다.

⑤ 연소상태가 좋아지므로 압축온도 상승에 따라 착화지연기간이 짧아진다.

⑥ 동일 배기량에서 출력이 증가하고, 연료소비율이 감소된다.

⑦ 냉각손실이 적으며, 높은 지대에서도 기관의 출력변화가 적다.

출제 예상 문제

01. 흡기장치의 구비조건으로 틀린 것은?

① 전체 회전영역에 걸쳐서 흡입효율이 좋을 것
② 균일한 분배성능을 지닐 것
③ 흡입부에 와류가 발생할 수 있는 돌출부를 설치할 것
④ 연소속도를 빠르게 할 것

해설 흡기장치의 공기흡입 부분에는 돌출부가 없어야 한다.

02. 기관에서 연소에 필요한 공기를 실린더로 흡입할 때, 먼지 등의 불순물을 여과하여 피스톤 등의 마모를 방지하는 역할을 하는 장치는?

① 플라이휠   ② 과급기
③ 냉각장치   ④ 에어클리너

해설 에어클리너(공기청정기)는 기관에서 연소에 필요한 공기를 실린더로 흡입할 때, 먼지 등의 불순물을 여과하여 피스톤 등의 마모를 방지한다.

03. 디젤기관에서 공기청정기의 설치 목적으로 옳은 것은?

① 연료의 여과와 가압작용
② 공기의 가압작용
③ 공기의 여과와 소음 방지
④ 연료의 여과와 소음 방지

해설 공기청정기는 흡입공기의 먼지 등을 여과하는 작용 이외에 흡기소음을 감소시킨다.

04. 기관 공기청정기의 통기저항을 설명한 것으로 틀린 것은?

① 통기저항이 작아야 한다.
② 통기저항이 커야 한다.
③ 기관출력에 영향을 준다.
④ 연료소비에 영향을 준다.

해설 공기청정기의 통기저항은 작아야 한다. 통기저항이 크면 기관의 출력이 저하되고, 연료소비에 영향을 준다.

05. 건식 공기청정기의 장점이 아닌 것은?

① 설치 또는 분해ㆍ조립이 간단하다.
② 작은 입자의 먼지나 오물을 여과할 수 있다.
③ 구조가 간단하고 여과망을 세척하여 사용할 수 있다.
④ 기관 회전속도의 변동에도 안정된 공기청정 효율을 얻을 수 있다.

해설 건식 공기청정기의 여과망(엘리먼트)은 압축공기로 안쪽에서 바깥쪽으로 불어 내어 청소하여 사용한다.

06. 공기청정기가 막혔을 때 발생되는 현상으로 가장 적합한 것은?

① 배기색은 무색이며, 출력은 정상이다.
② 배기색은 흰색이며, 출력은 증가한다.
③ 배기색은 검은색이며, 출력은 저하된다.
④ 배기색은 흰색이며, 출력은 저하된다.

해설 공기청정기가 막히면 배기색은 검고, 출력은 저하된다.

정답 01 ③   02 ④   03 ③   04 ②   05 ③   06 ③

07. 건식 공기청정기 세척 방법으로 가장 적합한 것은?

① 압축공기로 안에서 밖으로 불어 낸다.
② 압축공기로 밖에서 안으로 불어 낸다.
③ 압축오일로 안에서 밖으로 불어 낸다.
④ 압축오일로 밖에서 안으로 불어 낸다.

08. 흡입공기를 선회시켜 엘리먼트 이전에서 이물질이 제거되도록 하는 공기청정기 방식은?

① 비스키무스 방식   ② 건식
③ 원심분리 방식   ④ 습식

해설 원심분리 방식은 흡입공기를 선회시켜 엘리먼트 이전에서 이물질을 제거한다.

09. 〈보기〉에서 머플러(소음기)와 관련된 설명이 모두 올바르게 조합된 것은?

┌─| 보기 |─────────────────
⑦ 카본이 많이 끼면 엔진이 과열되는 원인이 될 수 있다.
⑭ 머플러가 손상되어 구멍이 나면 배기소음이 커진다.
⑮ 카본이 쌓이면 엔진 출력이 떨어진다.
⑯ 배기가스의 압력을 높여서 열효율을 증가시킨다.
└────────────────────────

① ⑦, ⑮, ⑯   ② ⑦, ⑭, ⑮
③ ⑦, ⑭, ⑯   ④ ⑭, ⑮, ⑯

10. 소음기나 배기관 내부에 많은 양의 카본이 부착되면 배압은 어떻게 되는가?

① 낮아진다.
② 저속에서는 높아졌다가 고속에서는 낮아진다.

③ 높아진다.
④ 영향을 미치지 않는다.

해설 소음기나 배기관 내부에 많은 양의 카본이 부착되면 배압은 높아진다.

11. 디젤기관에서 배기상태가 불량하여 배압이 높을 때 발생하는 현상과 관련 없는 것은?

① 기관이 과열된다.
② 냉각수 온도가 내려간다.
③ 기관의 출력이 감소된다.
④ 피스톤의 운동을 방해한다.

해설 배압이 높으면 기관이 과열하므로 냉각수 온도가 올라가고, 피스톤의 운동을 방해하므로 기관의 출력이 감소된다.

12. 연소 시 발생하는 질소산화물(NOx)의 발생 원인과 가장 밀접한 관계가 있는 것은?

① 높은 연소온도   ② 가속불량
③ 흡입공기 부족   ④ 소염 경계층

해설 질소산화물(NOx)은 높은 연소온도 때문에 발생한다.

13. 국내에서 디젤기관에 규제하는 배출 가스는?

① 탄화수소   ② 매연
③ 일산화탄소   ④ 공기과잉률(λ)

14. 건설기계 작동 시 머플러에서 검은 연기가 발생하는 원인은?

① 엔진오일량이 너무 많을 때
② 워터펌프 마모 또는 손상
③ 외부온도가 높을 때
④ 에어클리너가 막혔을 때

정답 07 ①   08 ③   09 ②   10 ③   11 ②   12 ①   13 ②   14 ④

15. 배기가스의 색과 기관의 상태를 표시한 것으로 틀린 것은?

① 검은색 : 농후한 혼합비

② 무색 : 정상연소

③ 백색 또는 회색 : 윤활유의 연소

④ 황색 : 공기청정기의 막힘

16. 디젤엔진의 배기량이 일정한 상태에서 연소실에 강압적으로 많은 공기를 공급하여 흡입효율을 높이고 출력과 토크를 증대시키기 위한 장치는?

① 과급기　　　　② 에어 컴프레서

③ 연료압축기　　④ 냉각 압축펌프

해설 과급기는 엔진의 배기량이 일정한 상태에서 연소실에 강압적으로 많은 공기를 공급하여 흡입효율을 높이고 출력과 토크를 증대시키기 위한 장치이다.

17. 터보 차저를 구동하는 것으로 가장 적합한 것은?

① 엔진의 열

② 엔진의 배기가스

③ 엔진의 흡입가스

④ 엔진의 여유동력

해설 터보차저는 엔진의 배기가스에 의해 구동된다.

18. 디젤기관에서 과급기를 사용하는 이유가 아닌 것은?

① 체적효율 증대　② 냉각효율 증대

③ 출력 증대　　　④ 회전력 증대

해설 과급기를 사용하는 이유는 체적효율 증대(흡입공기의 밀도를 증가), 출력 증대, 회전력 증대 때문이다.

19. 디젤기관에 과급기를 설치하였을 때 장점이 아닌 것은?

① 동일 배기량에서 출력이 감소하고, 연료소비율이 증가된다.

② 냉각손실이 적으며 높은 지대에서도 기관의 출력변화가 적다.

③ 연소상태가 좋아지므로 압축온도 상승에 따라 착화지연기간이 짧아진다.

④ 연소상태가 양호하기 때문에 비교적 질이 낮은 연료를 사용할 수 있다.

해설 과급기를 설치하면 동일 배기량에서 출력이 증가하고, 연료소비율이 감소된다.

20. 터보 과급기의 작동상태에 대한 설명으로 틀린 것은?

① 디퓨저에서 공기의 압력 에너지가 속도 에너지로 바뀌게 된다.

② 배기가스가 임펠러를 회전시키면 공기가 흡입되어 디퓨저에 들어간다.

③ 디퓨저에서는 공기의 속도 에너지가 압력 에너지로 바뀌게 된다.

④ 압축공기가 각 실린더의 밸브가 열릴 때마다 들어가 충전효율이 증대된다.

해설 디퓨저는 과급기 케이스 내부에 설치되며, 공기의 속도 에너지를 압력 에너지로 바꾸는 장치이다.

21. 배기터빈 과급기에서 터빈 축 베어링의 윤활 방법으로 옳은 것은?

① 오일리스 베어링을 사용한다.

② 기관오일을 급유한다.

③ 그리스로 윤활한다.

④ 기어오일을 급유한다.

해설 과급기의 터빈 축 베어링에는 기관오일을 급유한다.

정답　15 ④　16 ①　17 ②　18 ②　19 ①　20 ①　21 ②

로더
운전기능사

제 **2** 편

건설기계 전기장치

제1장   기초전기 및 반도체

제2장   축전지

제3장   시동장치와 예열장치

제4장   충전장치

제5장   계기 · 등화장치

기초전기 및 반도체

1-1 전기의 기초 사항

(1) 전류

① 전류란 자유전자의 이동이며, 측정단위는 암페어(A)이다.

② 전류는 발열작용, 화학작용, 자기작용 등 3대 작용을 한다.

(2) 전압(전위차)

전압은 전류를 흐르게 하는 전기적인 압력이며, 측정단위는 볼트(V)이다.

(3) 저항

① 저항은 전자의 움직임을 방해하는 요소이며, 측정단위는 옴(Ω)이다.

② 전선의 저항은 길이가 길어지면 커지고, 지름이 커지면 작아진다.

1-2 전기회로의 법칙

(1) 옴의 법칙(Ohm's law)

① 도체에 흐르는 전류(I)는 전압(E)에 정비례하고, 그 도체의 저항(R)에는 반비례한다.

$$I = \frac{E}{R},\ E = IR,\ R = \frac{E}{I}$$

② 도체의 저항은 도체 길이에 비례하고 단면적에 반비례한다.

(2) 키르히호프의 법칙(Kirchhoff's law)

① **키르히호프의 제1법칙** : 회로 내의 어떤 한 점에 유입된 전류의 총합과 유출한 전류의 총합은 같다.

② **키르히호프의 제2법칙** : 임의의 폐회로(하나의 접속점을 출발하여 전원·저항 등을 거쳐 본래의 출발점으로 되돌아오는 닫힌회로)에 있어 기전력의 총합과 저항에 의한

전압강하의 총합은 같다.

(3) 줄의 법칙(Joule's law)

저항에 의하여 발생되는 열량은 도체의 저항과 전류의 제곱 및 흐르는 시간에 비례한다.

1-3 접촉저항

접촉저항은 스위치 접점, 배선의 커넥터, 축전지 단자(터미널) 등에서 발생하기 쉽다.

1-4 퓨즈(fuse)

① 퓨즈는 단락(short)으로 인하여 전선이 타거나 과대전류가 부하로 흐르지 않도록 하는 안전장치이다. 즉 전기장치에서 과전류에 의한 화재예방을 위해 사용하는 부품이다.

② 퓨즈의 용량은 암페어(A)로 표시하며, 회로에 직렬로 연결된다.

③ 퓨즈의 재질은 납과 주석의 합금이다.

1-5 반도체(semiconductor)

(1) 반도체 소자

① **다이오드(diode)** : P형 반도체와 N형 반도체를 마주 대고 접합한 것으로 정류작용을 한다.

② **포토 다이오드(photo diode)** : 빛을 받으면 전류가 흐르지만 빛을 차단하면 전류가 흐르지 않는다.

③ **제너 다이오드(zener diode)** : 어떤 전압에서는 역방향으로 전류가 흐르도록 한 것이다.

④ **발광 다이오드(LED, light-emitting diode)** : 순방향으로 전류를 공급하면 빛이 발생한다.

⑤ **트랜지스터(transistor)** : PNP, NPN으로 접합한 것으로, 이미터(emitter), 베이스(base), 컬렉터(collector) 단자로 구성되며, 스위칭 작용, 증폭 작용 등을 한다.

(2) 반도체의 특징

① 소형 · 경량이며, 내부의 전력손실이 적다.

② 예열시간을 요구하지 않고 곧바로 작동한다.

③ 수명이 길고, 내부 전압강하가 적다.

④ 150℃ 이상 되면 파손되기 쉽고, 고전압에 약하다.

로더
운전기능사

출제 예상 문제

01. 전기가 이동하지 않고 물질에 정지하고 있는 전기는?

① 직류전기　　　② 동전기

③ 교류전기　　　④ 정전기

해설 정전기란 전기가 이동하지 않고 물질에 정지하고 있는 전기이다.

02. 전류의 3대 작용이 아닌 것은?

① 발열작용　　　② 자기작용

③ 원심작용　　　④ 화학작용

해설 전류의 3대 작용 : 발열작용(전구, 예열플러그 등에서 이용), 화학작용(축전지, 전기도금 등에서 이용), 자기작용(전동기와 발전기에서 이용)

03. 전류의 크기를 측정하는 단위로 옳은 것은?

① V　　② A　　③ R　　④ K

해설 ㉠ 전류 : 암페어(A), ㉡ 전압 : 볼트(V), ㉢ 저항 : 옴(Ω)

04. 전압(voltage)에 대한 설명으로 적당한 것은?

① 자유전자가 도선을 통하여 흐르는 것이다.

② 전기적인 높이, 즉 전기적인 압력이다.

③ 물질에 전류가 흐를 수 있는 정도를 나타낸다.

④ 도체의 저항에 의해 발생되는 열을 나타낸다.

해설 전압이란 전기적인 높이, 즉 전기적인 압력이다.

05. 도체 내의 전류의 흐름을 방해하는 성질은?

① 전하　② 전류　③ 전압　④ 저항

해설 저항은 전자의 이동을 방해하는 요소이다.

06. 전선의 저항에 대한 설명 중 맞는 것은?

① 전선이 길어지면 저항이 감소한다.

② 전선의 지름이 커지면 저항이 감소한다.

③ 모든 전선의 저항은 같다.

④ 전선의 저항은 전선의 단면적과 관계없다.

해설 전선의 저항은 길이가 길어지면 증가하고, 지름(단면적)이 커지면 감소한다.

07. 옴의 법칙에 대한 설명으로 옳은 것은?

① 도체에 흐르는 전류는 도체의 저항에 정비례한다.

② 도체의 저항은 도체 길이에 비례한다.

③ 도체의 저항은 도체에 가해진 전압에 반비례한다.

④ 도체에 흐르는 전류는 도체의 전압에 반비례한다.

해설 도체의 저항은 도체 길이에 비례하고 단면적에 반비례한다.

08. 전기장치에서 접촉저항이 발생하는 개소 중 가장 거리가 것은?

① 배선 중간지점　　② 스위치 접점

③ 축전지 터미널　　④ 배선 커넥터

해설 접촉저항은 스위치 접점, 배선의 커넥터, 축전지 단자(터미널) 등에서 발생하기 쉽다.

09. 건설기계에서 사용되는 전기장치에서 과전류에 의한 화재 예방을 위해 사용하는 부품으로 옳은 것은?

① 콘덴서   ② 퓨즈

③ 저항기   ④ 전파방지기

해설 퓨즈는 전기회로에서 단락에 의해 전선이 타거나 과대전류가 부하에 흐르지 않도록 하는 부품, 즉 전기장치에서 과전류에 의한 화재 예방을 위해 사용한다.

10. 전기장치 회로에 사용하는 퓨즈의 재질로 적합한 것은?

① 스틸 합금   ② 구리 합금

③ 알루미늄 합금 ④ 납과 주석 합금

해설 퓨즈의 재질은 납과 주석 합금이다.

11. 전기회로에서 퓨즈의 설치 방법은?

① 직렬   ② 병렬

③ 직 · 병렬   ④ 상관없다.

해설 전기회로에서 퓨즈는 직렬로 설치한다.

12. 건설기계의 전기회로의 보호 장치로 맞는 것은?

① 안전밸브   ② 퓨저블 링크

③ 캠버   ④ 턴 시그널 램프

해설 퓨저블 링크(fusible link)는 전기회로를 보호하는 도체 크기의 작은 전선으로 회로에 삽입되어 있다.

13. 역방향으로 한계 이상의 전압이 걸리면 순간적으로 도통, 한계 전압을 유지하는 다이오드는 어느 것인가?

① 포토 다이오드   ② 발광 다이오드

③ 제너 다이오드   ④ 정류 다이오드

14. 빛을 받으면 전류가 흐르지만 빛이 없으면 전류가 흐르지 않는 전기소자는?

① 발광 다이오드

② 포토 다이오드

③ 제너 다이오드

④ PN 접합 다이오드

해설 포토 다이오드는 접합 부분에 빛을 받으면 빛에 의해 자유전자가 되어 전자가 이동하며, 역방향으로 전기가 흐른다.

15. 다이오드는 P형과 N형의 반도체를 맞대어 결합한 것이다. 다이오드의 장점이 아닌 것은?

① 내부의 전력손실이 적다.

② 소형이고 가볍다.

③ 예열 시간을 요구하지 않고 곧바로 작동한다.

④ 200℃ 이상의 고온에서도 사용이 가능하다.

해설 반도체는 고온(150℃ 이상 되면 파손되기 쉽다) · 고전압에 약하다.

16. 전자제어 디젤엔진 분사장치에서 연료를 제어하기 위해 센서로부터 각종 정보(가속페달의 위치, 기관속도, 분사시기, 흡기, 냉각수, 연료온도 등)를 입력받아 전기적 출력신호로 변환하는 것은?

① 컨트롤 로드 액추에이터

② 전자제어유닛(ECU)

③ 컨트롤 슬리브 액추에이터

④ 자기진단(self diagnosis)

해설 전자제어유닛(ECU)은 전자제어 기관에서 연료를 제어하기 위해 센서로부터 각종 정보를 입력받아 전기적 출력신호로 변환하는 것이다.

정답 09 ②   10 ④   11 ①   12 ②   13 ③   14 ②   15 ④   16 ②

축전지

2-1 축전지(battery)의 개요

(1) 축전지의 정의

① 축전지는 전류의 화학작용을 이용하며, 기관을 시동할 때에는 화학적 에너지를 전기적 에너지로 꺼낼 수 있고(방전), 전기적 에너지를 주면 화학적 에너지로 저장(충전)할 수 있다.

② 건설기계 기관 시동용으로 납산 축전지를 사용한다.

(2) 축전지의 기능

① 기관을 시동할 때 시동장치 전원을 공급한다.(가장 중요한 기능)

② 발전기가 고장일 때 일시적인 전원을 공급한다.

③ 발전기의 출력과 부하의 불균형(언밸런스)를 조정한다.

2-2 납산 축전지의 구조

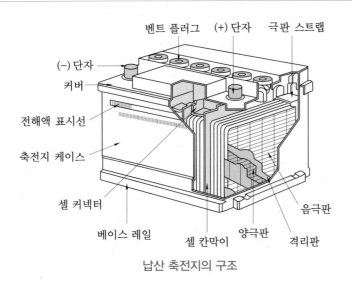

납산 축전지의 구조

(1) 극판

양극판은 과산화납, 음극판은 해면상납이며 화학적 평형을 고려하여 음극판이 1장 더 많다.

(2) 극판군

① 셀(cell)이라고도 부르며, 완전충전되었을 때 약 2.1V의 기전력이 발생한다.
② 12V 축전지의 경우에는 2.1V의 셀 6개가 직렬로 연결되어 있다.

(3) 격리판

양극판과 음극판 사이에 끼워져 양쪽 극판의 단락을 방지하며, 비전도성이어야 한다.

(4) 축전지 단자(terminal) 구별 및 탈·부착 방법

① 양극 단자는 [+], 음극 단자는 [−]의 부호로 분별한다.
② 양극 단자는 적색, 음극 단자는 흑색의 색깔로 분별한다.
③ 양극 단자는 지름이 굵고, 음극 단자는 가늘다.
④ 양극 단자는 POS, 음극 단자는 NEG의 문자로 분별한다.
⑤ 단자에서 케이블을 분리할 때에는 접지단자(−단자)의 케이블을 먼저 분리하고, 설치할 때에는 나중에 설치한다.

(5) 전해액(electrolyte)

① **전해액의 비중**
  ㈎ 묽은 황산을 사용하며, 비중은 20℃에서 완전충전되었을 때 1.280이다.
  ㈏ 전해액은 온도가 상승하면 비중이 작아지고, 온도가 낮아지면 비중은 커진다.
  ㈐ 전해액의 빙점(어는 온도)은 그 전해액의 비중이 내려감에 따라 높아진다.

② **전해액 만드는 순서**
  ㈎ 용기는 반드시 질그릇 등 절연체인 것을 준비한다.
  ㈏ 물(증류수)에 황산을 부어서 혼합하도록 한다.

③ **축전지의 설페이션(sulfation, 유화)**
  설페이션은 납산 축전지를 오랫동안 방전상태로 방치해 두면 극판이 영구 황산납이 되어 사용하지 못하게 되는 현상이다.

2-3 납산 축전지의 화학작용

① 방전이 진행되면 양극판의 과산화납과 음극판의 해면상납 모두 황산납이 되고, 전해액의 묽은 황산은 물로 변화한다.

② 충전이 진행되면 양극판의 황산납은 과산화납으로, 음극판의 황산납은 해면상납으로 환원되며, 전해액의 물은 묽은 황산으로 되돌아간다.

2-4 납산 축전지의 특성

(1) 방전종지전압(방전 끝 전압)

① 축전지의 방전은 어느 한도 내에서 단자 전압이 급격히 저하하며 그 이후는 방전능력이 없어지게 되는데, 이때의 전압을 말한다.

② 1셀당 1.75V이며, 12V 축전지의 경우 1.75V×6=10.5V이다.

(2) 축전지 용량

① 용량의 단위는 AH[전류(ampere)×시간(hour)]로 표시한다.

② 용량의 크기를 결정하는 요소는 극판의 크기, 극판의 수, 전해액(황산)의 양 등이다.

③ 용량표시 방법에는 20시간율, 25암페어율, 냉간율이 있다.

(3) 축전지 연결에 따른 용량과 전압의 변화

① **직렬연결**

㉮ 같은 축전지 2개 이상을 (+)단자와 다른 축전지의 (−)단자에 서로 연결하는 방법이다.

㉯ 전압은 연결한 개수만큼 증가되지만 용량은 1개일 때와 같다.

② **병렬연결**

㉮ 같은 축전지 2개 이상을 (+)단자는 다른 축전지의 (+)단자에, (−)단자는 (−)단자에 접속하는 방법이다.

㉯ 용량은 연결한 개수만큼 증가하지만 전압은 1개일 때와 같다.

2-5   납산 축전지의 자기방전(자연방전)

(1) 자기방전의 원인

① 구조상 부득이하다.(음극판의 작용물질이 황산과의 화학작용으로 황산납이 되기 때문에)

② 전해액에 포함된 불순물이 국부전지를 구성하기 때문이다.

③ 탈락한 극판 작용물질이 축전지 내부에 퇴적되어 단락되기 때문이다.

④ 축전지 커버와 케이스의 표면의 전기누설 때문이다.

(2) 축전지의 자기방전량

① 전해액의 온도와 비중이 높을수록 자기방전량은 많아진다.

② 날짜가 경과할수록 자기방전량은 많아진다.

③ 충전 후 시간의 경과에 따라 자기방전량의 비율은 점차 낮아진다.

2-6   납산 축전지 충전

충전 방법에는 정전류 충전, 정전압 충전, 단별전류 충전, 급속충전 등이 있다.

2-7   MF 축전지(maintenance free battery)

MF 축전지는 격자를 저(低)안티몬 합금이나 납-칼슘 합금을 사용하여 전해액의 감소나 자기방전량을 줄일 수 있는 무정비 축전지이다. 특징은 다음과 같다.

① 자기방전 비율이 매우 낮아 장기간 보관이 가능하다.

② 증류수를 점검하거나 보충하지 않아도 된다.

③ 산소와 수소가스를 다시 증류수로 환원시키는 밀봉촉매 마개를 사용한다.

출제 예상 문제

01. 납산 축전지에 관한 설명으로 틀린 것은?

① 전압은 셀의 개수와 셀 1개당의 전압으로 결정된다.
② 음극판이 양극판보다 1장 더 많다.
③ 기관시동 시 전기적 에너지를 화학적 에너지로 바꾸어 공급한다.
④ 기관시동 시 화학적 에너지를 전기적 에너지로 바꾸어 공급한다.

해설 축전지는 화학작용을 이용한 장치이며, 기관을 시동할 때에는 양극판, 음극판 및 전해액이 가지는 화학적 에너지를 전기적 에너지로 바꾸어 공급한다.

02. 축전지의 구비조건으로 가장 거리가 먼 것은?

① 축전지의 용량이 클 것
② 전기적 절연이 완전할 것
③ 가급적 크고, 다루기 쉬울 것
④ 전해액의 누출 방지가 완전할 것

해설 축전지는 소형·경량이고, 수명이 길어야 한다.

03. 축전지의 역할을 설명한 것으로 틀린 것은?

① 기동장치의 전기적 부하를 담당한다.
② 발전기 출력과 부하와의 언밸런스를 조정한다.
③ 기관시동 시 전기적 에너지를 화학적 에너지로 바꾼다.
④ 발전기 고장 시 주행을 확보하기 위한 전원으로 작동한다.

해설 축전지의 역할은 기동장치의 전기적 부하 담당(기동전동기 작동), 발전기가 고장 났을 때 주행을 확보하기 위한 전원으로 작동, 발전기 출력과 부하와의 언밸런스(불균형)를 조정하는 것이다.

04. 12V의 납축전지 셀에 대한 설명으로 맞는 것은?

① 6개의 셀이 직렬로 접속되어 있다.
② 6개의 셀이 병렬로 접속되어 있다.
③ 6개의 셀이 직렬과 병렬로 혼용하여 접속되어 있다.
④ 3개의 셀이 직렬과 병렬로 혼용하여 접속되어 있다.

해설 12V 축전지는 2.1V의 셀(cell) 6개가 직렬로 접속된다.

05. 납산 축전지에서 격리판의 역할은?

① 전해액의 증발을 방지한다.
② 과산화납으로 변화되는 것을 방지한다.
③ 전해액의 화학작용을 방지한다.
④ 음극판과 양극판의 절연성을 높인다.

해설 격리판은 음극판과 양극판의 단락을 방지한다. 즉 절연성을 높인다.

06. 축전지의 전해액으로 알맞은 것은?

① 순수한 물   ② 과산화납
③ 해면상납   ④ 묽은 황산

해설 납산 축전지 전해액은 증류수에 황산을 혼합한 묽은 황산이다.

07. 축전지의 케이스와 커버를 청소할 때 사용하는 용액으로 가장 옳은 것은?

① 비누와 물
② 소금과 물
③ 소다와 물
④ 오일과 가솔린

해설 축전지 커버나 케이스의 청소는 소다와 물 또는 암모니아수를 사용한다.

08. 축전지 전해액에 관한 내용으로 옳지 않은 것은?

① 전해액의 온도가 1℃ 변화함에 따라 비중은 0.0007씩 변한다.
② 온도가 올라가면 비중은 올라가고 온도가 내려가면 비중이 내려간다.
③ 전해액은 증류수에 황산을 혼합하여 희석시킨 묽은 황산이다.
④ 축전지 전해액 점검은 비중계로 한다.

해설 전해액은 온도가 올라가면 비중은 내려가고, 온도가 내려가면 비중은 올라간다.

09. 축전지 격리판의 구비조건으로 틀린 것은?

① 기계적 강도가 있을 것
② 다공성이고 전해액에 부식되지 않을 것
③ 극판에 좋지 않은 물질을 내뿜지 않을 것
④ 전도성이 좋으며 전해액의 확산이 잘 될 것

해설 격리판은 비전도성이어야 한다.

10. 20℃에서 완전충전 시 축전지의 전해액 비중은?

① 2.260
② 0.128
③ 1.280
④ 0.0007

해설 20℃에서 완전충전된 납산 축전지의 전해액 비중은 1.280이다.

11. 전해액 충전 시 20℃일 때 비중으로 틀린 것은?

① 25% 충전 : 1.150~1.170
② 50% 충전 : 1.190~1.210
③ 75% 충전 : 1.220~1.260
④ 완전충전 : 1.260~1.280

해설 75% 충전 : 1.220~1.240

12. 납산 축전지의 전해액을 만들 때 황산과 증류수의 혼합 방법에 대한 설명으로 틀린 것은?

① 조금씩 혼합하며, 잘 저어서 냉각시킨다.
② 증류수에 황산을 부어 혼합한다.
③ 전기가 잘 통하는 금속제 용기를 사용하여 혼합한다.
④ 추운 지방인 경우 온도가 표준온도일 때 비중이 1.280이 되게 측정하면서 작업을 끝낸다.

해설 전해액을 만들 때에는 질그릇, 고무그릇 등의 절연체인 용기를 준비한다.

13. 납산 축전지의 충전상태를 판단할 수 있는 계기로 옳은 것은?

① 온도계
② 습도계
③ 점도계
④ 비중계

해설 비중계로 전해액의 비중을 측정하면 축전지 충전여부를 판단할 수 있다.

14. 납산 축전지를 오랫동안 방전상태로 방치하면 사용하지 못하게 되는 원인은?

① 극판이 영구 황산납이 되기 때문이다.
② 극판에 산화납이 형성되기 때문이다.
③ 극판에 수소가 형성되기 때문이다.
④ 극판에 녹이 슬기 때문이다.

정답 07 ③ 08 ② 09 ④ 10 ③ 11 ③ 12 ③ 13 ④ 14 ①

해설 납산 축전지를 오랫동안 방전상태로 두면 극판이 영구 황산납이 되어 사용하지 못하게 된다.

15. 축전지 설페이션(유화)의 원인이 아닌 것은?

① 방전상태로 장시간 방치한 경우
② 전해액 양이 부족한 경우
③ 과다충전인 경우
④ 전해액 속의 과도한 황산이 함유된 경우

해설 축전지의 설페이션(유화)의 원인 : 장기간 방전상태로 방치하였을 때, 전해액 속의 과도한 황산의 함유, 전해액에 불순물이 포함되어 있을 때, 전해액 양이 부족할 때

16. 축전지의 온도가 내려갈 때 발생되는 현상이 아닌 것은?

① 비중이 상승한다.
② 전류가 커진다.
③ 용량이 저하한다.
④ 전압이 저하한다.

해설 축전지의 온도가 내려가면 비중은 상승하나, 용량, 전류, 전압이 모두 저하된다.

17. 겨울철 축전지 전해액이 낮아지면 전해액이 얼기 시작하는 온도는?

① 낮아진다.　　② 높아진다.
③ 관계없다.　　④ 일정하지 않다.

해설 전해액의 빙점(어는 온도)은 그 전해액의 비중이 내려감에 따라 높아진다.

18. 배터리에서 셀 커넥터와 단자기둥에 대한 설명이 아닌 것은?

① 셀 커넥터는 납 합금으로 되었다.
② 양극판이 음극판의 수보다 1장 더 적다.
③ 색깔로 구분되어 있는 것은 (−)가 적색으로 되어 있다.
④ 셀 커넥터는 배터리 내의 각각의 셀을 직렬로 연결하기 위한 것이다.

해설 색깔로 구분되어 있는 것은 (+)가 적색이다.

19. 납산 축전지 터미널(단자)의 식별 방법으로 적합하지 않은 것은?

① (+), (−)의 표시로 구분한다.
② 터미널의 요철로 구분한다.
③ 굵고 가는 것으로 구분한다.
④ 적색과 흑색 등 색깔로 구분한다.

해설 축전지 터미널(단자)의 식별 방법 : (+), (−)의 표시로 구분하는 방법, 굵고 가는 것으로 구분하는 방법, 적색과 흑색 등 색깔로 구분하는 방법

20. 납산 축전지 단자에 녹이 발생했을 때의 조치 방법으로 가장 적합한 것은?

① 물걸레로 닦아 내고 더 조인다.
② 녹을 닦은 후 고정시키고 소량의 그리스를 상부에 도포한다.
③ [+]와 [−] 터미널을 서로 교환한다.
④ 녹슬지 않게 엔진오일을 도포하고 확실히 더 조인다.

해설 단자에 녹이 발생하였으면 녹을 닦은 후 고정시키고 소량의 그리스를 상부에 바른다.

21. 건설기계의 축전지 케이블 탈거에 대한 설명으로 맞는 것은?

① 절연되어 있는 케이블을 먼저 탈거한다.
② 아무 케이블이나 먼저 탈거한다.
③ 접지되어 있는 케이블을 먼저 탈거한다.
④ [+]케이블을 먼저 탈거한다.

해설 축전지에서 케이블을 탈거할 때에는 접지 케이블을 먼저 탈거한다.

22. 축전지를 교환 및 장착할 때 연결순서로 옳은 것은?

① (+)나 (−)선 중 편리한 것부터 연결하면 된다.
② 축전지의 (−)선을 먼저 부착하고, (+)선을 나중에 부착한다.
③ 축전지의 (+), (−)선을 동시에 부착한다.
④ 축전지의 (+)선을 먼저 부착하고, (−)선을 나중에 부착한다.

해설 축전지를 장착할 때에는 (+)선을 먼저 부착하고, (−)선을 나중에 부착한다.

23. 축전지에서 방전 중일 때의 화학작용을 설명하였다. 틀린 것은?

① 격리판 : 황산납 → 물
② 양극판 : 과산화납 → 황산납
③ 음극판 : 해면상납 → 황산납
④ 전해액 : 묽은 황산 → 물

해설 축전지가 방전될 때 양극판의 과산화납은 황산납으로, 음극판의 해면상납은 황산납으로, 전해액의 묽은 황산은 물로 변화한다.

24. 축전지의 방전은 어느 한도 내에서 단자전압이 급격히 저하하며 그 이후에는 방전능력이 없어지는데, 이때의 전압을 무엇이라고 하는가?

① 충전전압
② 방전전압
③ 누전전압
④ 방전종지전압

해설 방전종지전압이란 축전지의 방전은 어느 한도 내에서 단자 전압이 급격히 저하하며 그 이후에는 방전능력이 없어지는데, 이때의 전압을 말한다.

25. 축전지의 방전종지전압에 대한 설명이 잘못된 것은?

① 20시간율 전류로 방전하였을 경우 방전종지전압은 한 셀당 2.1V이다.
② 한 셀당 1.7~1.8V 이하로 방전되는 현상이다.
③ 방전종지전압 이하로 방전시키면 축전지의 성능이 저하된다.
④ 축전지의 방전 끝(한계) 전압이다.

해설 축전지의 방전종지전압은 1셀 당 1.7~1.8V이다.

26. 12V용 납산 축전지의 방전종지전압은?

① 12V   ② 10.5V ③ 7.5V ④ 1.75V

해설 축전지 셀당 방전종지전압이 1.75V이므로 12V 축전지의 방전종지전압은 6×1.75V = 10.5V이다.

27. 건설기계에 사용되는 축전지의 용량 단위는?

① Ah   ② PS   ③ kW   ④ kV

해설 축전지 용량의 단위는 Ah(암페어 시)이다.

28. 축전지의 용량(전류)에 영향을 주는 요소로 틀린 것은?

① 극판의 수   ② 극판의 크기
③ 전해액의 양   ④ 냉간율

해설 축전지의 용량에 영향을 주는 요소는 셀당 극판의 수, 극판의 크기, 전해액의 양이다.

29. 다음 중 축전지의 용량 표시 방법이 아닌 것은?

① 25시간율   ② 25암페어율
③ 20시간율   ④ 냉간율

해설 축전지의 용량 표시 방법에는 20시간율, 25암페어율, 냉간율이 있다.

30. 그림과 같이 12V용 축전지 2개를 사용하여 24V용 건설기계를 시동하고자 할 때 연결 방법으로 옳은 것은?

① B와 D　　　② A와 C
③ A와 B　　　④ B와 C

해설 직렬연결이란 전압과 용량이 동일한 축전지 2개 이상을 (+)단자와 연결대상 축전지의 (−)단자에 서로 연결하는 방식이다.

31. 건설기계에 사용되는 12볼트(V) 80암페어(A) 축전지 2개를 직렬연결하면 전압과 전류는?

① 24볼트(V) 160암페어(A)가 된다.
② 12볼트(V) 160암페어(A)가 된다.
③ 24볼트(V) 80암페어(A)가 된다.
④ 12볼트(V) 80암페어(A)가 된다.

해설 12V−80A 축전지 2개를 직렬로 연결하면 24V−80A가 된다.

32. 같은 용량, 같은 전압의 축전지를 병렬로 연결하였을 때 맞는 것은?

① 용량과 전압은 일정하다.
② 용량과 전압이 2배로 된다.
③ 용량은 한 개일 때와 같으나 전압은 2배로 된다.
④ 용량은 2배이고 전압은 한 개일 때와 같다.

해설 축전지를 병렬로 연결하면 용량은 연결한 개수만큼 증가하지만 전압은 1개일 때와 같다.

33. 건설기계에 사용되는 12볼트(V) 80암페어(A) 축전지 2개를 병렬로 연결하면 전

압과 전류는 어떻게 변하는가?

① 12볼트(V), 160암페어(A)가 된다.
② 24볼트(V), 80암페어(A)가 된다.
③ 12볼트(V), 80암페어(A)가 된다.
④ 24볼트(V), 160암페어(A)가 된다.

해설 12V−80A 축전지 2개를 병렬로 연결하면 12V−160A가 된다.

34. 축전지의 수명을 단축하는 요인들이 아닌 것은?

① 전해액의 부족으로 극판의 노출로 인한 설페이션
② 전해액에 불순물이 많이 함유된 경우
③ 내부에서 극판이 단락 또는 탈락이 된 경우
④ 단자기둥의 굵기가 서로 다른 경우

해설 축전지의 단자기둥의 굵기와 축전지 수명과는 관계가 없다.

35. 충전된 축전지라도 방치해 두면 사용하지 않아도 조금씩 자연 방전하여 용량이 감소하는 현상은?

① 화학방전　　　② 자기방전
③ 강제방전　　　④ 급속방전

해설 자기방전이란 충전된 축전지라도 방치해 두면 사용하지 않아도 조금씩 자연 방전하여 용량이 감소하는 현상이다.

36. 축전지의 소비된 전기 에너지를 보충하기 위한 충전 방법이 아닌 것은?

① 정전류 충전　　② 급속충전
③ 정전압 충전　　④ 초 충전

해설 축전지의 충전 방법에는 정전류 충전, 정전압 충전, 단별전류 충전, 급속충전 등이 있다.

37. 축전지의 자기방전량에 대한 설명으로 적합하지 않은 것은?

① 전해액의 온도가 높을수록 자기방전량은 작아진다.

② 전해액의 비중이 높을수록 자기방전량은 크다.

③ 날짜가 경과할수록 자기방전량은 많아진다.

④ 충전 후 시간의 경과에 따라 자기방전량의 비율은 점차 낮아진다.

해설 자기방전량은 전해액의 온도가 높을수록 커진다.

38. 배터리의 자기방전 원인에 대한 설명으로 틀린 것은?

① 배터리의 구조상 부득이하다.

② 이탈된 작용물질이 극판의 아랫부분에 퇴적되어 있다.

③ 배터리 케이스의 표면에서 전기누설이 없다.

④ 전해액 중에 불순물이 혼입되어 있다.

해설 자기방전의 원인 : 음극판의 작용물질이 황산과의 화학작용으로 황산납이 되기 때문(구조상 부득이함), 전해액에 포함된 불순물이 국부전지를 구성하기 때문, 탈락한 극판 작용물질이 축전지 내부에 퇴적되기 때문, 축전지 케이스의 표면에서 전기누설 때문

39. 축전지를 충전기에 의해 충전 시 정전류 충전범위로 틀린 것은?

① 최대충전 전류 : 축전지 용량의 20%

② 최소충전 전류 : 축전지 용량의 5%

③ 최대충전 전류 : 축전지 용량의 50%

④ 표준충전 전류 : 축전지 용량의 10%

해설 정전류 충전전류 범위는 표준충전 전류는 축전지 용량의 10%, 최소충전 전류는 축전지 용량의 5%, 최대충전 전류는 축전지 용량의 20%이다.

40. 납산 축전지의 충전 중 주의사항으로 틀린 것은?

① 차상에서 충전할 때는 배터리 접지(−)를 분리할 것

② 전해액의 온도는 45℃ 이상을 유지할 것

③ 충전 중 축전지에 충격을 가하지 말 것

④ 통풍이 잘되는 곳에서 충전할 것

해설 충전할 때 전해액의 온도가 최대 45℃를 넘지 않도록 하여야 한다.

41. 급속충전을 할 때 주의사항으로 옳지 않은 것은?

① 충전시간은 가급적 짧아야 한다.

② 충전 중인 축전지에 충격을 가하지 않는다.

③ 통풍이 잘되는 곳에서 충전한다.

④ 축전지가 차량에 설치된 상태로 충전한다.

해설 축전지가 차량에 설치된 상태에서 급속충전을 할 때에는 접지케이블을 분리한 후 충전한다.

42. 건설기계에 장착된 축전지를 급속충전할 때 축전지의 접지케이블을 분리시키는 이유는?

① 과다충전을 방지하기 위해

② 발전기의 다이오드를 보호하기 위해

③ 시동스위치를 보호하기 위해

④ 기동전동기를 보호하기 위해

정답 37 ①   38 ③   39 ③   40 ②   41 ④   42 ②

해설 급속충전할 때 축전지의 접지케이블을 분리하여야 하는 이유는 발전기의 다이오드를 보호하기 위함이다.

43. 충전 중인 축전지에 화기를 가까이하면 위험한 이유는?

① 전해액이 폭발성 액체이기 때문에
② 수소가스가 폭발성 가스이기 때문에
③ 산소가스가 폭발성 가스이기 때문에
④ 충전기가 폭발될 위험이 있기 때문에

해설 축전지 충전 중에 화기를 가까이하면 수소가스가 폭발할 우려가 있다.

44. 축전지 전해액이 자연 감소되었을 때 보충에 가장 적합한 것은?

① 증류수
② 황산
③ 경수
④ 수돗물

해설 축전지 전해액이 자연 감소되었을 경우에는 증류수를 보충한다.

45. 납산 축전지에 대한 설명으로 옳은 것은?

① 전해액이 자연 감소된 축전지의 경우 증류수를 보충한다.
② 축전지의 방전이 계속되면 전압은 낮아지고, 전해액의 비중은 높아진다.
③ 축전지의 용량을 크게 하려면 별도의 축전지를 직렬로 연결한다.
④ 축전지를 보관할 때에는 되도록 방전시키는 것이 좋다.

해설 납산 축전지에 대한 설명
　㉠ 축전지의 방전이 계속되면 전압은 낮아지고, 전해액의 비중도 낮아진다.
　㉡ 축전지의 용량을 크게 하기 위해서는 별도의 축전지를 병렬로 연결한다.
　㉢ 축전지를 보관할 때에는 가능한 한 충전시키는 것이 좋다.

46. MF(maintenance free) 축전지에 대한 설명으로 적합하지 않은 것은?

① 격자의 재질은 납과 칼슘 합금이다.
② 무보수용 배터리다.
③ 밀봉 촉매마개를 사용한다.
④ 증류수는 매 15일마다 보충한다.

해설 MF 축전지는 증류수를 점검 및 보충하지 않아도 된다.

47. 시동키를 뽑은 상태로 주차했음에도 배터리에서 방전되는 전류를 뜻하는 것은?

① 충전전류
② 암전류
③ 시동전류
④ 발전전류

해설 암전류란 시동키를 뽑은 상태로 주차했음에도 배터리에서 방전되는 전류이다.

48. 납산 축전지가 불량했을 때의 설명으로 옳은 것은?

① 크랭킹 시 발열하면서 심하면 터질 수 있다.
② 방향지시등이 켜졌다가 꺼짐을 반복한다.
③ 제동등이 상시 점등된다.
④ 가감속이 어렵고 공회전 상태가 심하게 흔들린다.

해설 납산 축전지가 불량하면 크랭킹 할 때 발열하면서 심하면 터질 수 있다.

정답 43 ② 　44 ① 　45 ① 　46 ④ 　47 ② 　48 ①

시동장치와 예열장치

3-1 시동장치(starting system)

(1) 기동전동기의 원리

기동전동기의 원리는 플레밍의 왼손 법칙을 이용한다.

(2) 기동전동기의 종류

① **직권전동기**

㉮ 전기자 코일과 계자코일을 직렬로 접속한다.

㉯ 장점 : 기동회전력이 크고, 부하가 증가하면 회전속도가 낮아지며 흐르는 전류가 커진다.

㉰ 단점 : 회전속도 변화가 크다.

② **분권전동기** : 전기자 코일과 계자코일을 병렬로 접속한다.

③ **복권전동기** : 전기자 코일과 계자코일을 직·병렬로 접속한다.

(3) 기동전동기의 구조와 기능

① 전기자 코일 및 철심, 정류자, 계자코일 및 계자철심, 브러시와 브러시 홀더, 피니언, 오버러닝 클러치, 솔레노이드 스위치 등으로 구성된다.

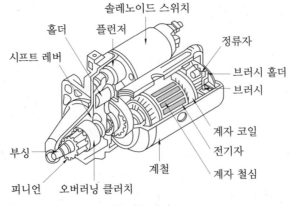

기동전동기의 구조

② 기관을 시동할 때 기관 플라이휠의 링 기어에 기동전동기의 피니언을 맞물려 크랭크축을 회전시킨다.

③ 기관의 시동이 완료되면 기동전동기 피니언을 플라이휠 링 기어로부터 분리시킨다.

(4) 기동전동기의 동력전달 방식

기동전동기의 피니언을 기관의 플라이휠 링 기어에 물리는 방식에는 벤딕스 방식, 피니언 섭동방식, 전기자 섭동방식 등이 있다.

3-2 예열장치(glow system)

예열장치는 흡기다기관이나 연소실 내의 공기를 미리 가열하여 겨울철에 디젤기관의 시동이 쉽도록 하는 장치이다. 즉 디젤기관에 흡입된 공기온도를 상승시켜 시동을 원활하게 한다.

(1) 예열플러그(glow plug)

예열플러그는 연소실 내의 압축공기를 직접 예열하며, 코일형과 실드형이 있다.

(2) 흡기가열 방식

흡기가열 방식에는 흡기히터와 히트레인지가 있으며, 직접분사실식에서 사용한다.

① **흡기히터**(intake heater) : 흡기다기관에 설치되어 연료를 연소시켜 흡입공기를 데워 실린더로 보내는 방식이다.

② **히트레인지**(heat range): 흡기다기관에 설치된 열선에 전원을 공급하여 발생되는 열에 의해 흡입되는 공기를 가열하는 방식이다.

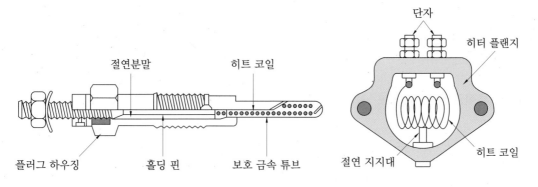

실드형 예열플러그의 구조   히트레인지의 구조

출제 예상 문제

01. 건설기계에 사용되는 전기장치 중 플레밍의 왼손 법칙이 적용된 부품은?

① 발전기   ② 점화코일

③ 릴레이   ④ 기동전동기

해설 기동전동기의 원리는 플레밍의 왼손 법칙을 적용한다.

02. 건설기계 기관의 시동용으로 사용되는 기동전동기로 옳은 것은?

① 직류분권 전동기

② 직류직권 전동기

③ 직류복권 전동기

④ 교류 전동기

해설 기관 시동으로 사용하는 전동기는 직류직권 전동기이다.

03. 직권 기동전동기의 전기자 코일과 계자코일의 연결로 옳은 것은?

① 병렬로 연결되어 있다.

② 직렬로 연결되어 있다.

③ 직렬 · 병렬로 연결되어 있다.

④ 계자코일은 직렬, 전기자 코일은 병렬로 연결되어 있다.

해설 직권전동기는 계자코일과 전기자 코일이 직렬로 연결되어 있다.

04. 직류직권 전동기에 대한 설명 중 틀린 것은?

① 기동 회전력이 분권전동기에 비해 크다.

② 부하에 따른 회전속도의 변화가 크다.

③ 부하를 크게 하면 회전속도는 낮아진다.

④ 부하에 관계없이 회전속도가 일정하다.

해설 직류직권 전동기는 기동 회전력이 크고, 부하가 걸렸을 때에는 회전속도가 낮아지고 회전력이 큰 장점이 있으나 회전속도의 변화가 큰 단점이 있다.

05. 전기자 코일, 정류자, 계자코일, 브러시 등으로 구성되어 기관을 가동시킬 때 사용되는 것으로 옳은 것은?

① 발전기   ② 기동전동기

③ 오일펌프   ④ 액추에이터

해설 기동전동기는 전기자 코일 및 철심, 정류자, 계자코일 및 계자철심, 브러시와 홀더, 피니언, 오버러닝 클러치, 솔레노이드 스위치 등으로 구성되어 기관을 가동시킬 때 사용한다.

06. 기동전동기의 구성품이 아닌 것은?

① 전기자   ② 스테이터

③ 브러시   ④ 구동피니언

07. 기동전동기의 기능으로 틀린 것은?

① 기관을 구동시킬 때 사용한다.

② 플라이휠의 링 기어에 기동전동기 피니언을 맞물려 크랭크축을 회전시킨다.

③ 축전지와 각부 전장품에 전기를 공급한다.

④ 기관의 시동이 완료되면 기동전동기 피니언을 플라이휠 링 기어로부터 분리시킨다.

해설 축전지와 각부 전장품에 전기를 공급하는 장치는 발전기이다.

08. 기관시동 시 전류의 흐름으로 옳은 것은?

① 축전지 → 전기자 코일 → 정류자 → 브러시 → 계자코일

② 축전지 → 계자코일 → 브러시 → 정류자 → 전기자 코일

③ 축전지 → 전기자 코일 → 브러시 → 정류자 → 계자코일

④ 축전지 → 계자코일 → 정류자 → 브러시 → 전기자 코일

해설 기관을 시동할 때 축전지 → 계자코일 → 브러시 → 정류자 → 전기자 코일 순서로 전류가 흐른다.

09. 기동전동기에서 토크를 발생하는 부분은?

① 계자코일
② 솔레노이드 스위치
③ 전기자 코일
④ 계철

해설 기동전동기에서 토크가 발생하는 부분은 전기자 코일이다.

10. 전기자 철심을 두께 0.35~1.0mm의 얇은 철판을 각각 절연하여 겹쳐 만든 주된 이유는?

① 열 발산을 방지하기 위해
② 코일의 발열 방지를 위해
③ 맴돌이 전류를 감소시키기 위해
④ 자력선의 통과를 차단시키기 위해

해설 전기자 철심을 두께 0.35~1.0mm의 얇은 철판을 각각 절연하여 겹쳐 만든 이유는 자력선을 잘 통과시키고, 맴돌이 전류를 감소시키기 위함이다.

11. 기동전동기 전기자 코일에 항상 일정한

방향으로 전류가 흐르도록 하기 위해 설치한 것은?

① 정류자　② 로터
③ 슬립링　④ 다이오드

해설 정류자는 전기자 코일에 항상 일정한 방향으로 전류가 흐르도록 하는 작용을 한다.

12. 기동전동기의 브러시는 본래 길이의 얼마 정도 마모되면 교환하는가?

① $\frac{1}{10}$ 이상　② $\frac{1}{3}$ 이상
③ $\frac{1}{5}$ 이상　④ $\frac{1}{4}$ 이상

해설 기동전동기의 브러시는 본래 길이의 $\frac{1}{3}$ 이상 마모되면 교환하여야 한다.

13. 엔진이 시동된 후에 기동전동기 피니언이 공회전하여 플라이휠 링 기어에 의해 엔진의 회전력이 기동전동기에 전달되지 않도록 하는 장치는?

① 피니언　② 전기자
③ 오버러닝 클러치　④ 정류자

해설 오버러닝 클러치는 엔진이 시동된 후에 기동전동기 피니언이 공회전하여 플라이휠 링 기어에 의해 엔진의 회전력이 기동전동기에 전달되지 않도록 한다.

14. 기동전동기에서 마그네틱 스위치는?

① 전자석 스위치이다.
② 전류 조절기이다.
③ 전압 조절기이다.
④ 저항 조절기이다.

해설 마그네틱 스위치는 솔레노이드 스위치라고도 부르며, 기동전동기의 전자석 스위치이다.

15. 기동전동기 구성품 중 자력선을 형성하는 것은?

① 전기자   ② 계자코일
③ 슬립링   ④ 브러시

해설 계자코일에 전기가 흐르면 계자철심은 전자석이 되며, 자력선을 형성한다.

16. 시동장치에서 스타트 릴레이의 설치목적으로 틀린 것은?

① 축전지 충전을 용이하게 한다.
② 회로에 충분한 전류가 공급될 수 있도록 하여 크랭킹이 원활하게 한다.
③ 엔진 시동을 용이하게 한다.
④ 키스위치(시동스위치)를 보호한다.

해설 스타트 릴레이는 회로에 충분한 전류가 공급될 수 있도록 하여 크랭킹이 원활하게 하여 엔진 시동을 용이하게 하며, 키스위치(시동스위치)를 보호한다.

17. 기동전동기의 피니언을 기관의 플라이휠 링 기어에 물리는 방식이 아닌 것은?

① 피니언 섭동방식
② 벤딕스 방식
③ 전기자 섭동방식
④ 오버러닝 클러치 방식

해설 기동전동기의 피니언을 엔진의 플라이휠 링 기어에 물리는 방식에는 벤딕스 방식, 피니언 섭동방식, 전기자 섭동방식 등이 있다.

18. 건설기계의 기동장치 취급 시 주의사항으로 틀린 것은?

① 기관이 시동된 상태에서 기동스위치를 켜서는 안 된다.
② 기동전동기의 회전속도가 규정 이하이면 오랜 시간 연속 회전시켜도 시동이 되지 않으므로 회전속도에 유의해야 한다.
③ 기동전동기의 연속 사용기간은 3분 정도로 한다.
④ 전선 굵기는 규정 이하의 것을 사용하면 안 된다.

해설 기동전동기의 연속 사용기간은 10~15초 정도로 한다.

19. 기동전동기 피니언을 플라이휠 링 기어에 물려 기관을 크랭킹 시킬 수 있는 시동스위치 위치는?

① ON 위치   ② ACC 위치
③ OFF 위치   ④ ST 위치

해설 ST(시동) 위치는 기동전동기 피니언을 플라이휠 링 기어에 물려 기관을 크랭킹 하는 시동스위치의 위치이다.

20. 기관에 사용되는 기동전동기가 회전이 안 되거나 회전력이 약한 원인이 아닌 것은?

① 시동 스위치의 접촉이 불량하다.
② 배터리 단자와 케이블의 접촉이 나쁘다.
③ 브러시가 정류자에 잘 밀착되어 있다.
④ 축전지 전압이 낮다.

해설 기동전동기 브러시 스프링 장력이 약해 정류자의 밀착이 불량하면 기동전동기가 회전이 안 되거나 회전력이 약해진다.

21. 기동전동기가 회전하지 않는 경우로 틀린 것은?

① 연료가 없을 때
② 브러시가 정류자에 밀착불량할 때
③ 기동전동기가 손상되었을 때
④ 축전지 전압이 낮을 때

정답 15 ②   16 ①   17 ④   18 ③   19 ④   20 ③   21 ①

22. 기동전동기는 회전되나 엔진은 크랭킹이 되지 않는 원인으로 옳은 것은?

① 축전지가 방전되었다.
② 기동전동기 전기자 코일이 단선되었다.
③ 플라이휠 링 기어가 손상되었다.
④ 발전기 브러시 스프링 장력이 과다하다.

해설 플라이휠 링 기어가 손상되면 기동전동기는 회전되나 엔진은 크랭킹이 되지 않는다.

23. 겨울철에 디젤기관 기동전동기의 크랭킹 회전수가 저하되는 원인으로 틀린 것은?

① 엔진오일의 점도가 상승하였기 때문이다.
② 온도에 의한 축전지 용량이 감소되었기 때문이다.
③ 시동스위치의 저항이 증가하였기 때문이다.
④ 기온 저하로 기동부하가 증가하였기 때문이다.

해설 겨울철에 기동전동기 크랭킹 회전수가 낮아지는 원인은 엔진오일의 점도 상승, 온도에 의한 축전지의 용량 감소, 기온 저하로 기동부하 증가 등이다.

24. 기동전동기의 시험과 관계없는 것은?

① 부하시험   ② 무부하 시험
③ 관성시험   ④ 저항시험

해설 기동전동기의 시험 항목에는 회전력(부하)시험, 무부하 시험, 저항시험 등이 있다.

25. 기동전동기의 회전력 시험은 무엇을 측정하는가?

① 공전 시 회전력을 측정한다.
② 중속 시 회전력을 측정한다.
③ 고속 시 회전력을 측정한다.
④ 정지 시 회전력을 측정한다.

해설 기동전동기의 회전력 시험은 정지 시의 회전력을 측정한다.

26. 기관의 시동을 보조하는 장치가 아닌 것은?

① 공기예열장치
② 실린더의 감압장치
③ 과급장치
④ 연소촉진제 공급장치

해설 디젤기관의 시동보조 장치에는 예열장치, 흡기가열장치(흡기히터와 히트레인지), 실린더 감압장치, 연소촉진제 공급장치 등이 있다.

27. 예열장치의 설치목적으로 옳은 것은?

① 냉간시동 시 시동을 원활히 하기 위함이다.
② 연료를 압축하여 분무성능을 향상시키기 위함이다.
③ 연료분사량을 조절하기 위함이다.
④ 냉각수의 온도를 조절하기 위함이다.

해설 예열장치는 겨울철에 주로 사용하는 것으로, 디젤기관에 흡입된 공기온도를 상승시켜 시동을 원활하게 해 준다.

28. 디젤엔진의 예열장치에서 연소실 내의 압축공기를 직접 예열하는 형식은?

① 히트릴레이
② 예열플러그
③ 흡기히터
④ 히트레인지

해설 예열플러그는 예열장치에서 연소실 내의 압축공기를 직접 예열하는 부품이다.

정답 22 ③ 23 ③ 24 ③ 25 ④ 26 ③ 27 ① 28 ②

29. 디젤기관 예열장치에서 실드형 예열플러그의 설명으로 틀린 것은?

① 발열량이 크고 열용량도 크다.

② 예열플러그들 사이의 회로는 병렬로 결선되어 있다.

③ 기계적 강도 및 가스에 의한 부식에 약하다.

④ 예열플러그 하나가 단선되어도 나머지는 작동된다.

해설 실드형 예열플러그의 특징 : 발열량과 열용량도 크며, 회로가 병렬로 연결되어 있어 예열플러그 하나가 단선되어도 나머지는 작동된다.

30. 6실린더 디젤기관의 병렬로 연결된 예열플러그 중 제3번 실린더의 예열플러그가 단선되었을 때 나타나는 현상에 대한 설명으로 옳은 것은?

① 제2번과 제4번 실린더의 예열플러그도 작동이 안 된다.

② 제3번 실린더 예열플러그만 작동이 안 된다.

③ 축전지 용량의 배가 방전된다.

④ 예열플러그 전체가 작동이 안 된다.

해설 병렬로 연결된 예열플러그는 단선되면 단선된 것만 작동을 하지 못한다.

31. 디젤기관의 전기가열 방식 예열장치에서 예열 진행의 3단계로 틀린 것은?

① 프리 글로우   ② 스타트 글로우

③ 포스트 글로우   ④ 컷 글로우

해설 예열 진행의 3단계는 프리 글로우(pre-glow), 스타트 글로우(start-glow), 포스트 글로우(post-glow)이다.

32. 예열플러그의 고장 원인에 해당되지 않는 것은?

① 엔진이 과열되었을 때

② 발전기의 발전전압이 낮을 때

③ 예열시간이 너무 길었을 때

④ 정격이 아닌 예열플러그를 사용했을 때

해설 예열플러그의 단선 원인 : 예열시간이 너무 길 때, 기관이 과열된 상태에서 빈번한 예열, 예열플러그를 규정토크로 조이지 않았을 때, 정격이 아닌 예열플러그를 사용했을 때, 규정 이상의 과대전류가 흐를 때

33. 디젤기관의 연소실 방식에서 흡기가열 예열장치를 사용하는 것은?

① 직접분사식   ② 와류실식

③ 예연소실식   ④ 공기실식

해설 흡기가열 예열장치는 직접분사식에서 사용한다.

34. 예열장치의 고장원인이 아닌 것은?

① 가열시간이 너무 길면 자체 발열에 의해 단선된다.

② 접지가 불량하면 전류의 흐름이 적어 발열이 충분하지 못하다.

③ 규정 이상의 전류가 흐르면 단선되는 고장의 원인이 된다.

④ 예열릴레이가 회로를 차단하면 예열플러그가 단선된다.

해설 예열릴레이 : 예열시킬 때에는 예열플러그로만 축전지 전류를 공급하고, 시동할 때에는 기동전동기로만 전류를 공급하는 부품이다.

충전장치

4-1 발전기의 원리

(1) 플레밍의 오른손 법칙

① 플레밍의 오른손 법칙을 발전기의 원리로 사용한다.
② 건설기계에서는 주로 3상 교류발전기를 사용한다.

(2) 렌츠의 법칙

"유도 기전력의 방향은 코일 내의 자속의 변화를 방해하려는 방향으로 발생한다."는 법칙이다.

4-2 교류(AC) 충전장치

(1) 교류발전기의 특징

① 소형 · 경량이며, 속도변화에 따른 적용범위가 넓다.
② 저속에서도 충전 가능한 출력전압이 발생한다.
③ 고속회전에 잘 견디고, 출력이 크다.
④ 전압조정기만 필요하며, 브러시 수명이 길다.
⑤ 실리콘 다이오드로 정류하므로 전기적 용량이 크다.
⑥ 다이오드를 사용하기 때문에 정류특성이 좋다.

(2) 교류발전기의 구조

스테이터, 로터, 다이오드, 여자전류를 로터코일에 공급하는 슬립링과 브러시, 엔드프레임 등으로 구성된 타려자 방식의 발전기이다.

① **스테이터(stator, 고정자)** : 독립된 3개의 코일이 감겨 있으며 3상 교류가 유기된다.

② **로터(rotor, 회전자)** : 자극편은 코일에 전류가 흐르면 전자석이 되며, 교류발전기 출력은 로터코일의 전류를 조정하여 조정한다.

③ **정류기(rectifier)** : 실리콘 다이오드를 정류기로 사용한다. 기능은 스테이터 코일에서 발생한 교류를 직류로 정류하여, 외부로 공급하며, 축전지에서 발전기로 전류가 역류하는 것을 방지한다.

④ **충전 경고등** : 계기판에 충전 경고등이 점등되면 충전이 되지 않고 있음을 나타내며, 기관 가동 전(점등)과 가동 중(소등) 점검한다.

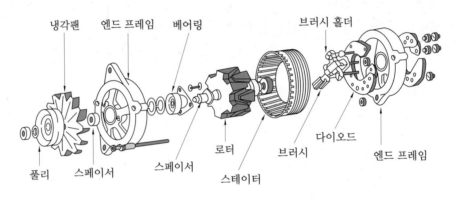

교류발전기의 분해도

로더
운전기능사

출제 예상 문제

01. 건설기계에 사용되는 전기장치 중 플레밍의 오른손 법칙이 적용되어 사용되는 부품은?

① 발전기　　　② 기동전동기
③ 릴레이　　　④ 점화코일

해설　발전기의 원리로 플레밍의 오른손 법칙을 사용한다.

02. "유도 기전력의 방향은 코일 내의 자속의 변화를 방해하려는 방향으로 발생한다."는 법칙은?

① 플레밍의 왼손 법칙
② 플레밍의 오른손 법칙
③ 렌츠의 법칙
④ 자기유도 법칙

해설　렌츠의 법칙은 "유도 기전력은 코일 내의 자속의 변화를 방해하는 방향으로 발생된다."는 법칙이다.

03. 충전장치의 개요에 대한 설명으로 틀린 것은?

① 건설기계의 전원을 공급하는 것은 발전기와 축전지이다.
② 발전량이 부하량보다 적을 경우에는 축전지가 전원으로 사용된다.
③ 축전지는 발전기가 충전시킨다.
④ 발전량이 부하량보다 많을 경우에는 축전지의 전원이 사용된다.

해설　전장부품에 전원을 공급하는 것은 발전기와 축전지이며, 발전기가 축전지를 충전시킨다.

또 발전기의 발전량이 부하량보다 적으면 축전지의 전원이 사용된다.

04. 충전장치의 역할로 틀린 것은?

① 각종 램프에 전력을 공급한다.
② 기동장치에 전력을 공급한다.
③ 축전지에 전력을 공급한다.
④ 에어컨 장치에 전력을 공급한다.

해설　기동장치에 전력을 공급하는 것은 축전지이다.

05. 건설기계의 충전장치에서 가장 많이 사용하고 있는 발전기는?

① 단상 교류발전기
② 3상 교류발전기
③ 직류발전기
④ 와전류 발전기

해설　건설기계에서는 주로 3상 교류발전기를 사용한다.

06. 직류발전기와 비교했을 때 교류발전기의 특징으로 틀린 것은?

① 전압조정기만 필요하다.
② 크기가 크고 무겁다.
③ 브러시 수명이 길다.
④ 저속 발전성능이 좋다.

해설　교류발전기는 저속 발전성능이 좋고, 회전속도 변화에 따른 적용범위가 넓고 소형·경량이며, 브러시 수명이 길고, 전압조정기만 필요하다.

정답　01 ①　02 ③　03 ④　04 ②　05 ②　06 ②

07. 충전장치에서 발전기는 어떤 축과 연동되어 구동되는가?

① 크랭크축　　　② 캠축

③ 추진축　　　　④ 변속기 입력축

해설 발전기는 크랭크축에 의해 구동된다.

08. 교류발전기의 설명으로 틀린 것은?

① 철심에 코일을 감아 사용한다.

② 두 개의 슬립링을 사용한다.

③ 전자석을 사용한다.

④ 영구자석을 사용한다.

해설 교류발전기는 철심에 코일을 감은 전자석을 사용하며, 로터코일에 여자전류를 공급하는 슬립링이 2개가 있다.

09. 교류발전기의 설명으로 틀린 것은?

① 타려자 방식의 발전기이다.

② 고정된 스테이터에서 전류가 생성된다.

③ 정류자와 브러시가 정류작용을 한다.

④ 발전기 조정기는 전압조정기만 필요하다.

해설 교류발전기는 실리콘 다이오드로 정류작용을 한다.

10. 교류발전기의 부품이 아닌 것은?

① 다이오드

② 슬립링

③ 스테이터 코일

④ 전류 조정기

해설 교류발전기는 전류를 발생하는 스테이터 (stator), 전류가 흐르면 전자석이 되는(자계를 발생하는) 로터(rotor), 스테이터 코일에서 발생한 교류를 직류로 정류하는 다이오드, 여자전류를 로터코일에 공급하는 슬립링과 브러시, 엔드 프레임 등으로 구성되어 있다.

11. 교류발전기의 유도전류는 어디에서 발생하는가?

① 계자코일　　　② 전기자

③ 로터　　　　　④ 스테이터

12. AC발전기에서 전류가 흐를 때 전자석이 되는 것은?

① 계자철심　　　② 로터

③ 아마추어　　　④ 스테이터 철심

해설 교류발전기에서 로터(회전체)는 전류가 흐를 때 전자석이 된다.

13. 충전장치에서 교류발전기는 무엇을 변화시켜 충전출력을 조정하는가?

① 로터코일 전류

② 회전속도

③ 브러시 위치

④ 스테이터 전류

해설 교류발전기의 출력은 로터코일 전류를 변화시켜 조정한다.

14. 교류발전기에서 마모성 부품은 어느 것인가?

① 스테이터　　　② 다이오드

③ 슬립링　　　　④ 엔드프레임

해설 슬립링은 브러시와 접촉되어 회전하므로 마모된다.

15. 교류발전기에서 회전하는 구성품이 아닌 것은?

① 로터 코일　　　② 슬립링

③ 브러시　　　　④ 로터 철심

해설 브러시는 슬립링에 전류를 공급하는 부품이며 발전기 엔드 프레임에 설치되어 있다.

정답　07 ①　08 ④　09 ③　10 ④　11 ④　12 ②　13 ①　14 ③　15 ③

16. 교류발전기의 구성품으로 교류를 직류로 변환하는 부품은?

① 스테이터   ② 로터
③ 정류기   ④ 콘덴서

해설 발전기에서 발생된 교류를 직류로 변환시키는 부품을 정류기라고 한다.

17. 다음 중 ( )에 맞는 말은?

> 교류발전기에서 교류를 직류로 바꾸는 것을 정류라고 하며, 대부분의 교류발전기에는 정류성능이 우수한 ( )을/를 이용하여 정류한다.

① 트랜지스터   ② 실리콘 다이오드
③ 사이리스터   ④ 서미스터

해설 교류발전기에는 실리콘 다이오드를 정류기로 사용한다.

18. 교류발전기의 다이오드가 하는 역할은?

① 전류를 조정하고, 교류를 정류한다.
② 전압을 조정하고, 교류를 정류한다.
③ 교류를 정류하고, 역류를 방지한다.
④ 여자전류를 조정하고, 역류를 방지한다.

해설 AC발전기 다이오드의 역할은 교류를 정류하고, 역류를 방지하는 것이다.

19. 교류발전기에서 높은 전압으로부터 다이오드를 보호하는 구성품은 어느 것인가?

① 콘덴서   ② 계자코일
③ 정류기   ④ 로터

해설 콘덴서는 교류발전기에서 높은 전압으로부터 다이오드를 보호한다.

20. 교류발전기에 사용되는 반도체인 다이오드를 냉각하기 위한 것은?

① 냉각튜브
② 유체클러치
③ 히트싱크
④ 엔드프레임에 설치된 오일장치

해설 히트싱크(heat sink)는 다이오드를 설치하는 철판이며, 다이오드가 정류작용을 할 때 발생하는 열을 냉각시킨다.

21. 충전장치에서 축전지 전압이 낮을 때의 원인으로 틀린 것은?

① 조정 전압이 낮을 때
② 다이오드가 단락되었을 때
③ 축전지 케이블 접속이 불량할 때
④ 충전회로에 부하가 작을 때

해설 충전 불량의 원인은 충전회로에 부하가 클 때

22. 작동 중인 교류발전기에서 작동 중 소음 발생의 원인으로 가장 거리가 먼 것은?

① 베어링이 손상되었을 때
② 벨트장력이 약할 때
③ 고정 볼트가 풀렸을 때
④ 축전지가 방전되었을 때

23. 충전장치에서 IC 전압조정기의 장점으로 틀린 것은?

① 조정전압 정밀도 향상이 크다.
② 내열성이 크며 출력을 증대시킬 수 있다.
③ 진동에 의한 전압변동이 크고, 내구성이 우수하다.
④ 초소형화가 가능하므로 발전기 내에 설치할 수 있다.

해설 IC 전압조정기는 진동에 의한 전압변동이 없고, 내구성이 크다.

정답 16 ③   17 ②   18 ③   19 ①   20 ③   21 ④   22 ④   23 ③

계기 · 등화장치

5-1 조명의 용어

① **광속** : 광원에서 나오는 빛의 다발이며, 단위는 루멘(lumen, 기호는 lm)이다.

② **광도** : 빛의 세기이며, 단위는 칸델라(candela, 기호는 cd)이다.

③ **조도** : 빛을 받는 면의 밝기이며, 단위는 룩스(lux, 기호는 lx)이다.

5-2 전조등(head light or head lamp)과 그 회로

(1) 실드 빔형(shield beam type)

① 반사경에 필라멘트를 붙이고 여기에 렌즈를 녹여 붙인 후 내부에 불활성 가스를 넣어 그 자체가 1개의 전구가 되도록 한 방식이다.

② 특징은 대기의 조건에 따라 반사경이 흐려지지 않고, 사용에 따르는 광도의 변화가 적은 장점이 있으나, 필라멘트가 끊어지면 렌즈나 반사경에 이상이 없어도 전조등 전체를 교환하여야 한다.

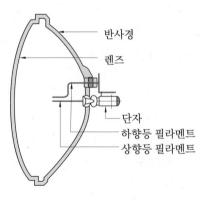
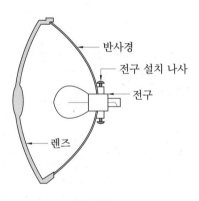

(a) 실드 빔 방식   (b) 세미 실드 빔 방식

전조등의 종류

(2) 세미 실드 빔형(semi shield beam type)

렌즈와 반사경은 녹여 붙였으나 전구는 별개로 설치한 형식으로 필라멘트가 끊어지면 전구만 교환하면 된다. 최근에는 할로겐램프를 주로 사용한다.

(3) 전조등 회로

양쪽의 전조등은 상향등(high beam)과 하향등(low beam)별로 병렬로 접속되어 있다.

(4) 복선방식 회로

복선방식은 접지 쪽에도 전선을 사용하는 것으로 주로 전조등과 같이 큰 전류가 흐르는 회로에서 사용한다.

5-3 방향지시등

① 플래셔 유닛은 방향지시등 전구에 흐르는 전류를 일정한 주기로 단속·점멸하여 램프의 광도를 증감시키는 부품이다.
② 전자열선 방식 플래셔 유닛은 열에 의한 열선(heat coil)의 신축작용을 이용한다.
③ 방향지시등의 한쪽 등의 점멸이 빠르게 작동하면 가장 먼저 전구(램프)의 단선 유무를 점검한다.

로더
운전기능사

출제 예상 문제

01. 전기회로에 대한 설명 중 틀린 것은?

① 절연불량은 절연물의 균열, 물, 오물 등에 의해 절연이 파괴되는 현상이며, 이때 전류가 차단된다.

② 노출된 전선이 다른 전선과 접촉하는 것을 단락이라 한다.

③ 접촉 불량은 스위치의 접점이 녹거나 단자에 녹이 발생하여 저항 값이 증가하는 것이다.

④ 회로가 절단되거나 커넥터의 결합이 해제되어 회로가 끊어진 상태를 단선이라 한다.

해설 절연불량은 절연물의 균열, 물, 오물 등에 의해 절연이 파괴되는 현상이며, 이때 전류가 누전된다.

02. 차량에 사용되는 계기의 장점으로 틀린 것은?

① 구조가 복잡할 것

② 소형이고 경량일 것

③ 지침을 읽기가 쉬울 것

④ 가격이 쌀 것

해설 계기는 구조가 간단하고 소형·경량일 것, 가격이 쌀 것, 지침을 읽기가 쉬울 것

03. 배선 회로도에서 표시된 0.85RW의 "R"은 무엇을 나타내는가?

① 단면적   ② 바탕색

③ 줄 색   ④ 전선의 재료

해설 0.85RW : 0.85는 전선의 단면적, R은 바탕색, W는 줄 색을 나타낸다.

04. 배선의 색과 기호에서 파랑색(Blue)의 기호는?

① B   ② R   ③ L   ④ G

해설 ① B(Black, 검정색), ② R(Red, 빨간색), ③ L(Blue, 파란색), ④ G(Green, 녹색)

05. 건설기계의 전조등 성능을 유지하기 위하여 가장 좋은 방법은?

① 단선으로 한다.

② 복선식으로 한다.

③ 축전지와 직결시킨다.

④ 굵은 선으로 갈아 끼운다.

해설 복선식은 접지 쪽에도 전선을 사용하는 것으로 주로 전조등과 같이 큰 전류가 흐르는 회로에서 사용한다.

06. 실드 빔형 전조등에 대한 설명으로 맞지 않는 것은?

① 대기 조건에 따라 반사경이 흐려지지 않는다.

② 내부에 불활성 가스가 들어 있다.

③ 사용에 따른 광도의 변화가 적다.

④ 필라멘트가 끊어졌을 때 전구를 교환할 수 있다.

해설 실드 빔형 전조등은 필라멘트가 끊어지면 렌즈나 반사경에 이상이 없어도 전조등 전체를 교환하여야 한다.

정답 01 ①   02 ①   03 ②   04 ③   05 ②   06 ④

07. 전조등 형식 중 내부에 불활성 가스가 들어 있으며, 광도의 변화가 적은 것은?

① 로우 빔 방식

② 하이 빔 방식

③ 실드 빔 방식

④ 세미실드 빔 방식

해설 실드 빔 방식은 내부에 불활성 가스가 들어 있으며, 광도의 변화가 적다.

08. 세미 실드 빔 형식의 전조등을 사용하는 건설기계에서 전조등이 점등되지 않을 때 가장 올바른 조치 방법은?

① 렌즈를 교환한다.

② 전조등을 교환한다.

③ 반사경을 교환한다.

④ 전구를 교환한다.

해설 세미실드 빔형은 렌즈와 반사경은 녹여 붙였으나 전구는 별개로 설치한 것으로 필라멘트가 끊어지면 전구만 교환하면 된다.

09. 전조등 회로의 구성품으로 틀린 것은?

① 전조등 릴레이

② 전조등 스위치

③ 플래셔 유닛

④ 디머 스위치

해설 전조등 회로는 퓨즈, 라이트 스위치, 디머 스위치로 구성된다.

10. 전조등의 구성부품으로 틀린 것은?

① 전구

② 렌즈

③ 반사경

④ 플래셔 유닛

해설 전조등은 전구(필라멘트), 렌즈, 반사경으로 구성되어 있다.

11. 전조등 회로의 구성으로 옳은 것은?

① 전조등 회로는 직렬로 연결되어 있다.

② 전조등 회로는 병렬로 연결되어 있다.

③ 전조등 회로는 직렬과 단식 배선으로 연결되어 있다.

④ 전조등 회로는 단식 배선이다.

해설 전조등 회로는 병렬로 연결되어 있다.

12. 방향지시등 전구에 흐르는 전류를 일정한 주기로 단속 · 점멸하여 램프의 광도를 증감시키는 것은?

① 디머 스위치

② 방향지시기 스위치

③ 파일럿 유닛

④ 플래셔 유닛

해설 플래셔 유닛은 방향지시등 전구에 흐르는 전류를 일정한 주기로 단속 · 점멸하여 램프의 광도를 증감시키는 부품이다.

13. 방향지시등에 대한 설명으로 틀린 것은?

① 전자열선 방식 플래셔 유닛은 전압에 의한 열선의 차단작용을 이용한 것이다.

② 램프를 점멸시키거나 광도를 증감시킨다.

③ 점멸은 플래셔 유닛을 사용하여 램프에 흐르는 전류를 일정한 주기로 단속 점멸한다.

④ 중앙에 있는 전자석과 이 전자석에 의해 끌어당겨지는 2조의 가동접점으로 구성되어 있다.

해설 전자열선 방식 플래셔 유닛은 열에 의한 열선(heat coil)의 신축작용을 이용한다.

14. 한쪽의 방향지시등만 점멸속도가 빠른 원인으로 옳은 것은?

① 전조등 배선의 접촉이 불량할 때
② 플래셔 유닛이 고장 났을 때
③ 한쪽 램프의 배선이 단선되었을 때
④ 비상등 스위치기 고장 났을 때

해설 한쪽 램프가 단선되면 한쪽의 방향지시등만 점멸속도가 빨라진다.

15. 방향지시등 스위치를 작동할 때 한쪽은 정상이고, 다른 한쪽은 점멸작용이 정상과 다르게(빠르게, 느리게, 작동불량) 작용할 때의 고장 원인이 아닌 것은?

① 전구 1개가 단선되었을 때
② 전구를 교체하면서 규정용량의 전구를 사용하지 않았을 때
③ 한쪽 전구소켓에 녹이 발생하여 전압강하가 있을 때
④ 플래셔 유닛이 고장 났을 때

해설 플래셔 유닛이 고장 나면 모든 방향지시등이 점멸되지 못한다.

16. 방향지시등이나 제동등의 작동 확인은 언제 하는가?

① 운행 전   ② 운행 중
③ 운행 후   ④ 일몰 직전

해설 방향지시등이나 제동등은 운행 전에 확인하여야 한다.

17. 등화장치 설명 중 내용이 잘못된 것은?

① 후진등은 변속기 시프트 레버를 후진위치로 넣으면 점등된다.
② 방향지시등은 방향지시등의 신호가 운전석에서 확인되지 않아도 된다.
③ 번호등은 단독으로 점멸되는 회로가 있어서는 안 된다.
④ 제동등은 브레이크 페달을 밟았을 때 점등된다.

해설 방향지시등의 신호를 운전석에서 확인할 수 있는 파일럿램프가 설치되어 있다.

18. 라디에이터 앞쪽에 설치되며, 고온·고압의 기체냉매를 응축시켜 액화상태로 변화시키는 것은?

① 압축기   ② 응축기
③ 건조기   ④ 증발기

해설 응축기(condenser)는 고온·고압의 기체냉매를 냉각에 의해 액체냉매 상태로 변화시킨다.

19. 디젤기관의 전기장치에 없는 것은?

① 스파크 플러그
② 글로 플러그
③ 축전지
④ 솔레노이드 스위치

해설 스파크 플러그는 가솔린 기관의 점화장치에서 사용된다.

건설기계 섀시장치

제1장 동력전달장치

제2장 조향장치와 제동장치

제3장 주행장치

동력전달장치

1-1 클러치(clutch)

1 클러치의 작용

기관과 변속기 사이에 설치되며, 동력전달장치(power train system)로 전달되는 기관의 동력을 연결하거나(페달을 놓았을 때) 차단하는(페달을 밟았을 때) 장치이다.

2 클러치의 구조

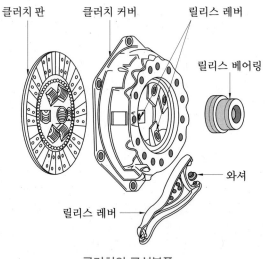

클러치 판   클러치 커버   릴리스 레버

릴리스 베어링

와셔

릴리스 레버

클러치의 구성부품

(1) 클러치판(clutch disc ; 클러치 디스크)

기관의 플라이휠과 압력판 사이에 설치되며, 기관의 동력을 변속기 입력축을 통하여 변속기로 전달하는 마찰판이다.

(2) 압력판(pressure plate)

클러치 스프링의 장력으로 클러치판을 플라이휠에 압착시키는 작용을 한다.

(3) 클러치 페달(clutch pedal)

① 페달의 자유간극은 20~30mm(기계식) 정도이다.

② 자유간격이 너무 작으면 클러치가 미끄러지며, 클러치판이 과열되어 손상된다.

③ 자유간격이 너무 크면 클러치 차단이 불량하여 변속기의 기어를 변속할 때 소음이 발생하고 기어가 손상된다.

(4) 릴리스 베어링(release bearing)

① 클러치 페달을 밟으면 릴리스 레버를 눌러 클러치를 분리시키는 작용을 한다.

② 영구주유방식(oilless bearing)이므로 솔벤트 등의 세척제 속에 넣고 세척해서는 안 된다.

③ 클러치 용량

① 클러치가 전달할 수 있는 회전력의 크기이며, 사용 기관 회전력의 1.5~2.5배 정도이다.

② 클러치 용량이 너무 크면 클러치가 플라이휠에 접속될 때 기관가동이 정지되기 쉽다.

③ 클러치 용량이 너무 작으면 클러치가 미끄러져 클러치판의 마멸이 촉진된다.

1-2 변속기(transmission)

(1) 변속기의 필요성

① 회전력을 증대시킨다.

② 기관을 무부하 상태로 한다.

③ 차량을 후진시키기 위하여 필요하다.

(2) 변속기의 구비조건

① 소형 · 경량이고, 고장이 없어야 한다.

② 조작이 쉽고 신속하여야 한다.

③ 단계가 없이 연속적으로 변속이 되어야 한다.

④ 전달효율이 좋아야 한다.

(3) 수동변속기의 조작기구

① **로킹 볼(locking ball)** : 변속기어가 빠지는 것을 방지한다.

② **인터록(inter lock)** : 변속기어가 2중으로 물리는 것을 방지한다.

1-3 자동변속기(automatic Transmission)

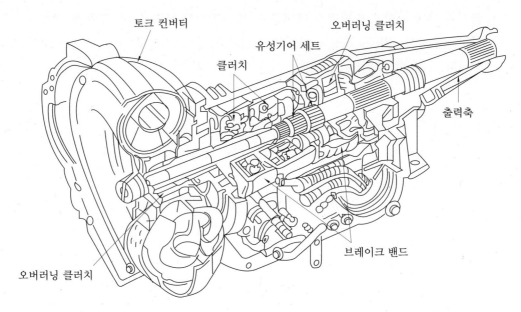

자동변속기의 구조

(1) 유체 클러치(fluids clutch)

① 펌프(pump)는 기관의 크랭크축에 설치되고, 터빈(turbine)은 변속기 입력축에 설치된다.

② 펌프와 터빈의 회전속도가 같을 때 토크변환 비율은 약 1 : 1이다.

(2) 토크 컨버터(torque converter)

① 펌프, 터빈, 스테이터(stator) 등이 상호운동하여 회전력을 변환시킨다.

② 펌프(pump)는 기관 크랭크축과 연결되고, 터빈(turbine)은 변속기 입력축과 연결된다.

③ 스테이터(stator)는 오일의 흐름 방향을 바꾸어 준다.

④ 회전력 변환비율은 2~3 : 1이다.

(3) 유성기어 장치

링 기어(ring gear), 선 기어(sun gear), 유성기어(planetary gear), 유성기어 캐리어(planetary carrier)로 구성된다.

1-4 드라이브 라인(drive line)

슬립이음(길이 변화), 자재이음(구동각도 변화), 추진축으로 구성된다.

1-5 종감속기어와 차동기어장치

(1) 종감속기어(final reduction gear)

기관의 동력을 바퀴까지 전달할 때 마지막으로 감속하여 전달한다.

(2) 차동기어장치(differential gear system)

타이어형 건설기계가 선회할 때 바깥쪽 바퀴의 회전속도를 안쪽 바퀴보다 빠르게 한다. 즉 선회할 때 좌우 구동바퀴의 회전속도를 다르게 한다.

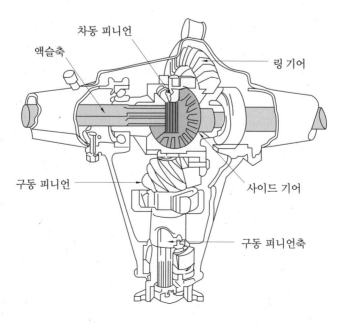

종감속기어와 차동기어장치의 구성

로더
운전기능사

출제 예상 문제

01. 기관과 변속기 사이에 설치되어 동력의 차단 및 전달의 기능을 하는 것은?

① 변속기　　　　② 추진축
③ 클러치　　　　④ 차축

해설 클러치는 기관과 변속기 사이에 부착되어 있으며, 동력전달장치로 전달되는 기관의 동력을 연결하거나 차단하는 장치이다.

02. 수동변속기에서 클러치의 필요성으로 틀린 것은?

① 기관의 동력을 전달 또는 차단하기 위해
② 주행속도를 빠르게 하기 위해
③ 변속을 위해
④ 기관시동 시 무부하 상태로 놓기 위해

해설 클러치의 필요성은 기관의 동력을 전달 또는 차단하기 위해, 변속을 위해, 기관을 시동할 때 무부하 상태로 놓기 위해, 관성운전을 하기 위함이다.

03. 클러치의 구비조건으로 틀린 것은?

① 단속 작용이 확실하며 조작이 쉬워야 한다.
② 회전 부분의 평형이 좋아야 한다.
③ 회전부분의 관성력이 커야 한다.
④ 방열이 잘되고 과열되지 않아야 한다.

해설 클러치는 회전부분의 관성력이 작아야 한다.

04. 기관의 플라이휠과 압력판 사이에 설치되어 있으며, 변속기 입력축을 통해 변속기에 동력을 전달하는 것은?

① 릴리스 포크　　② 클러치 디스크
③ 릴리스 레버　　④ 압력판

해설 클러치 디스크(클러치판)는 기관의 플라이휠과 압력판 사이에 설치되어 있으며 변속기 입력축(클러치 축)을 통하여 변속기로 동력을 전달한다.

05. 클러치 디스크 구조에서 댐퍼 스프링 작용으로 옳은 것은?

① 클러치 작용 시 회전력을 증가시킨다.
② 클러치 디스크의 마멸을 방지한다.
③ 압력판의 마멸을 방지한다.
④ 클러치 작용 시 회전충격을 흡수한다.

해설 클러치판의 댐퍼 스프링(비틀림 코일 스프링, 토션 스프링)은 클러치가 작용할 때(클러치판이 플라이휠에 접속될 때) 충격을 흡수한다.

06. 클러치 디스크의 편마멸, 변형, 파손 등의 방지를 위해 설치하는 스프링은?

① 쿠션 스프링　　② 댐퍼 스프링
③ 편심 스프링　　④ 압력 스프링

해설 쿠션 스프링은 클러치판의 변형·편마모 및 파손을 방지한다.

07. 클러치 라이닝의 구비조건으로 틀린 것은?

① 알맞은 마찰계수를 갖출 것
② 내마멸성, 내열성이 작을 것
③ 온도에 의한 변화가 적을 것
④ 내식성이 클 것

해설 클러치 라이닝은 내마멸성과 내열성이 커야
한다.

08. 클러치에서 압력판의 역할로 맞는 것은?

① 릴리스 베어링의 회전을 용이하게 한다.
② 제동역할을 위해 설치한다.
③ 클러치판을 밀어서 플라이휠에 압착시
키는 역할을 한다.
④ 엔진의 동력을 받아 속도를 조절한다.

해설 클러치의 압력판은 페달을 놓으면 클러치 스
프링의 장력으로 클러치판을 밀어서 플라이휠
에 압착시키는 역할을 한다.

09. 수동변속기의 클러치에서 릴리스 베어링과 릴리스 레버가 분리되어 있을 때로 맞는 것은?

① 클러치가 연결되어 있을 때
② 접촉하면 안 되는 것으로 분리되어 있을 때
③ 클러치가 분리되어 있을 때
④ 클러치가 연결, 분리되어 있을 때

해설 릴리스 베어링과 릴리스 레버는 클러치가 연
결되어 있을 때(페달을 놓았을 때) 분리된다.

10. 클러치 페달의 자유간극 조정 방법은?

① 클러치 링키지 로드로 조정한다.
② 클러치 베어링을 움직여서 조정한다.
③ 클러치 스프링 장력으로 조정한다.
④ 클러치 페달 리턴 스프링 장력으로 조
정한다.

해설 클러치 페달의 자유간극은 클러치 링키지 로
드로 조정한다.

11. 클러치에 대한 설명으로 틀린 것은?

① 클러치는 수동변속기에서 사용된다.

② 클러치 용량이 너무 크면 엔진이 정지하
거나 동력전달 시 충격이 일어나기 쉽다.
③ 엔진 회전력보다 클러치 용량이 적어야
한다.
④ 클러치 용량이 너무 적으면 클러치가
미끄러진다.

해설 클러치 용량이 엔진 회전력보다 적으면 클러
치가 미끄러진다.

12. 클러치 용량은 기관 회전력의 몇 배로 설계하는 것이 적당한가?

① 0.5~1.5배   ② 3~4배
③ 1.5~2.5배   ④ 5~6배

해설 클러치 용량은 기관 회전력의 1.5~2.5배 정
도이며, 클러치 용량이 크면 클러치가 접속될
때 기관의 가동이 정지되기 쉽다.

13. 클러치가 미끄러지는 원인과 관계없는 것은?

① 클러치 면에 오일이 묻었다.
② 플라이휠 면이 마모되었다.
③ 클러치 페달의 유격이 없다.
④ 토션 스프링이 불량하다.

해설 클러치가 미끄러지는 원인 : 클러치 면에 오
일이 묻었을 때, 플라이휠 면이 마모되었을
때, 클러치 페달의 유격이 없을 때, 클러치 스
프링의 장력이 약하거나 자유높이가 감소되었
을 때

14. 수동변속기에서 기어 빠짐을 방지하는 것은?

① 셀렉터   ② 인터록 볼
③ 로킹 볼   ④ 싱크로나이저 링

해설 로킹 볼은 변속기어가 빠지는 것을 방지한다.

15. 출발 시 클러치의 페달이 거의 끝부분에서 차량이 출발되는 원인으로 틀린 것은?

① 클러치 디스크가 과대 마모되었을 때
② 클러치 자유간극 조정이 불량할 때
③ 클러치 케이블이 불량할 때
④ 클러치 오일이 부족할 때

해설 클러치 오일이 부족하면 페달을 밟을 때 클러치 차단이 불량해진다.

16. 변속기의 필요성과 관계가 없는 것은?

① 시동 시 기관을 무부하 상태로 한다.
② 기관의 회전력을 증대시킨다.
③ 건설기계의 후진 시 필요로 한다.
④ 환향을 빠르게 한다.

해설 변속기는 기관을 시동할 때 무부하 상태로 하고, 회전력을 증가시키며, 역전(후진)을 가능하게 한다.

17. 변속기의 구비조건으로 틀린 것은?

① 전달효율이 적을 것
② 변속조작이 용이할 것
③ 소형, 경량일 것
④ 단계가 없이 연속적인 변속조작이 가능할 것

해설 변속기는 동력전달효율이 좋아야 한다.

18. 수동변속기가 장착된 건설기계에서 경사로 주행 시 엔진 회전수는 상승하지만 경사로를 오를 수 없을 때 점검 방법으로 맞는 것은?

① 엔진을 수리한다.
② 클러치 페달의 유격을 점검한다.
③ 릴리스 베어링에 주유한다.
④ 변속레버를 조정한다.

해설 수동변속기가 장착된 건설기계가 경사로를 주행할 때 엔진 회전수는 상승하지만 경사로를 오르지 못할 경우에는 클러치 페달의 유격을 점검한다.

19. 수동변속기가 장착된 건설기계에서 기어의 이중 물림을 방지하는 장치는?

① 인젝션 장치
② 인터쿨러 장치
③ 인터록 장치
④ 인터널 기어장치

해설 인터록 장치는 변속기어가 이중으로 물리는 것을 방지한다.

20. 수동변속기가 장착된 건설기계에서 주행 중 기어가 빠지는 원인이 아닌 것은?

① 기어의 물림이 덜 물렸을 때
② 기어의 마모가 심할 때
③ 클러치의 마모가 심할 때
④ 변속기 록 장치가 불량할 때

해설 클러치의 마모가 심하면 클러치가 미끄러지는 원인이 된다.

21. 수동변속기가 장착된 건설기계에서 기어의 이상소음이 발생하는 이유가 아닌 것은?

① 기어 백래시가 과다할 때
② 변속기의 오일이 부족할 때
③ 변속기 베어링이 마모되었을 때
④ 웜과 웜기어가 마모되었을 때

해설 변속기에서 소음이 발생하는 원인은 변속기 베어링의 마모, 변속기 기어의 마모, 기어의 백래시 과다, 변속기 오일의 부족 및 점도가 낮아진 경우 등이 있다.

22. 유체 클러치에 대한 설명으로 틀린 것은?

① 터빈은 변속기 입력축에 설치되어 있다.

② 오일의 맴돌이 흐름(와류)을 방지하기 위하여 가이드 링을 설치한다.

③ 펌프는 기관의 크랭크축에 설치되어 있다.

④ 오일의 흐름 방향을 바꾸어 주기 위하여 스테이터를 설치한다.

해설 오일의 흐름 방향을 바꾸어 주기 위한 스테이터는 토크 컨버터에 설치되어 있다.

23. 토크 컨버터에 대한 설명으로 맞는 것은?

① 펌프(임펠러)는 변속기 입력축과 기계적으로 연결되어 있다.

② 펌프, 터빈, 스테이터 등이 상호운동하여 회전력을 변환시킨다.

③ 엔진 회전속도가 일정한 상태에서 건설기계의 주행속도가 줄어들면 토크는 감소한다.

④ 터빈은 기관의 크랭크축과 기계적으로 연결되어 구동된다.

해설 토크 컨버터는 펌프(임펠러), 터빈(러너), 스테이터 등이 상호운동하여 회전력을 변환시킨다.

24. 자동변속기에서 토크 컨버터의 설명으로 틀린 것은?

① 토크 컨버터의 토크 변환비율은 3~5 : 1이다.

② 오일의 충돌에 의한 효율 저하 방지를 위하여 가이드 링이 있다.

③ 마찰 클러치에 비해 연료 소비율이 더 높다.

④ 펌프, 터빈, 스테이터로 구성되어 있다.

해설 토크 컨버터의 토크(회전력) 변환비율은 2~3 : 1이다.

25. 토크 컨버터의 기본 구성품이 아닌 것은?

① 펌프   ② 터빈
③ 스테이터   ④ 터보차저

해설 토크 컨버터는 펌프(pump), 터빈(turbine), 스테이터(stator)로 구성되어 있다.

26. 엔진과 직결되어 같은 회전수로 회전하는 토크 컨버터의 구성품은?

① 터빈   ② 펌프
③ 스테이터   ④ 변속기 출력축

해설 펌프는 엔진의 크랭크축과 직결되어 있고, 터빈은 변속기 입력축에 설치되어 있다.

27. 토크 컨버터의 오일의 흐름방향을 바꾸어 주는 것은?

① 펌프   ② 터빈
③ 변속기축   ④ 스테이터

해설 스테이터는 펌프와 터빈 사이의 오일 흐름방향을 바꾸어 회전력을 증대시키는 작용을 한다.

28. 토크 컨버터의 출력이 가장 큰 경우는? (단, 기관 회전속도는 일정함)

① 항상 일정하다.

② 변환비율이 1 : 1일 때

③ 터빈의 속도가 느릴 때

④ 임펠러의 속도가 느릴 때

해설 터빈의 속도가 느릴 때 토크 컨버터의 출력이 가장 크다.

29. 건설기계에 부하가 걸릴 때 토크 컨버터의 터빈속도는 어떻게 되는가?

① 빨라진다.   ② 느려진다.
③ 일정하다.   ④ 관계없다.

해설 건설기계에 부하가 걸리면 토크 컨버터의 터빈속도는 느려진다.

30. 토크 컨버터에 사용되는 오일의 구비조건으로 틀린 것은?

① 착화점이 높을 것

② 비중이 클 것

③ 비점이 높을 것

④ 점도가 높을 것

해설 토크 컨버터 오일의 구비조건 : 점도가 낮을 것, 착화점이 높을 것, 빙점은 낮고 비점이 높을 것, 비중이 클 것

31. 자동변속기에서 변속레버에 의해 작동되며, 중립, 전진, 후진, 고속, 저속의 선택에 따라 오일통로를 변환시키는 밸브는?

① 거버너 밸브   ② 시프트 밸브

③ 매뉴얼 밸브   ④ 스로틀 밸브

해설 매뉴얼 밸브(manual valve)는 변속레버에 의해 작동되며, 중립, 전진, 후진, 고속, 저속의 선택에 따라 오일통로를 변환시킨다.

32. 유성기어장치의 구성요소가 바르게 된 것은?

① 평 기어, 유성기어, 후진기어, 링 기어

② 선 기어, 유성기어, 래크기어, 링 기어

③ 링 기어, 스퍼기어, 유성기어 캐리어, 선 기어

④ 선 기어, 유성기어, 유성기어 캐리어, 링 기어

해설 유성기어장치는 선 기어, 유성기어, 링 기어, 유성기어 캐리어로 구성되어 있다.

33. 자동변속기가 장착된 건설기계의 모든 변속단에서 출력이 떨어질 경우 점검해야 할 항목과 거리가 먼 것은?

① 토크 컨버터가 고장 났을 때

② 오일이 부족할 때

③ 엔진고장으로 출력이 부족할 때

④ 추진축이 휘었을 때

해설 모든 변속단에서 출력이 떨어지는 원인 : 토크 컨버터가 고장 났을 때, 오일이 부족할 때, 엔진고장으로 출력이 부족할 때

34. 자동변속기의 메인압력이 떨어지는 이유가 아닌 것은?

① 클러치판이 마모되었을 때

② 오일펌프 내에 공기가 생성되었을 때

③ 오일여과기가 막혔을 때

④ 오일이 부족할 때

해설 자동변속기의 메인압력이 떨어지는 이유 : 오일펌프 내에 공기 생성, 오일여과기 막힘, 오일 부족

35. 슬립이음과 자재이음을 설치하는 곳은?

① 차동기어장치

② 종감속기어

③ 드라이브 라인

④ 유성기어장치

해설 드라이브 라인은 자재이음, 슬립이음, 추진축으로 구성되어 있다.

36. 휠 형식 건설기계의 동력전달장치에서 슬립이음의 변화를 가능하게 하는 것은?

① 축의 길이   ② 회전속도

③ 축의 진동   ④ 드라이브 각

해설 슬립이음을 사용하는 이유는 추진축의 길이 변화를 주기 위함이다.

37. 추진축의 각도 변화를 가능하게 하는 이음은?

정답 30 ④ 31 ③ 32 ④ 33 ④ 34 ① 35 ③ 36 ① 37 ②

① 원판이음   ② 자재이음

③ 슬립이음   ④ 플랜지 이음

해설 자재이음(유니버설 조인트)은 변속기와 종감속기어 사이(추진축)의 구동각도 변화를 가능하게 한다.

38. 유니버설 조인트 중에서 훅형(십자형) 조인트가 가장 많이 사용되는 이유가 아닌 것은?

① 구조가 간단하다.

② 급유가 불필요하다.

③ 큰 동력의 전달이 가능하다.

④ 작동이 확실하다.

해설 훅형(십자형) 조인트를 많이 사용하는 이유 : 구조가 간단하고, 작동이 확실하며, 큰 동력의 전달이 가능하기 때문이다. 그리고 훅형 조인트에는 그리스를 급유하여야 한다.

39. 십자축 자재이음을 추진축 앞뒤에 둔 이유를 가장 적합하게 설명한 것은?

① 추진축의 진동을 방지하기 위하여

② 회전 각속도의 변화를 상쇄하기 위하여

③ 추진축의 굽음을 방지하기 위하여

④ 길이의 변화를 다소 가능케 하기 위하여

해설 십자축 자재이음을 추진축 앞뒤에 설치하는 이유는 회전 각속도의 변화를 상쇄하기 위함이다.

40. 타이어형 건설기계의 동력전달장치에서 추진축의 밸런스 웨이트에 대한 설명으로 맞는 것은?

① 추진축의 비틀림을 방지한다.

② 추진축의 회전수를 높인다.

③ 변속조작 시 변속을 용이하게 한다.

④ 추진축의 회전 시 진동을 방지한다.

해설 밸런스 웨이트(balance weight)는 추진축이 회전할 때 진동을 방지한다.

41. 타이어형 건설기계에서 추진축의 스플라인부가 마모되면 어떤 현상이 발생하는가?

① 차동기어의 물림이 불량하다.

② 클러치 페달의 유격이 크다.

③ 가속 시 미끄럼 현상이 발생한다.

④ 주행 중 소음이 나고 차체에 진동이 있다.

해설 추진축의 스플라인(spline) 부분이 마모되면 주행 중 소음이 나고 차체에 진동이 발생한다.

42. 종감속비에 대한 설명으로 맞지 않는 것은?

① 종감속비는 링 기어 잇수를 구동피니언 잇수로 나눈 값이다.

② 종감속비가 크면 가속성능이 향상된다.

③ 종감속비가 적으면 등판능력이 향상된다.

④ 종감속비는 나누어서 떨어지지 않는 값으로 한다.

해설 종감속비율이 적으면 등판능력이 저하된다.

43. 타이어형 건설기계의 종감속기어에서 열이 발생하고 있을 때 원인으로 틀린 것은?

① 오일이 부족할 때

② 오일이 오염되었을 때

③ 종감속기어의 접촉상태가 불량할 때

④ 종감속기어 하우징 볼트를 과도하게 조였을 때

해설 종감속장치에서 열이 발생하는 원인 : 오일이 부족할 때, 오일이 오염되었을 때, 종감속기어의 접촉상태가 불량할 때

정답   38 ②   39 ②   40 ④   41 ④   42 ③   43 ④

조향장치와 제동장치

2-1 조향장치(환향장치, steering system)

1 조향장치의 원리

주행 중 진행방향을 바꾸기 위한 장치이며, 선회할 때 안쪽 바퀴의 조향각도가 바깥쪽 바퀴의 조향각도보다 크기 때문에 앞·뒷바퀴는 어떤 선회상태에서도 중심이 일치되는 원(동심원)을 그릴 수 있다. 이를 애커먼−장토 방식이라 한다.

2 동력조향장치(power steering system)

(1) 동력조향장치의 장점

① 작은 조작력으로 조향조작을 할 수 있다.

② 조향조작이 경쾌하고 신속하다.

③ 조향기어 비율을 조작력에 관계없이 선정할 수 있다.

④ 조향핸들의 시미현상을 줄일 수 있다.

⑤ 굴곡노면에서의 충격을 흡수하여 조향핸들에 전달되는 것을 방지한다.

(2) 동력조향장치의 구조

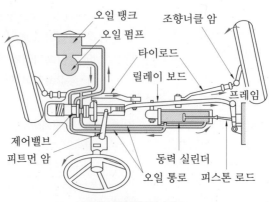

동력조향장치의 구조

① 유압발생장치(오일 펌프–동력 부분), 유압제어장치(제어밸브–제어 부분), 작동장치(유압 실린더–작동 부분)로 되어 있다.

② 안전 체크밸브는 동력조향장치가 고장이 났을 때 수동조작이 가능하도록 해 준다.

3 앞바퀴 정렬(front wheel alignment)

(1) 앞바퀴 정렬(얼라인먼트)의 개요

캠버, 캐스터, 토인, 킹핀 경사각 등이 있으며, 앞바퀴 정렬의 역할은 다음과 같다.

① 조향핸들의 조작을 확실하게 하고 안전성을 준다.

② 조향핸들에 복원성을 부여한다.

③ 조향핸들의 조작력을 가볍게 한다.

④ 타이어 마멸을 최소로 한다.

(2) 앞바퀴 정렬(얼라인먼트) 요소의 정의

① **캠버(camber)**

  ㈎ 앞바퀴를 앞에서 보면 바퀴의 윗부분이 아래쪽보다 더 벌어져 있는데 이 벌어진 바퀴의 중심선과 수선 사이의 각도이다.

  ㈏ 캠버를 두는 목적

    ㉮ 조향핸들의 조작을 가볍게 한다.

    ㉯ 수직방향 하중에 의한 앞 차축의 휨을 방지한다.

② **캐스터(caster)**

  ㈎ 앞바퀴를 옆에서 보았을 때 킹핀이 수선과 어떤 각도를 두고 설치된 것이다.

  ㈏ 조향핸들에 복원성 부여 및 조향바퀴에 직진성능을 부여한다.

③ **토인(toe-in)**

  ㈎ 앞바퀴를 위에서 아래로 보았을 때 앞쪽이 뒤쪽보다 좁은 상태이다.

  ㈏ 토인의 역할

    ㉮ 조향바퀴를 평행하게 회전시키고, 타이어 이상마멸을 방지한다.

    ㉯ 조향바퀴가 옆 방향으로 미끄러지는 것을 방지한다.

    ㉰ 조향 링키지 마멸에 따라 토아웃(toe-out)이 되는 것을 방지한다.

    ㉱ 토인은 타이로드의 길이로 조정한다.

2-2 제동장치(brake system)

1 제동장치의 개요

제동장치는 주행속도를 감속시키거나 정지시키기 위한 장치이며, 독립적으로 작동시킬 수 있는 2계통의 제동장치가 있다. 또 경사로에서 정지된 상태를 유지할 수 있는 구조이다.

2 유압 브레이크(hydraulic brake)

유압 브레이크는 파스칼의 원리를 응용한다.

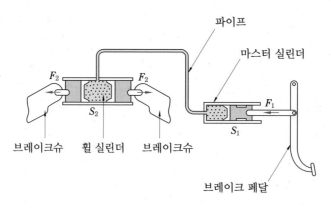

유압 브레이크의 구성

(1) 마스터 실린더(master cylinder)

① 브레이크 페달을 밟는 것에 의하여 유압을 발생시키며, 잔압은 마스터 실린더 내의 체크밸브에 의해 형성된다.
② 마스터 실린더를 조립할 때 부품의 세척은 브레이크액이나 알코올로 한다.

(2) 휠 실린더(wheel cylinder)

마스터 실린더에서 압송된 유압에 의하여 브레이크슈를 드럼에 압착시킨다.

(3) 브레이크슈(brake shoe)

휠 실린더의 피스톤에 의해 브레이크 드럼과 접촉하여 제동력을 발생하는 부품이며, 라이닝이 리벳이나 접착제로 부착되어 있다.

(4) 브레이크 드럼(brake drum)

① 휠 허브에 볼트로 설치되어 바퀴와 함께 회전하며, 브레이크슈와의 마찰로 제동을 발생시킨다.

② 브레이크 드럼의 구비조건

  ㈎ 정적·동적 평형이 잡혀 있어야 한다.

  ㈏ 냉각이 잘되어야 한다.

  ㈐ 내마멸성이 커야 한다.

  ㈑ 가볍고 강도와 강성이 커야 한다.

(5) 브레이크 오일(브레이크 액)

피마자 기름에 알코올 등의 용제를 혼합한 식물성 오일이다.

③ 배력 브레이크(servo brake)

① 유압 브레이크에서 제동력을 증대시키기 위해 사용한다.

② 기관의 흡입행정에서 발생하는 진공(부압)과 대기압 차이를 이용하는 진공배력 방식(하이드로 백)이 있다.

③ 진공배력 장치(하이드로 백)에 고장이 발생하여도 유압 브레이크로 작동한다.

④ 공기 브레이크(air brake)

(1) 공기 브레이크의 장점

① 차량 중량에 제한을 받지 않는다.

② 공기가 다소 누출되어도 제동성능이 현저하게 저하되지 않는다.

③ 베이퍼 록(vapor lock) 발생 염려가 없다.

④ 페달 밟는 양에 따라 제동력이 제어된다. 유압방식은 페달 밟는 힘과 제동력이 비례한다.

(2) 공기 브레이크 작동

① 압축공기의 압력을 이용하여 모든 바퀴의 브레이크슈를 드럼에 압착시켜서 제동 작용을 한다.

② 브레이크 페달로 밸브를 개폐시켜 공기량으로 제동력을 조절한다.

③ 캠(cam)으로 브레이크슈를 확장시킨다.

01. 타이어형 건설기계의 환향장치가 하는 역할은?

① 제동을 쉽게 하는 장치이다.
② 분사압력 증대장치이다.
③ 분사시기를 조절하는 장치이다.
④ 건설기계의 진행방향을 바꾸는 장치이다.

해설 환향(조향)장치는 건설기계의 진행방향을 바꾸는 장치이다.

02. 조향장치의 특성에 관한 설명 중 틀린 것은?

① 조향조작이 경쾌하고 자유로울 것
② 회전반경이 되도록 클 것
③ 타이어 및 조향장치의 내구성이 클 것
④ 노면으로부터의 충격이나 원심력 등의 영향을 받지 않을 것

해설 조향장치는 회전반경이 작아서 좁은 곳에서도 방향 변환을 할 수 있어야 한다.

03. 동력조향장치의 장점으로 적합하지 않은 것은?

① 작은 조작력으로 조향조작을 할 수 있다.
② 조향기어 비율은 조작력에 관계없이 선정할 수 있다.
③ 굴곡노면에서의 충격을 흡수하여 조향핸들에 전달되는 것을 방지한다.
④ 조작이 미숙하면 엔진이 자동으로 정지된다.

해설 동력조향장치는 조작이 미숙하여도 엔진의 가동이 정지하지 않는다.

04. 동력조향장치 구성품으로 적당치 않은 것은?

① 유압 펌프
② 복동 유압 실린더
③ 제어밸브
④ 하이포이드 피니언

해설 유압발생장치(오일 펌프), 유압제어장치(제어밸브), 작동장치(유압 실린더)로 구성되어 있다.

05. 타이어형 건설기계의 조향 휠을 정상보다 돌리기 힘들 때의 원인으로 틀린 것은?

① 파워스티어링 오일이 부족할 때
② 파워스티어링 오일 펌프의 벨트가 파손되었을 때
③ 파워스티어링 오일호스가 파손되었을 때
④ 파워스티어링 오일의 공기를 제거하였을 때

해설 파워스티어링 오일에 공기가 혼입되면 조향 휠(조향핸들)이 무거워진다.

06. 타이어형 건설기계에서 주행 중 조향핸들이 한쪽으로 쏠리는 원인이 아닌 것은?

① 타이어 공기압이 불균일할 때
② 브레이크 라이닝 간극 조정이 불량할 때
③ 베이퍼 록 현상이 발생하였을 때
④ 휠 얼라인먼트 조정이 불량할 때

해설 조향핸들이 한쪽으로 쏠리는 원인 : 타이어 공기압이 불균일할 때, 브레이크 라이닝 간극 조정이 불량할 때, 휠 얼라인먼트 조정이 불량할 때

정답 01 ④   02 ②   03 ④   04 ④   05 ④   06 ③

07. 조향기어 백래시가 클 경우 발생될 수 있는 현상으로 가장 적절한 것은?

① 조향각도가 커진다.
② 조향핸들 유격이 커진다.
③ 조향핸들이 한쪽으로 쏠린다.
④ 조향핸들의 축 방향 유격이 커진다.

해설 조향기어 백래시(back lash)가 크면(기어가 마모되면) 조향핸들의 유격이 커진다.

08. 조향기구 장치에서 앞 액슬과 조향너클을 연결하는 것은?

① 킹핀   ② 타이로드
③ 드래그 링크   ④ 스티어링 암

해설 앞 액슬과 조향너클을 연결하는 것을 킹핀이라 한다.

09. 타이어형 건설기계에서 조향바퀴의 얼라인먼트의 요소와 관계없는 것은?

① 캠버   ② 부스터
③ 토인   ④ 캐스터

해설 조향바퀴 얼라인먼트의 요소에는 캠버, 토인, 캐스터, 킹핀 경사각 등이 있다.

10. 타이어형 건설기계에서 앞바퀴 정렬의 역할과 거리가 먼 것은?

① 브레이크의 수명을 길게 한다.
② 타이어 마모를 최소로 한다.
③ 방향 안정성을 준다.
④ 조향핸들의 조작을 적은 힘으로 쉽게 할 수 있다.

해설 **앞바퀴 정렬의 역할** : 조향핸들의 조작을 적은 힘으로 쉽게 할 수 있도록 하고, 방향 안정성을 주며, 타이어 마모를 최소로 하고 조향핸들에 복원성을 부여한다.

11. 앞바퀴 얼라인먼트 요소 중 캠버의 필요성에 대한 설명으로 거리가 먼 것은?

① 앞차축의 휨을 적게 한다.
② 조향 휠의 조작을 가볍게 한다.
③ 조향 시 바퀴의 복원력이 발생한다.
④ 토(toe)와 관련성이 있다.

해설 캠버는 토(toe)와 관련성이 있고, 앞차축의 휨을 적게 하며, 조향 휠(핸들)의 조작을 가볍게 한다.

12. 타이어형 건설기계의 휠 얼라인먼트에서 토인의 필요성이 아닌 것은?

① 조향바퀴의 방향성을 준다.
② 타이어 이상마멸을 방지한다.
③ 조향바퀴를 평행하게 회전시킨다.
④ 바퀴가 옆 방향으로 미끄러지는 것을 방지한다.

해설 토인은 조향바퀴를 평행하게 회전시키고, 조향바퀴가 옆 방향으로 미끄러지는 것을 방지하며, 타이어 이상마멸을 방지한다.

13. 타이어형 건설기계에서 조향바퀴의 토인을 조정하는 것은?

① 조향핸들   ② 타이로드
③ 웜 기어   ④ 드래그 링크

해설 토인은 타이로드에서 조정한다.

14. 제동장치의 기능을 설명한 것으로 틀린 것은?

① 주행속도를 감속시키거나 정지시키기 위한 장치이다.
② 독립적으로 작동시킬 수 있는 2계통의 제동장치가 있다.
③ 급제동 시 노면으로부터 발생되는 충격을 흡수하는 장치이다.

④ 경사로에서 정지된 상태를 유지할 수 있는 구조이다.

해설 제동장치는 속도를 감속시키거나 정지시키기 위한 장치이며, 독립적으로 작동시킬 수 있는 2계통의 제동장치가 있다. 또 경사로에서 정지된 상태를 유지할 수 있는 구조이다.

15. 타이어식 건설기계에서 유압식 제동장치의 구성품이 아닌 것은?

① 휠 실린더　② 에어 컴프레서
③ 마스터 실린더　④ 오일 리저브 탱크

해설 유압 브레이크는 오일 리저브 탱크(오일 탱크), 마스터 실린더, 브레이크 드럼, 브레이크 슈, 휠 실린더, 파이프 등으로 구성되어 있다.

16. 내리막길에서 제동장치를 자주 사용 시 브레이크 오일이 비등하여 송유압력의 전달 작용이 불가능하게 되는 현상은?

① 페이드 현상
② 베이퍼 록 현상
③ 사이클링 현상
④ 브레이크 록 현상

해설 베이퍼 록(vapor lock)은 브레이크 오일이 비등 기화하여 오일의 전달 작용을 불가능하게 하는 현상이다.

17. 타이어형 건설기계의 브레이크 파이프 내에 베이퍼 록이 생기는 원인이다. 관계 없는 것은?

① 브레이크 드럼이 과열되었을 때
② 지나치게 브레이크를 조작하였을 때
③ 브레이크 회로 내의 잔압이 저하되었을 때
④ 라이닝과 브레이크 드럼의 간극이 과대할 때

해설 베이퍼 록의 발생 원인 : 브레이크 드럼과 라이닝의 간극이 작을 때, 브레이크 드럼이 과열되었을 때, 지나치게 브레이크를 조작하였을 때, 브레이크 회로 내의 잔압이 저하되었을 때

18. 타이어형 건설기계로 길고 급한 경사 길을 운전할 때 반 브레이크를 사용하면 어떤 현상이 생기는가?

① 라이닝은 페이드, 파이프는 스팀 록
② 라이닝은 페이드, 파이프는 베이퍼 록
③ 파이프는 스팀 록, 라이닝은 베이퍼 록
④ 파이프는 증기폐쇄, 라이닝은 스팀 록

해설 길고 급한 경사 길을 운전할 때 반 브레이크를 사용하면 라이닝에서는 페이드가 발생하고, 파이프에서는 베이퍼 록이 발생한다.

19. 긴 내리막길을 내려갈 때 베이퍼 록을 방지하는 좋은 운전 방법은?

① 변속레버를 중립으로 놓고 브레이크 페달을 밟고 내려간다.
② 엔진시동을 끄고 브레이크 페달을 밟고 내려간다.
③ 엔진 브레이크를 사용한다.
④ 클러치를 끊고 브레이크 페달을 계속 밟고 속도를 조정하면서 내려간다.

해설 베이퍼 록을 방지하려면 엔진 브레이크를 사용한다.

20. 브레이크 드럼의 구비조건으로 틀린 것은?

① 내마멸성이 작을 것
② 정적 · 동적 평형이 잡혀 있을 것
③ 가볍고 강도와 강성이 클 것
④ 냉각이 잘될 것

해설 브레이크 드럼은 내열성과 내마멸성이 커야 한다.

21. 제동장치의 페이드(fade) 현상 방지책으로 틀린 것은?

① 브레이크 드럼의 냉각성능을 크게 한다.
② 브레이크 드럼은 열팽창률이 적은 재질을 사용한다.
③ 온도상승에 따른 마찰계수 변화가 큰 라이닝을 사용한다.
④ 브레이크 드럼의 열팽창률이 적은 형상으로 한다.

해설 페이드 현상을 방지하려면 온도상승에 따른 마찰계수 변화가 작은 라이닝을 사용한다.

22. 운행 중 브레이크에 페이드 현상이 발생했을 때 조치 방법은?

① 브레이크 페달을 자주 밟아 열을 발생시킨다.
② 운행을 멈추고 열이 식도록 한다.
③ 운행속도를 조금 올려 준다.
④ 주차 브레이크를 대신 사용한다.

해설 브레이크에 페이드 현상이 발생하면 정차시켜 열이 식도록 한다.

23. 브레이크에서 하이드로 백에 관한 설명으로 틀린 것은?

① 대기압과 흡기다기관 부압과의 차이를 이용하였다.
② 하이드로 백에 고장이 나면 브레이크가 전혀 작동하지 않는다.
③ 외부에 누출이 없는데도 브레이크 작동이 나빠지는 것은 하이드로 백 고장일 수도 있다.
④ 하이드로 백은 브레이크 계통에 설치되어 있다.

해설 하이드로 백(진공 제동 배력장치)은 흡기다기관 진공과 대기압과의 차이를 이용한 것이므로 배력장치에 고장이 발생하여도 일반적인 유압 브레이크로 작동할 수 있도록 되어 있다.

24. 브레이크가 잘 작동되지 않을 때의 원인으로 가장 거리가 먼 것은?

① 라이닝에 오일이 묻었을 때
② 휠 실린더 오일이 누출되었을 때
③ 브레이크 페달 자유간극이 작을 때
④ 브레이크 드럼의 간극이 클 때

해설 브레이크 페달의 자유간극이 작으면 급제동되기 쉽다.

25. 유압 브레이크에서 페달이 복귀되지 않는 원인에 해당되는 것은?

① 진공 체크밸브가 불량할 때
② 마스터 실린더의 리턴구멍이 막혔을 때
③ 브레이크 오일 점도가 낮을 때
④ 브레이크 파이프 내에 공기가 침입하였을 때

해설 마스터 실린더의 리턴구멍이 막히면 페달이 복귀되지 않는다.

26. 드럼 브레이크에서 브레이크 작동 시 조향핸들이 한쪽으로 쏠리는 원인이 아닌 것은?

① 타이어 공기압이 고르지 않다.
② 한쪽 휠 실린더 작동이 불량하다.
③ 브레이크 라이닝 간극이 불량하다.
④ 마스터 실린더 체크밸브 작용이 불량하다.

해설 브레이크를 작동시킬 때 조향핸들이 한쪽으로 쏠리는 원인 : 타이어 공기압이 고르지 않을 때, 한쪽 휠 실린더 작동이 불량할 때, 한쪽 브레이크 라이닝 간극이 불량할 때

정답 21 ③　22 ②　23 ②　24 ③　25 ②　26 ④

27. 공기 브레이크의 장점이 아닌 것은?

① 차량중량에 제한을 받지 않는다.
② 베이퍼 록이 발생할 염려가 있다.
③ 페달을 밟는 양에 따라 제동력이 조절된다.
④ 공기가 다소 누출되더라도 제동성능에 현저한 차이가 없다.

해설 공기 브레이크는 베이퍼 록이 발생할 염려가 없다.

28. 공기 브레이크 장치의 구성품 중 틀린 것은?

① 브레이크 밸브
② 마스터 실린더
③ 공기탱크
④ 릴레이 밸브

해설 공기 브레이크는 공기압축기, 압력조정기와 언로드 밸브, 공기탱크, 브레이크 밸브, 퀵 릴리스 밸브, 릴레이 밸브, 슬랙 조정기, 브레이크 체임버, 캠, 브레이크슈, 브레이크 드럼으로 구성된다.

29. 공기 브레이크에서 브레이크슈를 직접 작동시키는 것은?

① 릴레이 밸브
② 브레이크 페달
③ 캠
④ 유압

해설 공기 브레이크에서는 캠(cam)으로 브레이크슈를 직접 작동시킨다.

30. 제동장치 중 주브레이크에 속하지 않는 것은?

① 유압 브레이크
② 배력 브레이크
③ 공기 브레이크
④ 배기 브레이크

해설 배기 브레이크는 감속 브레이크에 속한다.

31. 자동변속기가 장착된 건설기계의 주차 시 관련 사항으로 틀린 것은?

① 평탄한 장소에 주차시킨다.
② 시동스위치의 키를 "ON"에 놓는다.
③ 변속레버를 "N"위치로 한다.
④ 주차 브레이크를 작동하여 건설기계가 움직이지 않게 한다.

해설 건설기계를 주차할 때에는 시동스위치의 키는 빼내어 보관하도록 한다.

32. 진공식 제동 배력장치의 설명 중에서 옳은 것은?

① 진공밸브가 새면 브레이크가 전혀 작동되지 않는다.
② 릴레이 밸브의 다이어프램이 파손되면 브레이크가 작동되지 않는다.
③ 릴레이 밸브 피스톤 컵이 파손되어도 브레이크는 작동된다.
④ 하이드롤릭 피스톤의 체크 볼이 밀착 불량이면 브레이크가 작동되지 않는다.

주행장치

3-1 타이어(tire)

1 타이어의 구조

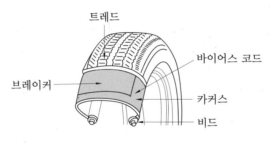

트레드

바이어스 코드

브레이커

카커스

비드

타이어의 구조

(1) 트레드(tread)

타이어가 직접 노면과 접촉되어 마모에 견디고 적은 슬립으로 견인력을 증대시키는 부분이다.

(2) 브레이커(breaker)

몇 겹의 코드 층을 내열성의 고무로 싼 구조로 되어 있으며, 트레드와 카커스의 분리를 방지하고 노면에서의 완충작용도 한다.

(3) 카커스(carcass)

타이어의 골격을 이루는 부분이며, 공기압력을 견디어 일정한 체적을 유지하고, 하중이나 충격에 따라 변형하여 완충작용을 한다.

(4) 비드 부분(bead section)

타이어가 림과 접촉하는 부분이며, 비드 부분이 늘어나는 것을 방지하고 타이어가 림에서 빠지는 것을 방지하기 위해 내부에 몇 줄의 피아노선이 원둘레 방향으로 들어 있다.

3-2 무한궤도[트랙(track) or 크롤러(crawler)]

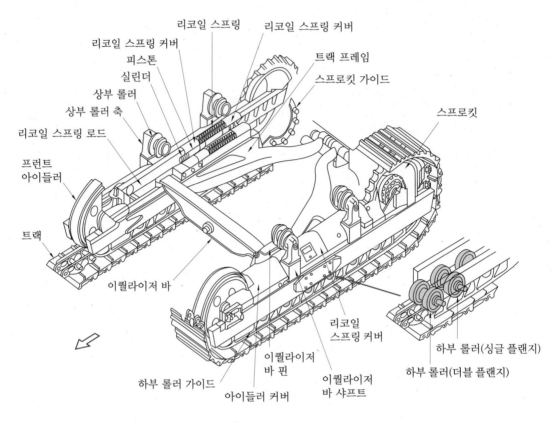

무한궤도 장치의 구조

(1) 트랙(track)

① **트랙의 구조** : 링크·핀·부싱 및 슈 등으로 구성되며, 프런트 아이들러, 상·하부 롤러, 스프로킷에 감겨져 있고, 스프로킷으로부터 동력을 받아 구동된다.

② **트랙 슈의 종류** : 단일돌기 슈, 2중 돌기 슈, 3중 돌기 슈, 습지용 슈, 고무 슈, 암반용 슈, 평활 슈 등이 있다.

(2) 프런트 아이들러(front idler ; 전부 유동륜)

트랙의 장력을 조정하면서 트랙의 진행방향을 유도한다.

(3) 리코일 스프링(recoil spring)

주행 중 트랙 전방에서 오는 충격을 완화하여 차체 파손을 방지하고 운전을 원활하게 한다.

(4) 상부 롤러(carrier roller)

① 프런트 아이들러와 스프로킷 사이에 1~2개가 설치된다.
② 트랙이 밑으로 처지는 것을 방지하고, 트랙의 회전을 바르게 유지한다.
③ 싱글 플랜지형(바깥쪽으로 플랜지가 있는 형식)을 주로 사용한다.

(5) 하부 롤러(track roller)

트랙 프레임에 3~7개 정도가 설치되며, 건설기계의 전체 중량을 지탱하며, 전체 중량을 트랙에 균등하게 분배해 주고 트랙의 회전을 바르게 유지한다.

(6) 스프로킷(sprocket, 기동륜)

주행모터로부터 동력을 받아 트랙을 구동한다.

(7) 트랙의 장력

① 프런트 아이들러(전부유동륜)와 상부롤러 사이에서 측정한다.
② 장력조정은 트랙조정용 실린더(장력 실린더)에 그리스를 주입하는 방법과 조정너트를 이용하는 방법이 있다.
③ 트랙의 장력조정은 프런트 아이들러를 전ㆍ후진시켜 조정한다.
④ 트랙장력이 너무 팽팽하면 상ㆍ하부롤러, 트랙링크, 프런트 아이들러, 구동 스프로킷 등 트랙 구성 부품이 조기마모의 원인이 된다.

(8) 트랙장력(유격)을 조정할 때 유의사항

① 건설기계를 전진하다가 평지에 주차시킨다.
② 건설기계를 정지할 때 브레이크가 있는 경우에는 브레이크를 사용해서는 안 된다.
③ 2~3회 반복 조정하여 양쪽 트랙의 유격을 똑같이 조정하여야 한다.
④ 한쪽 트랙을 들고서 늘어지는 것을 점검한다.
⑤ 트랙의 유격은 25~40mm 정도이다.

(9) 트랙이 벗겨지는 원인

① 트랙이 너무 이완되었거나 트랙의 정렬이 불량할 때
② 프런트 아이들러, 상ㆍ하부롤러 및 스프로킷의 마멸이 클 때
③ 고속주행 중 급선회를 하였을 때
④ 리코일 스프링의 장력이 부족할 때
⑤ 경사지에서 작업할 때

출제 예상 문제

01. 타이어의 구조에서 직접 노면과 접촉되어 마모에 견디고 적은 슬립으로 견인력을 증대시키는 곳의 명칭은?

① 트레드　　　② 브레이커
③ 카커스　　　④ 비드

해설 트레드(tread)는 타이어가 직접 노면과 접촉되어 마모에 견디고 적은 슬립으로 견인력을 증대시키는 곳이다.

02. 타이어에서 고무로 피복된 코드를 여러 겹으로 겹친 층에 해당되며 타이어 골격을 이루는 부분은?

① 트레드　　　② 숄더
③ 카커스　　　④ 비드

해설 카커스(carcass)는 고무로 피복된 코드를 여러 겹 겹친 층에 해당되며, 타이어 골격을 이루는 부분이다.

03. 타이어에서 몇 겹의 코드 층을 내열성의 고무로 싼 구조로 되어 있으며, 트레드와 카커스의 분리를 방지하고 노면에서의 완충작용도 하는 부분은?

① 카커스　　　② 트레드
③ 비드　　　　④ 브레이커

해설 브레이커(breaker)는 몇 겹의 코드 층을 내열성의 고무로 싼 구조로 되어 있으며, 트레드와 카커스의 분리를 방지하고 노면에서의 완충작용도 한다.

04. 내부에는 고탄소강의 강선(피아노선)을 묶음으로 넣고 고무로 피복한 림 상태의 보강 부위로 타이어를 림에 견고하게 고정시키는 역할을 하는 부분은?

① 카커스(carcass)
② 비드(bead)
③ 숄더(should)
④ 트레드(tread)

해설 비드는 내부에는 고탄소강의 강선(피아노선)을 묶음으로 넣고 고무로 피복한 림 상태의 보강 부위로 타이어를 림에 견고하게 고정시키는 역할을 한다.

05. 타이어형 건설기계에 부착된 부품을 확인하였더니 13.00-24-18PR로 명기되어 있었다. 다음 중 어느 것에 해당되는가?

① 유압 펌프
② 엔진 일련번호
③ 타이어 규격
④ 기동전동기 용량

06. 건설기계에 사용되는 저압타이어 호칭치수 표시는?

① 타이어의 외경-타이어의 폭-플라이 수
② 타이어의 폭-타이어의 내경-플라이 수
③ 타이어의 폭-림의 지름
④ 타이어의 내경-타이어의 폭-플라이 수

해설 저압타이어 호칭치수는 타이어의 폭(인치)-타이어의 내경(인치)-플라이 수로 표시한다.

07. 타이어에 11.00-20-12PR이란 표시 중 "11.00"이 나타내는 것은?

① 타이어 외경을 인치로 표시한 것
② 타이어 폭을 센티미터로 표시한 것
③ 타이어 내경을 인치로 표시한 것
④ 타이어 폭을 인치로 표시한 것

해설 11.00-20-12PR에서 11.00은 타이어 폭(인치), 20은 타이어 내경(인치), 12PR은 플라이 수를 의미한다.

08. 타이어형 건설기계 주행 중 발생할 수도 있는 히트 세퍼레이션 현상에 대한 설명으로 맞는 것은?

① 물에 젖은 노면을 고속으로 달리면 타이어와 노면 사이에 수막이 생기는 현상
② 고속으로 주행 중 타이어가 터져 버리는 현상
③ 고속 주행 시 차체가 좌·우로 밀리는 현상
④ 고속 주행할 때 타이어 공기압이 낮아져 타이어가 찌그러지는 현상

해설 히트 세퍼레이션(heat separation)이란 고속으로 주행할 때 열에 의해 타이어의 고무나 코드가 용해 및 분리되어 터지는 현상이다.

09. 하부구동장치(under carriage)에서 건설기계의 중량을 지탱하고 완충작용을 하기 위하여 설치된 것은?

① 상부롤러
② 트랙
③ 하부롤러
④ 트랙 프레임

해설 트랙 프레임은 하부 구동장치에서 굴삭기의 중량을 지탱하고 완충작용을 한다.

10. 무한궤도형 건설기계에서 트랙의 구성품으로 옳은 것은?

① 슈, 조인트, 스프로킷, 핀, 슈 볼트
② 스프로킷, 트랙롤러, 상부 롤러, 아이들러
③ 슈, 스프로킷, 하부 롤러, 상부 롤러, 감속기
④ 슈, 슈 볼트, 링크, 부싱, 핀

해설 트랙은 슈, 슈 볼트, 링크, 부싱, 핀 등으로 구성되어 있다.

11. 트랙장치의 구성품 중 트랙 슈와 슈를 연결하는 부품은?

① 부싱과 캐리어 롤러
② 하부 롤러와 상부 롤러
③ 아이들러와 스프로킷
④ 트랙링크와 핀

해설 트랙링크와 핀으로 트랙 슈와 슈를 연결한다.

12. 트랙링크의 수가 38조라면 트랙 핀의 부싱은 몇 조인가?

① 37조　② 38조　③ 39조　④ 40조

해설 트랙링크의 수가 38조라면 트랙 핀의 부싱은 38조이다.

13. 트랙 슈의 종류로 틀린 것은?

① 단일돌기 슈
② 습지용 슈
③ 이중돌기 슈
④ 변하중 돌기 슈

해설 트랙 슈의 종류 : 단일돌기 슈, 2중 돌기 슈, 3중 돌기 슈, 습지용 슈, 고무 슈, 암반용 슈, 평활 슈 등

14. 도로를 주행할 때 포장노면의 파손을 방지하기 위해 주로 사용하는 트랙 슈는?

① 평활 슈
② 습지용 슈
③ 스노 슈
④ 단일돌기 슈

해설 평활 슈는 도로를 주행할 때 포장노면의 파손을 방지하기 위해 사용한다.

15. 무한궤도형 건설기계에서 트랙을 탈거하기 위해서 우선적으로 제거해야 하는 것은?

① 부싱   ② 마스터 핀

③ 링크   ④ 트랙 슈

해설 마스터 핀은 트랙의 분리를 쉽게 하기 위하여 둔 것이다.

16. 트랙 장력을 조절하면서 트랙의 진행방향을 유도하는 하부주행 장치는?

① 하부롤러   ② 장력 실린더

③ 상부롤러   ④ 전부 유동륜

해설 전부 유동륜(front idler)은 트랙의 장력을 조정하면서 트랙의 진행방향을 유도한다.

17. 무한궤도형 건설기계에서 주행 중 트랙 전방에서 오는 충격을 완화하여 차체 파손을 방지하고 운전을 원활하게 해 주는 것은?

① 트랙롤러   ② 리코일 스프링

③ 상부롤러   ④ 댐퍼 스프링

해설 리코일 스프링(recoil spring)은 트랙장치에서 트랙과 프런트 아이들러의 충격을 완화시키기 위해 설치한다.

18. 무한궤도형 건설기계에서 리코일 스프링을 이중 스프링으로 사용하는 이유로 가장 적합한 것은?

① 강한 탄성을 얻기 위하여

② 서징현상을 줄이기 위해서

③ 스프링이 잘 빠지지 않게 하기 위해서

④ 강력한 힘을 축적하기 위해서

해설 리코일 스프링을 2중 스프링으로 하는 이유는 서징(surging)현상을 줄이기 위함이다.

19. 무한궤도형 건설기계에서 리코일 스프링을 분해해야 할 경우는?

① 프런트 아이들러의 파손

② 트랙의 파손

③ 스프로킷의 파손

④ 스프링이나 샤프트의 절손

해설 스프링이나 샤프트가 절손되면 리코일 스프링을 분해하여야 한다.

20. 트랙 프레임 위에 한쪽만 지지하거나 양쪽을 지지하는 브래킷에 1~2개가 설치되어 트랙 아이들러와 스프로킷 사이에서 트랙이 처지는 것을 방지하는 동시에 트랙의 회전위치를 정확하게 유지하는 역할을 하는 것은?

① 브레이스   ② 캐리어 롤러

③ 스프로킷   ④ 아우터 스프링

해설 캐리어 롤러(상부 롤러)는 트랙 프레임 위에 한쪽만 지지하거나 양쪽을 지지하는 브래킷에 1~2개가 설치되어 트랙 아이들러와 스프로킷 사이에서 트랙이 처지는 것을 방지하는 동시에 트랙의 회전위치를 정확하게 유지한다.

21. 상부 롤러에 대한 설명으로 틀린 것은?

① 더블 플랜지형을 주로 사용한다.

② 트랙이 밑으로 처지는 것을 방지한다.

③ 전부 유동륜과 스프로킷 사이에 1~2개가 설치된다.

④ 트랙의 회전을 바르게 유지한다.

해설 상부 롤러는 싱글 플랜지형(바깥쪽으로 플랜지가 있는 형식)을 사용한다.

22. 롤러(roller)에 대한 설명 중 틀린 것은?

① 상부 롤러는 일반적으로 1~2개가 설치되어 있다.

② 상부 롤러는 스프로킷과 아이들러 사이에 트랙이 처지는 것을 방지한다.

③ 하부 롤러는 트랙프레임의 한쪽 아래에 3~7개 설치되어 있다.

④ 하부 롤러는 트랙의 마모를 방지해 준다.

해설 하부 롤러는 굴삭기의 전체 하중을 지지하고 중량을 트랙에 균등하게 분배해 주며, 트랙의 회전위치를 바르게 유지한다.

23. 무한궤도형 건설기계에서 스프로킷에 가까운 쪽의 하부 롤러는 어떤 형식을 사용하는가?

① 더블 플랜지형　② 오프셋형

③ 싱글 플랜지형　④ 플랫형

해설 하부 롤러는 싱글 플랜지형과 더블 플랜지형을 사용하는데 싱글 플랜지형은 반드시 프런트 아이들러와 스프로킷이 있는 쪽에 설치하여야 한다. 또 싱글 플랜지형과 더블 플랜지형은 하나 건너서 하나씩(교번) 설치한다.

24. 무한궤도형 건설기계에서 스프로킷이 한쪽으로만 마모되는 원인으로 가장 적합한 것은?

① 트랙장력이 늘어났을 때

② 트랙링크가 마모되었을 때

③ 상부 롤러가 과다하게 마모되었을 때

④ 스프로킷 및 아이들러가 직선배열이 아닐 때

해설 스프로킷이 한쪽으로만 마모되는 원인은 스프로킷 및 아이들러가 직선배열이 아니기 때문이다.

25. 트랙장력을 조정하는 이유가 아닌 것은?

① 트랙구성 부품의 수명을 연장하기 위하여

② 트랙의 이탈을 방지하기 위하여

③ 스윙모터의 과부하를 방지하기 위하여

④ 스프로킷의 마모를 방지하기 위하여

해설 트랙장력을 조정하는 이유 : 트랙구성 부품 (프런트 아이들러, 상부와 하부 롤러)의 수명을 연장하기 위하여, 트랙의 이탈을 방지하기 위하여, 스프로킷의 마모를 방지하기 위하여

26. 무한궤도형 건설기계에서 트랙장력을 측정하는 부위로 가장 적합한 것은?

① 프런트 아이들러와 스프로킷 사이

② 1번 상부 롤러와 2번 상부 롤러 사이

③ 스프로킷과 상부 롤러 사이

④ 프런트 아이들러와 상부 롤러 사이

해설 트랙장력은 프런트 아이들러와 상부 롤러 사이에서 측정한다.

27. 무한궤도형 건설기계에서 트랙장력 조정 방법으로 옳은 것은?

① 캐리어 롤러의 조정방식으로 한다.

② 트랙장력 조정용 심(shim)을 끼워서 한다.

③ 트랙장력 조정용 실린더에 그리스를 주입한다.

④ 하부 롤러의 조정방식으로 한다.

해설 트랙의 장력을 조정할 때에는 트랙장력 조정용 실린더에 그리스를 주입한다.

28. 트랙장치의 트랙유격이 너무 커졌을 때 발생하는 현상으로 가장 적합한 것은?

① 주행속도가 빨라진다.

② 슈판 마모가 급격해진다.

③ 주행속도가 매우 느려진다.

④ 트랙이 벗겨지기 쉽다.

해설 트랙유격이 커지면 트랙이 벗겨지기 쉽다.

정답　23 ③　24 ④　25 ③　26 ④　27 ③　28 ④

29. 무한궤도형 건설기계에서 트랙의 장력을 너무 팽팽하게 조정했을 때 미치는 영향으로 틀린 것은?

① 트랙링크의 마모
② 프런트 아이들러의 마모
③ 트랙의 이탈
④ 구동 스프로킷의 마모

해설 트랙장력이 너무 팽팽하면 상·하부 롤러, 트랙링크, 프런트 아이들러, 구동 스프로킷 등 트랙부품의 조기마모의 원인이 된다.

30. 무한궤도형 건설기계의 트랙 유격을 조정할 때 유의사항으로 잘못된 방법은?

① 브레이크가 있는 경우에는 브레이크를 사용한다.
② 굴삭기를 평지에 주차시킨다.
③ 트랙을 들고서 늘어지는 것을 점검한다.
④ 2~3회 나누어 조정한다.

해설 트랙 장력(유격)을 조정할 때 브레이크가 있는 경우에는 브레이크를 사용해서는 안 된다.

31. 무한궤도형 건설기계에서 트랙이 자주 벗겨지는 원인으로 가장 거리가 먼 것은?

① 유격(긴도)이 규정보다 클 때
② 트랙의 상·하부 롤러가 마모되었을 때
③ 최종 구동기어가 마모되었을 때
④ 트랙의 중심 정렬이 맞지 않았을 때

해설 트랙이 벗겨지는 원인 : 트랙이 너무 이완되었거나 트랙의 정렬이 불량할 때, 프런트 아이들러, 상·하부 롤러 및 스프로킷의 마멸이 클 때, 고속주행 중 급선회를 하였을 때, 리코일 스프링의 장력이 부족할 때, 경사지에서 작업할 때

32. 무한궤도형 건설기계에서 트랙을 분리하여야 할 경우가 아닌 것은?

① 트랙을 교환하고자 할 때
② 트랙 상부 롤러를 교환하고자 할 때
③ 스프로킷을 교환하고자 할 때
④ 아이들러를 교환하고자 할 때

해설 트랙을 분리하여야 하는 경우는 트랙을 교환할 때, 스프로킷을 교환할 때, 프런트 아이들러를 교환할 때 등이다.

33. 무한궤도형 건설기계에서 주행 불량 현상의 원인이 아닌 것은?

① 한쪽 주행모터의 브레이크 작동이 불량할 때
② 유압펌프의 토출유량이 부족할 때
③ 트랙에 오일이 묻었을 때
④ 스프로킷이 손상되었을 때

34. 〈보기〉 중 무한궤도형 건설기계에서 트랙 장력 조정방법으로 모두 옳은 것은?

┌─ 보기 ─────────────────┐
㉮ 그리스 주입 방식
㉯ 조정너트 방식
㉰ 전자제어 방식
㉱ 유압제어 방식
└────────────────────────┘

① ㉮, ㉰
② ㉮, ㉯
③ ㉮, ㉯, ㉰
④ ㉯, ㉰, ㉱

해설 트랙 장력(긴도) 조정방법에는 그리스를 주입하는 방법과 조정너트를 이용하는 방법이 있다.

정답 29 ③   30 ①   31 ③   32 ②   33 ③   34 ②

로더
운전기능사

제**4**편

로더의 구조 및 작업장치

제1장 로더의 개요

제2장 로더의 구조

제3장 로더의 작업장치의 기능

제4장 로더의 작업 방법

로더의 개요

로더는 지면보다 조금 높은 곳의 토사 상차, 덤프트럭과 호퍼에 토사 적재 작업, 배수로 같은 홈 파내기, 부피가 큰 재료를 끌어모으기 등의 작업에 사용하는 건설기계이다.

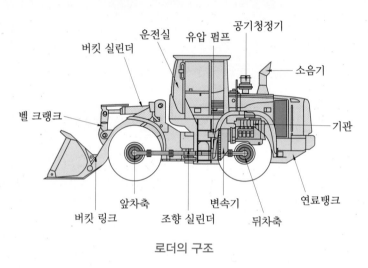

로더의 구조

1-1 적재 방법에 따른 로더의 분류

① **프런트 엔드형(front end dump type)** : 차체 앞쪽에 버킷을 부착하고 굴착·적재 작업을 할 때 주로 사용하며, 가장 많이 사용하는 형식이다.

프런트 엔드형

② **사이드 덤프형(side dump type)** : 버킷을 좌·우 어느 쪽으로나 기울일 수 있어 터널이나 좁은 장소에서 덤프트럭에 적재할 수 있는 형식으로 운반기계와 병렬 작업을 할 수 있다.

③ **오버 헤드형(over head dump type)** : 차체 앞쪽에서 굴착하여 조종석 위를 넘어 뒷면에 적재할 수 있는 형식으로 터널공사 등에 효과적이다.

④ **스윙형(swing dump type)** : 프런트 엔드형과 오버 헤드형을 복합하여 앞뒤 양쪽으로 적재하는 형식이다.

⑤ **백호 셔블형(back hoe shovel type)** : 차체 뒤쪽에 백호(back hoe)버킷을 부착하고, 앞쪽에는 일반 버킷이 부착되어 있어 깊은 굴착과 적재를 함께 할 수 있으며, 상·하수도 공사에 적합하다.

백호 셔블형

1-2 로더 버킷의 종류

① **스켈리턴 버킷(skeleton bucket)** : 물 등이 배출될 수 있는 구조로 되어 있어 자갈을 채취할 때 적합하다.

② **래크 블레이드 버킷(rack blade bucket)** : 나무뿌리 뽑기·제초 및 제석(돌 제거) 등 지반이 매우 굳은 땅의 굴삭 등에 적합하다.

③ **암석용 버킷** : 돌, 자갈 등의 채취에 적합하다.

제 **2** 장

로더의 구조

[타이어형 로더의 기관 시동 순서]
주차 브레이크 위치 확인 → 기어레버 중립 확인 → 파일럿 컷 오프 스위치 잠금 확
인 → 시동

2-1 로더의 동력전달장치

타이어형 로더가 주행할 때 동력전달 순서는 기관 → 토크컨버터 → 유압변속기 → 종
감속장치 → 구동바퀴이다.

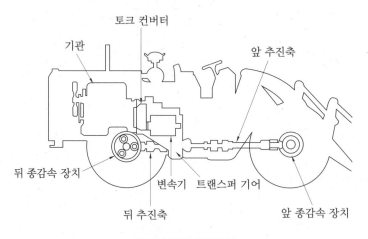

로더의 동력전달장치

① **자동변속기** : 토크 컨버터와 유성기어장치의 조합에 의하여 부하변동에 따라 알맞
은 회전속도와 토크비율을 조정한다.

② **종감속장치**(final drive system) : 종감속기어와 차동장치로 구성되며, 차동제한장치
가 있어 사지 · 습지 등에서 타이어가 미끄러지는 것을 방지한다.

③ **유성기어 감속기구** : 구동차축 끝에 선 기어(sun gear), 바깥쪽에 유성기어 캐리어 (planetary gear carrier)가 연결되고 허브(hub)에 링 기어(ring gear)가 고정된다. 선 기어가 회전하면 고정된 링 기어 안쪽 면을 따라 유성기어가 움직이면 유성기어 캐리어가 바퀴를 구동하므로 바퀴는 감속되어 큰 구동력을 발생시킨다.

2-2 타이어형 로더의 조향장치

① **뒷바퀴(후륜) 조향방식** : 안정성은 좋으나 선회반경이 커 좁은 장소에서의 작업이 불리하다.

② **허리꺾기 조향방식(차체굴적 방식)** : 앞 차체와 뒤 차체를 핀(또는 관절형 이음)으로 연결하고 유압 실린더에 의해 굴절시키는 방식이다. 회전반경이 작아 좁은 장소에서 의 작업이 유리하고 작업능률을 향상시킬 수 있기 때문에 최근에는 대부분 이 방식을 사용한다.

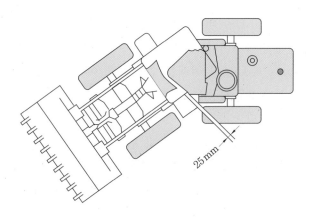

허리꺾기 조향방식

로더의 작업장치의 기능

① 버킷의 작동은 유압으로 이루어지며, 리프터 암(lifter arm)의 상승 및 하강은 리프터 실린더에 의해 작동된다.

② 틸트 백 덤핑(tilt back dump) 작업은 틸트 실린더에 의하여 이루어진다.

③ 퀵 아웃 장치(quick out system)는 붐 실린더가 자동적으로 상승의 위치에서 유지 위치로 돌아가도록 하는 작용을 한다. 즉 퀵 아웃 장치는 붐이 일정한 높이에 이르면 자동적으로 멈추어 작업능률과 안전성을 기하는 장치이다.

④ 덤핑 클리어런스(dumping clearance)란 버킷을 상승시켰을 때 버킷 투스 하단과 지면과의 거리로, 적재함보다 높아야 하며, 덤핑 클리어런스가 커지면 버킷을 들어 올리는 높이가 높아진다.

⑤ 덤프 높이(dump height)란 버킷을 최고 올림 상태에서 45° 앞으로 기울인 경우 지면에서 버킷 투스 끝단까지이다.

⑥ 덤핑 리치(dumping reach)란 적재할 수 있는 길이이다.

⑦ 상승시간이란 버킷에 표준하중을 적재한 상태에서 지표 기준면에서 최대 높이로 올리는 데 필요한 시간이다.

⑧ 붐 리프트 레버에는 상승 · 유지 · 하강 및 부동의 4가지 위치가 있다.

⑨ 버킷 틸트 레버에는 전경 · 후경 및 유지의 3가지 위치가 있다.

⑩ 버킷 틸트 레버에는 버킷을 지면에 내려놓았을 때 굴착각도가 적당히 되도록 설정해 주는 포지션 장치(position system)가 있다.

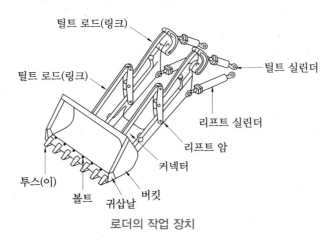

로더의 작업 장치

제4장

로더의 작업 방법

4-1 로더의 토사 깎기 작업 방법

① 로더의 무게가 버킷과 함께 작용되도록 한다.
② 특수상황 외에는 항상 로더가 평행이 되도록 한다.
③ 깎이는 깊이 조정은 붐을 약간 상승시키거나 버킷을 복귀시켜서 한다.
④ 버킷의 각도는 5°로 깎기 시작하는 것이 좋다.

4-2 로더의 작업 방법

① 버킷에 토사를 적재한 후 이동할 때 안정성을 고려하여 지면으로부터 약 60~90cm
위치시키고 이동한다.
② 제방이나 쌓여 있는 흙더미에서 작업할 때 버킷의 날을 지면과 수평으로 나란하게
유지한다.
③ 지면 고르기 작업을 할 때 한 번의 고르기를 마친 후 로더를 45° 회전시켜서 반복
한다.
④ 그레이딩이란 지면 고르기 작업이다.

4-3 로더의 상차 방법

I-형 상차 방법(직진 및 후진 방법), T-형 상차 방법(90° 회전 방법), V-형 상차 방
법, L-형 상차 방법 등이 있다.
① **직진·후진 상차 방법(I-형)** : 로더가 버킷에 토사를 채운 후에 덤프트럭이 토사 더미
와 버킷 사이로 들어오면 상차하는 방법이다.
② **90°회전 상차 방법(T-형)** : 주로 좁은 장소에서 사용되며, 비교적 작업효율이 낮다.

③ **V형 상차 방법(V-형)** : 로더가 토사를 버킷에 담고 후진을 한 후 덤프트럭 쪽으로 방향을 바꾸면서 전진하여 덤프트럭에 상차한다.

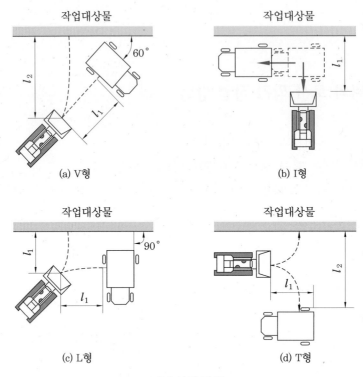

로더의 상차 방법

4-4   로더의 상차 작업

① 버킷을 완전히 복귀시킨 후 버킷을 지면에서 60~90cm 정도 올린 후 주행한다.

② 토사를 상차할 때 로더는 덤프트럭과 토사더미 사이에 45°를 유지하면서 작업한다.

③ 토사를 상차하려고 로더가 방향을 바꿀 때에는 버킷과 덤프트럭 옆의 거리는 3.0~3.7m 정도가 좋다.

④ 토사를 상차할 때 덤프트럭은 토사더미 가장자리에 90°로 세워 둔다.

로더
운전기능사

출제 예상 문제

01. 로더에서 복합적인 기계장치에 유압장치를 첨부하여 강력한 견인력을 구비하고 수행하는 작업에 속하지 않는 것은?

① 지면 포장하기
② 트럭과 호퍼에 퍼 싣기
③ 배수로 같은 홈 파내기
④ 부피가 큰 재료를 끌어모으기

해설 로더로 할 수 있는 작업은 토량 상차, 토사 적재 작업, 홈 파내기, 부피가 큰 재료 끌어모으기 등이다.

02. 무한궤도식 로더의 장점에 속하지 않는 것은?

① 강력한 견인력을 가지고 있다.
② 출력이 높아 장거리 이동성이 좋다.
③ 노면 상태가 험한 지형에서 이동이 용이하다.
④ 접지면적이 넓어서 습지, 사지에서의 이동이 용이하다.

해설 무한궤도식 로더는 강력한 견인력을 가지고 있으며, 노면 상태가 험한 지형에서 이동이 용이하고, 접지면적이 넓어서 습지, 사지에서의 이동이 용이한 장점이 있으나 이동성이 낮은 단점이 있다.

03. 무한궤도식 로더의 운전특성 설명으로 옳지 못한 것은?

① 조향은 허리꺾기식이다.
② 레버를 당겨 방향전환을 한다.
③ 기동성이 낮아 장거리 작업에는 불리하다.

④ 강력한 견인력과 접지압이 낮아 습지 작업이 가능하다.

해설 타이어형 로더의 조향방식이 허리꺾기식이다.

04. 작업장치에 투스를 부착하여 사용하는 건설기계는?

① 로더와 천공기
② 굴삭기와 로더
③ 불도저와 지게차
④ 기중기와 모터그레이더

해설 버킷에 투스(tooth)를 부착하여 사용하는 건설기계에는 로더와 굴삭기가 있다.

05. 로더의 작업장치가 아닌 것은?

① 백호 셔블
② 아웃트리거
③ 스켈리턴 버킷
④ 사이드 덤프 버킷

해설 아웃트리거는 타이어형 기중기에서 바퀴의 바깥쪽에 다리를 빼내어 차대를 떠받쳐 작업할 때 안정성을 향상시키는 장치이다.

06. 로더의 버킷 용도별 분류 중 나무뿌리 뽑기, 제초, 제석 등 지반이 매우 굳은 땅의 굴삭 등에 적합한 버킷은?

① 스켈리턴 버킷
② 사이드 덤프 버킷
③ 래크 블레이드 버킷
④ 암석용 버킷

해설 래크 블레이드 버킷(rack blade bucket) : 나무뿌리 뽑기, 제초, 제석 등 지반이 매우 굳은 땅의 굴삭 등에 적합하다.

07. 로더의 조향조작을 하지 않고도 버킷의 토사를 덤프트럭에 상차할 수 있는 버킷은 어느 것인가?

① 스켈리턴 버킷   ② 사이드 덤프 버킷
③ 다목적 버킷   ④ 일반 버킷

해설 사이드 덤프 버킷(side dump bucket) : 조향조작을 하지 않고도 버킷의 토사를 덤프트럭에 상차할 수 있다.

08. 골재채취장에서 주로 사용되는 로더의 버킷으로 토사에 암석을 분리할 때 효과적인 것은 어느 것인가?

① 표준버킷   ② 스켈리턴 버킷
③ 퇴비버킷   ④ 사이드 버킷

해설 스켈리턴 버킷(skeleton bucket) : 골재채취장에서 주로 사용되는 로더의 버킷으로 토사에 암석을 분리할 때 효과적이다.

09. 로더(loader)의 적재 방법이 아닌 것은?

① 프런트 엔드형   ② 사이드 덤프형
③ 백호 셔블형   ④ 허리꺾기형

해설 로더의 적재 방법에는 프런트 엔드형, 사이드 덤프형, 백호 셔블형, 오버헤드형 등이 있다.

10. 로더의 엔진시동 시 주의사항으로 틀린 것은?

① 붐 및 버킷은 중립위치에 놓는다.
② 연료, 타이어 등을 점검 후 시동을 건다.
③ 각부의 윤활유 누출 상태를 점검 후 시동을 건다.
④ 가속페달을 완전히 밟고 시동스위치를 작동시킨다.

11. 타이어식 로더의 엔진 시동순서로 옳은 것은?

① 파일럿 컷 오프 스위치 잠금 확인 → 주차 브레이크 위치 확인 → 기어레버 중립 확인 → 시동
② 기어레버 중립 확인 → 파일럿 컷 오프 스위치 잠금 확인 → 주차 브레이크 위치 확인 → 시동
③ 주차 브레이크 위치 확인 → 파일럿 컷 오프 스위치 잠금 확인 → 기어레버 중립 확인 → 시동
④ 주차 브레이크 위치 확인 → 기어레버 중립 확인 → 파일럿 컷 오프 스위치 잠금 확인 → 시동

해설 타이어식 로더의 엔진 시동순서 : 주차 브레이크 위치 확인 → 기어레버 중립 확인 → 파일럿 컷 오프 스위치 잠금 확인 → 시동

12. 로더의 동력전달 순서로 옳은 것은?

① 기관 → 토크 컨버터 → 유압변속기 → 종감속장치 → 구동륜
② 기관 → 유압변속기 → 종감속장치 → 토크컨버터 → 구동륜
③ 기관 → 유압변속기 → 토크 컨버터 → 종감속장치 → 구동륜
④ 기관 → 토크 컨버터 → 종감속장치 → 유압변속기 → 구동륜

해설 로더의 동력전달 순서 : 기관 → 토크 컨버터 → 유압변속기 → 종감속장치 → 구동륜

13. 브레이크 페달을 밟으면 변속 클러치가 떨어져 엔진의 동력이 차축까지 전달되지 않게 하는 것은?

① 브레이크 밸브

② 메인 컨트롤 밸브

③ 프라이어리티 밸브

④ 클러치 컷 오프 밸브

해설 클러치 컷 오프 밸브(clutch cut off valve)는 브레이크 페달을 밟으면 변속 클러치가 떨어져 엔진의 동력이 차축까지 전달되지 않도록 하는 장치이다.

14. 로더에서 자동변속기가 동력전달을 하지 못하는 원인으로 옳은 것은?

① 연속하여 덤프트럭에 토사 상차 작업을 하였다.

② 다판 클러치가 마모되었다.

③ 오일의 압력이 과대하다.

④ 오일이 규정량 이상이다.

해설 자동변속기의 다판 클러치가 마모되면 동력전달을 하지 못한다.

15. 휠 로더의 변속레버를 작동시켜도 로더가 주행하지 못할 때의 고장원인과 관계가 먼 것은?

① 토크 컨버터의 오일이 부족하다.

② 다판 클러치 디스가 과대 마멸되었다.

③ 변속레버 스풀의 작동이 불량하다.

④ 동력인출 장치의 작동이 부량하다.

해설 동력인출 장치는 엔진의 동력을 주행 이외 목적으로 사용하고자 할 때 사용하는 장치이다.

16. 타이어식 로더에서 기관 시동 후 동력전달 과정 설명으로 틀린 것은?

① 바퀴는 구동차축에 설치되며 허브에 링 기어가 고정된다.

② 토크 변환기는 변속기 앞부분에서 동력을 받고 변속기와 함께 알맞은 회전비와 토크비율을 조정한다.

③ 종감속기어는 최종감속을 하고 구동력을 증대한다.

④ 차동기어장치의 차동제한장치는 없고 유성기어장치에 의해 차동제한을 한다.

해설 타이어식 로더의 동력전달장치의 구조

㉠ 차동기어장치의 동력이 차축을 통하여 유성기어장치로 전달되며 유성기어장치는 동력을 감속하여 바퀴로 전달한다.

㉡ 종감속기어는 각 바퀴에 부착된 유성기어장치를 사용하며, 선 기어는 차축 끝에 설치되어 유성기어를 회전시키고, 유성기어는 링 기어를 회전시킨다. 바퀴는 링 기어로부터 동력을 받아서 회전한다.

17. 타이어형 로더의 기관을 시동할 목적으로 구동라인이 연결된 상태에서 로더를 밀거나 끌어서는 안 되는 이유 중 틀린 것은?

① 바퀴로부터의 동력이 회전 부분의 마찰을 초래하기 때문이다.

② 토크 컨버터와 자동변속기가 열에 의한 파손을 초래하기 때문이다.

③ 충분한 윤활작용을 수반할 수 없어 마찰열이 발생되기 때문이다.

④ 현가 스프링이 열에 의해 파손을 초래하기 때문이다.

18. 타이어식 로더에 자동제한 차동기어장치가 있을 때의 장점은?

① 변속이 용이하다.

② 충격이 완화된다.

③ 조향이 원활해진다.

④ 미끄러운 노면에서 운행이 용이하다.

해설 자동제한 차동기어장치가 있으면 미끄러운 노면에서 운행이 용이하다.

19. 휠(wheel) 로더의 한쪽 타이어가 수렁에 빠졌을 때 계속 전진이나 후진시키면 빠진 쪽 타이어가 공회전하는 이유는 어느 것 때문인가?

① 변속기
② 차축
③ 차동기어장치
④ 타이어의 트레드 패턴

해설 휠(wheel) 로더의 한쪽 타이어가 수렁에 빠졌을 때 계속 전진이나 후진시키면 빠진 쪽 타이어가 공회전하는 이유는 차동기어장치 때문이다.

20. 타이어식 로더의 허브에 있는 유성기어장치의 기능으로 옳은 것은?

① 바퀴 회전을 정지
② 바퀴 회전속도의 감속, 구동력의 감속
③ 바퀴 회전속도의 감속, 구동력의 증가
④ 바퀴 회전속도의 증속, 구동력의 증가

해설 바퀴 허브에 있는 유성기어장치 기능은 바퀴 회전속도의 감속, 구동력의 증가이다.

21. 타이어형 로더의 휠 허브(wheel hub)에 있는 유성기어장치의 동력전달 순서로 맞는 것은?

① 선 기어 → 유성기어 → 유성기어 캐리어 → 바퀴
② 유성기어 캐리어 → 유성기어 → 선 기어 → 바퀴
③ 링 기어 → 유성기어 → 선 기어 → 바퀴
④ 선 기어 → 링 기어 → 유성기어 캐리어 → 바퀴

해설 휠 허브의 동력전달순서는 선 기어 → 유성기어 → 유성기어 캐리어 → 바퀴이다.

22. 타이어형 로더의 휠 허브(wheel hub)에 설치된 유성기어장치에서 액슬 축(axle shaft)의 기어로 맞는 것은?

① 유성기어(planetary gear)
② 선 기어(sun gear)
③ 링 기어(ring gear)
④ 유성기어 캐리어(planetary gear carrier)

해설 액슬 축과 연결되는 기어는 선 기어이다.

23. 로더의 휠 허브에 설치되어 있는 유성기어장치에서 유성기어가 핀(pin)과 융착되었을 때 발생하는 현상은?

① 바퀴의 회전속도가 빨라진다.
② 바퀴의 회전속도가 느려진다.
③ 바퀴가 회전하지 않는다.
④ 평소와 다름없다.

해설 유성기어가 핀과 융착되면 바퀴가 회전하지 않는다.

24. 타이어형 로더의 조향방식과 관계가 없는 것은?

① 전륜조향 방식   ② 후륜조향 방식
③ 피벗회전 방식   ④ 허리꺾기 방식

해설 타이어형 로더의 조향방식에는 전륜조향 방식, 후륜조향 방식, 허리꺾기 방식 등이 있다.

25. 타이어형 로더의 환향장치 방식과 관계가 없는 것은?

① 유압 방식
② 허리꺾기 방식
③ 뒷바퀴 환향 방식
④ 환향 클러치 방식

해설 환향 클러치 방식은 불도저나 무한궤도형 로

더에서 사용한다.

26. 허리꺾기 방식(차체굴절 방식) 타이어 로더의 조향장치에 대한 설명으로 옳은 것은?

① 협소한 장소에서의 작업은 어렵다.
② 앞 차체가 굴절되어 방향을 전환하여 안정성이 나쁘다.
③ 조행핸들을 작동시키면 뒷바퀴가 방향을 변환하여 선회한다.
④ 뒷바퀴는 선회축이 되고 앞바퀴가 굴절되어 작동하며 회전 반경이 크다.

해설 허리꺾기 조향방식은 유압 실린더를 사용하여 앞 차체를 굴절하여 조향하며, 선회반경이 작아 좁은 장소에서의 작업에 유리한 장점이 있으나 안정성이 나쁘다.

27. 로더에서 허리꺾기 조향 방식의 설명으로 틀린 것은?

① 좁은 장소에서의 작업에 유리하다.
② 유압 실린더를 사용하여 굴절하는 형식이다.
③ 해상 구조물 설치에 주로 사용된다.
④ 선회반경이 적다.

28. 타이어형 로더의 브레이크 장치에 대한 설명으로 옳지 않은 것은?

① 브레이크 페달은 천천히 밟고 빠르게 놓는다.
② 구동바퀴 모두가 일시에 제동되는 구조이다.
③ 급제동 시는 좌우 페달을 모두 이용한다.
④ 정차 및 주차 시에는 주차 브레이크를 사용한다.

29. 로더의 치수(제원)에서 버킷을 최고 올림 상태에서 45° 앞으로 기울인 경우 지면에서 버킷 투스 끝단까지를 무엇이라고 하는가?

① 덤프거리   ② 덤핑리치
③ 덤프높이   ④ 버킷상승 전 높이

해설 덤프높이란 버킷을 최고 올림 상태에서 45° 앞으로 기울인 경우 지면에서 버킷 투스 끝단까지이다.

30. 버킷에 표준하중을 적재한 상태에서 지표 기준면에서 최대 높이로 올리는 데 필요한 시간을 무엇이라고 하는가?

① 덤프시간   ② 표준 작동시간
③ 기준시간   ④ 상승시간

해설 상승시간 : 버킷에 표준하중을 적재한 상태에서 지표 기준면에서 최대 높이로 올리는 데 필요한 시간이다.

31. 로더의 버킷을 상승시켰을 때 버킷 투스 하단과 지면과의 거리를 무엇이라 하는가?

① 덤핑리치   ② 덤핑 클리어런스
③ 전경각   ④ 후경각

해설 덤핑 클리어런스(dumping clearance)란 버킷을 상승시켰을 때 버킷 투스 하단과 지면과의 거리이며, 덤핑리치란 적재할 수 있는 길이이다.

32. 무한궤도식 로더에서 덤핑 클리어런스가 커졌을 때 현상으로 맞는 것은?

① 상승속도가 빨라진다.
② 주행속도가 빨라진다.
③ 버킷을 들어 올리는 높이가 높아진다.
④ 롤링 속도가 빨라진다.

해설 덤핑 클리어런스가 커지면 버킷을 들어 올리는 높이가 높아진다.

33. 타이어식 로더가 트럭에 적재할 때 덤핑 클리어런스를 올바르게 설명한 것은?

① 덤핑 클리어런스가 있으면 안 된다.
② 후진 시 덤핑 클리어런스가 필요한 것이다.
③ 덤핑 클리어런스는 적재함보다 높아야 한다.
④ 무조건 낮은 것이 좋다.

해설 로더의 덤핑 클리어런스(dumping clearance)는 적재함보다 높아야 한다.

34. 로더(loader)에 관한 설명으로 옳은 것은?

① 붐 리프트 레버는 전경과 후경의 2가지 위치가 있다.
② 버킷 틸트 레버는 전진과 후진 2가지 위치가 있다.
③ 버킷 레버에는 버킷 벌림 양이 적당하도록 미리 설정해 두는 포지션 장치가 있다.
④ 붐 실린더에는 자동적으로 상승의 위치에서 유지위치로 돌아가도록 하는 퀵 아웃 장치가 있다.

해설 로더의 작업 레버
　㉠ 붐 리프트 레버에는 상승, 유지, 하강, 부동의 4가지 위치가 있다.
　㉡ 버킷 틸트 레버에는 전경, 후경, 유지의 3가지 위치가 있다.
　㉢ 버킷 틸트 레버에는 버킷을 지면에 내려놓았을 때 굴착각도가 적당히 되도록 설정해 주는 포지션 장치가 있다.

35. 휠 로더 붐 제어레버의 작동위치가 아닌 것은?

① 상승　② 하강　③ 부동　④ 틸트

36. 로더에서 부동위치(floating position)가 설치되어 있는 것은?

① 붐 컨트롤 밸브
② 버킷 컨트롤 밸브
③ 조향 컨트롤 밸브
④ 조향 실린더

37. 로더의 버킷을 조작하는 틸트 레버(tilt lever)의 3가지 위치가 아닌 것은?

① 유지　② 가속　③ 전경　④ 후경

38. 로더의 전경각으로 옳은 것은?

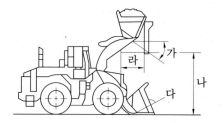

① 가　　② 나　　③ 다　　④ 라

39. 로더의 작업장치에 대한 설명이 잘못된 것은?

① 붐 실린더는 붐의 상승·하강 작용을 해 준다.
② 버킷 실린더는 버킷의 오므림·벌림 작용을 해 준다.
③ 로더의 규격은 표준 버킷의 산적용량(m³)으로 표시한다.
④ 작업장치를 작동하게 하는 실린더 형식은 주로 단동식이다.

해설 유압 실린더는 복동식을 사용한다.

40. 로더의 자동유압 붐 킥 아웃의 기능은?

---

① 붐이 일정한 높이에 이르면 자동적으로 멈추어 작업능률과 안전성을 기하는 장치

② 버킷 링크를 조정하여 덤프 실린더가 수평이 되게 하는 장치

③ 가끔 침전물이나 물을 뽑아내고 이물질을 걸러 내는 장치

④ 로더의 고속작동 시 자동적으로 버킷의 수평을 조정하는 장치

해설 붐 킥 아웃 장치(boom kick out system)는 붐이 일정한 높이에 이르면 자동적으로 멈추어 작업능률과 안전성을 기하는 장치이다.

41. 붐 킥 아웃 장치(boom kick out system)가 작동하지 않을 때 발생하는 내용으로 맞는 것은?

① 붐 실린더 패킹이 손상되어 오일이 누출된다.

② 엔진의 동력이 소모되어 작업능률이 떨어진다.

③ 붐의 최저위치가 자동으로 조정되지 않는다.

④ 붐이 상승하다가 일정하게 지정된 위치에서 자동으로 정지된다.

해설 붐 킥 아웃 장치가 작동하지 않으면 엔진의 동력이 소모되어 작업능률이 떨어진다.

42. 휠 로더(wheel loader)의 붐과 버킷레버를 동시에 당기면 작동은?

① 붐만 상승한다.

② 버킷만 오므려진다.

③ 붐은 상승하고 버킷은 오므려진다.

④ 작동이 안 된다.

해설 붐과 버킷레버를 동시에 당기면 붐은 상승하

고 버킷은 오므려진다.

43. 정지위치에서 로더의 붐이 저절로 하향하는 원인으로 적합하지 않은 것은?

① 붐 실린더의 패킹에 결함이 있다.

② 유압장치에 오일이 누출되고 있다.

③ 토크 컨버터의 스테이터에 이상이 있다.

④ 붐 제어밸브의 스풀이 마모되었다.

44. 로더의 유압장치에서 붐 실린더의 귀환(복귀)행정이 느린 원인으로 맞는 것은?

① 유압제어밸브의 작동불량

② 붐 실린더 내부에서 유압유 누설

③ 릴리프 밸브의 설정압력 과다

④ 유압유의 온도가 정상일 때

해설 유압제어밸브의 작동이 불량하면 붐 실린더의 귀환(복귀)행정이 느려진다.

45. 로더에서 그레이딩 작업이란?

① 트럭에의 적재 작업

② 토사 깎아내기 작업

③ 토사 굴착 작업

④ 지면 고르기 작업

해설 그레이딩 작업이란 지면 고르기 작업을 의미한다.

46. 로더 버킷에 토사를 채울 때 버킷은 지면과 어떻게 놓고 시작하는 것이 좋은가?

① 45° 경사지게 한다.

② 평행하게 한다.

③ 상향으로 한다.

④ 하향으로 한다.

해설 버킷에 토사를 채울 때 버킷을 지면과 평행하게 놓고 작업을 시작한다.

47. 로더로 제방이나 쌓여 있는 흙더미에서 작업할 때 버킷의 날을 지면과 어떻게 유지하는 것이 가장 효과적인가?

① 20° 정도 전경시킨 각

② 30° 정도 전경시킨 각

③ 버킷과 지면이 수평으로 나란하게

④ 90° 직각을 이룬 전경각과 후경을 교차로

해설 로더로 제방이나 쌓여 있는 흙더미에서 작업할 때 버킷의 날을 지면과 수평으로 나란하게 유지하는 것이 가장 좋다.

48. 로더의 토사 깎기 작업 방법으로 잘못된 것은?

① 로더의 무게가 버킷과 함께 작용되도록 한다.

② 깎이는 깊이 조정은 버킷을 복귀시키면서 할 수 있다.

③ 깎이는 깊이 조정은 붐을 조금씩 상승시키면서 할 수 있다.

④ 버킷의 각도를 35°~45°로 깎기 시작하는 것이 좋다.

해설 버킷의 각도는 5°로 깎기 시작하는 것이 좋다.

49. 로더로 토사를 깎기 시작할 때 버킷을 약 몇 도 정도 기울여 깎는 것이 좋은가?

① 5°   ② 15°   ③ 45°   ④ 65°

50. 로더로 지면 고르기 작업 시 한 번의 고르기를 마친 후 로더를 몇 도 회전시켜서 반복하는 것이 가장 좋은가?

① 25°   ② 45°   ③ 90°   ④ 180°

해설 로더로 지면 고르기 작업을 할 때 한 번의 고르기를 마친 후 로더를 45° 회전시켜서 반복하는 것이 가장 좋다.

51. 로더 작업 중 이동할 때 버킷의 높이는 지면에서 약 몇 m 정도로 유지해야 하는가?

① 0.1m   ② 0.6m   ③ 1.0m   ④ 1.5m

해설 트럭이나 쌓여 있는 흙 쪽으로 이동할 때에는 버킷을 지면에서 약 0.6~0.9m 정도 위로 하는 것이 좋다.

52. 로더의 버킷에 토사를 적재 후 이동 시 지면과 가장 적당한 간격은?

① 장애물의 식별을 위해 지면으로부터 약 2m 높게 하여 이동한다.

② 작업 시 화물을 적재 후, 후진할 때는 다른 물체와 접촉을 방지하기 위해 약 3m 높이로 이동한다.

③ 작업시간을 고려하여 항시 트럭적재함 높이만큼 위치하고 이동한다.

④ 안정성을 고려하여 지면으로부터 약 60~90cm에 위치하고 이동한다.

53. 타이어형 로더를 운전할 때 주의사항으로 틀린 것은?

① 새로 구축한 구조물 가까운 부분은 연약지반이므로 주의한다.

② 경사지를 내려갈 때에는 변속레버를 저속으로 하고 주행한다.

③ 로더를 작업 받침판이나 작업플랫 홈으로 사용하지 않는다.

④ 토사를 적재한 버킷은 항상 최대한 앞으로 기우리고 위치를 낮추고 운반한다.

해설 토사를 적재한 버킷은 항상 최대한 뒤로 기우리고 위치를 낮추어 운반한다.

54. 로더로 상차 작업 방법이 아닌 것은?

① 좌우 옆으로 진입 방법(N형)

정답   47 ③   48 ④   49 ①   50 ②   51 ②   52 ④   53 ④   54 ①

② 직진·후진 방법(I형)

③ 90° 회전 방법(T형)

④ V형 상차 방법(V형)

해설 상차 방법에는 직진·후진 방법(I형), 90° 회전 방법(T형), V형 상차 방법(V형), L형 등이 있다.

55. 로더가 버킷에 토사를 채운 후 후진을 하고 나면 덤프트럭이 로더와 토사 더미의 사이에 들어와서 상차하는 방법은?

① 90° 회전 방법(T형)

② 직진·후진 방법(I형)

③ 비트 상차 방법

④ V형 상차 방법

해설 **직진·후진 방법(I형)** : 로더가 버킷에 토사를 채운 후에 덤프트럭이 토사 더미와 버킷 사이로 들어오면 상차하는 방법이다.

56. 로더의 상차 적재 방법 중 좁은 장소에서 주로 이용되는 관계로 비교적 효율이 낮은 상차 방법은 어느 것인가?

① 비트 상차 방법

② 직진·후진 상차 방법

③ 90° 회전 상차 방법

④ V형 상차 방법

해설 90° 회전 상차 방법은 좁은 장소에서 주로 이용되는 관계로 비교적 효율이 낮다.

57. 로더의 작업 방법으로 옳은 것은?

① 굴삭 작업 시는 버킷을 올려 세우고 작업을 하며, 적재 시는 전경각 35도를 유지해야 한다.

② 굴삭 작업 시는 버킷을 수평 또는 약 5도 정도 앞으로 기울이는 것이 좋다.

③ 작업 시는 변속기의 단수를 높이면 작업효율이 좋아진다.

④ 단단한 땅을 굴삭 시에는 그라인더로 버킷 끝을 날카롭게 만든 후 작업을 하며, 굴삭 시에는 후경각 45도를 유지해야 한다.

해설 **로더의 굴삭 작업 방법**

㉠ 로더의 무게가 버킷과 함께 작용되도록 한다.

㉡ 특수상황 외에는 항상 로더가 평행 되도록 한다.

㉢ 깎이는 깊이 조정은 붐을 약간 상승시키거나 버킷을 복귀시켜서 한다.

㉣ 버킷을 수평 또는 약 5도 정도 앞으로 기울이는 것이 좋다.

58. 로더의 작업 방법으로 가장 적절한 것은?

① 버킷이 완전히 복귀된 다음 지면에서 약 0.6m 정도 올려서 주행한다.

② 적재하려는 흙더미 뒤에 트럭을 세워 놓고 로더 작업을 한다.

③ 적재물이나 트럭에 30°의 각도를 유지하면서 접근하도록 한다.

④ 버킷이 트럭 옆 1m 이내에서 방향을 바꾸어 트럭에 적재한다.

해설 **로더의 작업 방법**

㉠ 버킷을 완전히 복귀시킨 후 버킷을 지면에서 60~90cm 정도 올린 후 주행한다.

㉡ 토사를 상차할 때 로더는 덤프트럭과 토사 더미 사이에 45°를 유지하면서 작업한다.

㉢ 덤프트럭에 토사를 상차하려고 로더가 방향을 바꿀 때에는 버킷과 트럭과 옆의 거리는 3.0~3.7m 정도가 좋다.

㉣ 토사를 상차할 때 덤프트럭은 토사더미 가장자리에 90°로 세워 둔다.

59. 로더로 굴착 작업을 할 때의 방법으로 틀린 것은?

① 지면이 단단하면 버킷에 투스를 부착한다.

② 버킷에 토사를 가득 채웠을 때에는 버킷을 뒤로 오므려 힘을 받을 수 있도록 한다.

③ 굴착 작업의 밑면은 평면이 되도록 작업한다.

④ 붐과 버킷의 밑부분은 지렛대 장치의 받침대 역할이므로 버킷은 오므리지 않아도 된다.

60. 휠 로더로 굴삭 면에 진입하는 방법으로 틀린 것은?

① 옆으로 진입한다.

② 돌출된 곳의 진입은 피하도록 한다.

③ 직각으로 진입한다.

④ 급변속, 급제동 조작은 피한다.

해설 굴삭 면에 진입하는 방법 : 돌출된 곳의 진입은 피할 것, 직각으로 진입할 것, 급변속, 급제동 조작은 피할 것

61. 로더의 시간당 작업량 증대 방법에 대한 설명으로 틀린 것은?

① 로더의 버킷 용량이 큰 것을 사용한다.

② 굴삭 작업이 수반되지 않을 때에는 무한궤도식 로더를 사용한다.

③ 현장조건에 적합한 적재 방법을 선택한다.

④ 운반기계의 진입, 회전 및 로더의 적재 작업 시에 지장이 없도록 한다.

해설 굴삭 작업이 수반되지 않을 때에는 타이어형 로더를 사용한다.

62. 로더로 퇴적된 토사를 작업하는 방법으로 틀린 것은?

① 토사에 파고들기 어려울 때는 버킷의 투스 부분을 상하로 움직이며 전진한다.

② 버킷이 토사에 충분히 파고들면 전진하면서 붐을 상승시킨다. 이때 버킷을 수평으로 유지하면서 토사를 담는다.

③ 흙을 퍼 실으면서 전진을 하면 하중이 증가하여 타이어가 헛돌기 시작한다. 이때 버킷을 조금 올려서 하중을 줄여 준다.

④ 앞바퀴가 들린 상태에서는 구동력이 저하되고, 뒷바퀴 파손의 위험이 크기 때문에 이런 상태로는 작업을 진행하지 않는다.

해설 버킷이 토사에 충분히 파고들면 전진하면서 붐을 상승시키고, 이때 버킷을 오므리면서 토사를 담는다.

63. 타이어식 로더 사용에 따른 주의사항이 아닌 것은?

① 로더를 주차 시에는 버킷을 반드시 지면에 내려놓는다.

② 경사지에서 작업 시에는 변속레버를 중립에 놓는다.

③ 버킷에 적재 후 주행 시에는 버킷을 가능한 낮게 한다.

④ 버킷에 사람을 태우지 않는다.

해설 경사지에서 작업 시에는 변속레버를 중립에 두어서는 안 된다.

64. 로더의 올바른 작업 방법에 속하지 않는 것은?

① 로더를 운전하기 전에 경적을 울려 주의를 환기시킨다.

② 10° 이상의 경사지에서는 작업이 위험하므로 작업하지 않는다.

③ 주행 시 버킷을 지면에서 1.0~1.5m 정도 위로 올리고 주행한다.

④ 경사지에서 방향전환은 경사가 완만하고 지반이 견고한 위치에서 실시한다.

해설 주행할 때에는 버킷을 지면에서 0.6~0.9m 정도 위로 올리고 주행한다.

65. 로더의 조종 및 작업 시 안전수칙으로 잘못된 것은?

① 버킷에 토사를 채우지 않았으면 항상 높이 들고 이동한다.

② 후진 시에는 반드시 뒤를 살핀다.

③ 앞바퀴를 교환 시에는 버킷으로 지면을 누르고 고임목을 고이도록 한다.

④ 버킷에 토사를 담아 급한 경사지를 내려갈 때에는 후진한다.

66. 로더의 조종 및 작업 시 안전수칙으로 잘못된 것은?

① 로더에는 조종사 이외는 승차 금지를 시킨다.

② 연속으로 사용하는 로더는 일상점검을 생략하도록 한다.

③ 로더를 사용하지 않을 때에는 버킷을 지면에 내려놓는다.

④ 타이어나 차축을 수리할 때에는 반드시 고임목을 고인다.

해설 작업이 종료된 후에는 일상점검을 하고, 내·외부를 청소하여야 한다.

67. 로더를 사용하여 적재물을 운반할 때 주의사항으로 옳은 것은?

① 버킷을 1.5m 이상 올려 운행한다.

② 하중을 버킷의 한 곳에 집중시킨다.

③ 고압선 아래에서는 버킷을 최대한 올려 차실을 보호하며 운행한다.

④ 로더가 전방으로 전도되면 즉시 버킷을 하강시켜 균형을 유지하도록 한다.

68. 타이어형 로더로 바위가 있는 현장에서 작업할 때 주의사항으로 틀린 것은?

① 슬립(slip)이 일어나지 않도록 한다.

② 타이어 공기압을 높여 준다.

③ 컷(cut) 방지용 타이어를 사용한다.

④ 홈이 깊은 타이어를 사용한다.

해설 바위가 있는 현장에서 작업할 때에는 타이어의 슬립이 일어나지 않도록 하고, 컷 방지용 타이어나 홈이 깊은 타이어를 사용한다.

69. 타이어형 로더로 발파된 돌덩어리를 상차 작업을 할 때 주의사항으로 잘못된 것은?

① 발파 후 즉시 작업을 시작하지 않는다.

② 불안정한 돌무더기는 무너뜨리고 굴착 및 상차 작업을 한다.

③ 암석지에서는 고속으로 진입하여 작업 능률을 높인다.

④ 암석지에서는 고속진입을 금한다.

70. 로더를 경사지에서 주행할 때 주의해야 할 사항으로 틀린 것은?

① 방향전환을 위해 급선회하지 않는다.

② 주행속도 스위치를 저속으로 하여 서행한다.

③ 불가피한 정차 시 버킷을 지면에 내리고 고임목을 받쳐 준다.

④ 경사지에서의 작업은 위험하므로 작업허용 운전 경사각 30°를 초과하면 안 된다.

71. 무한궤도형 로더로 진흙탕이나 수중 작업을 할 때 관련된 사항으로 틀린 것은?

① 작업 전에 기어실과 클러치 실 등의 드레인 플러그 조임 상태를 확인한다.
② 습지용 슈를 사용했으면 주행장치의 베어링에 주유하지 않는다.
③ 작업 후에는 세차를 하고 각 베어링에 주유를 한다.
④ 작업 후 기어실과 클러치실의 드레인 플러그를 열어 물의 침입을 확인한다.

해설 진흙탕이나 수중 작업을 할 때 작업 종료 후 세차할 때에는 물에 젖은 부분을 마른걸레로 닦은 후 오일을 바르고 그리스(grease)를 주입하거나 바른다.

72. 타이어의 과마모를 일으키는 운전 방법이 아닌 것은?

① 부하를 걸지 않은 주행
② 빈번한 급출발과 급제동
③ 과도한 브레이크를 사용
④ 도랑 등 홈이 파인 곳에 타이어 측면이 닿은 상태로 작업

해설 타이어의 과마모를 일으키는 운전 방법 : 급격하게 부하를 가한 상태의 주행, 빈번한 급출발과 급제동, 과도한 브레이크를 사용, 도랑 등 홈이 파인 곳에 타이어 측면이 닿은 상태로 작업

73. 타이어식 로더의 앞 타이어를 손쉽게 교환할 수 있는 방법은?

① 뒤 타이어를 빼고 장비를 기울여서 교환한다.
② 버킷을 들고 작업을 한다.
③ 잭으로만 고인다.
④ 버킷을 이용하여 차체를 들고 잭을 고인다.

해설 앞 타이어를 교환할 때에는 버킷을 이용하여 차체를 들고 잭(jack)을 고인 후 작업한다.

74. 로더의 에어 컴프레서 내에서 순환하는 오일은?

① 기어오일   ② 유압오일
③ 엔진오일   ④ 트랜스미션 오일

해설 에어 컴프레서 내에서 순환하는 오일은 엔진 오일이다.

75. 하부구동장치의 점검 및 정비 조치사항으로 적합하지 않은 것은?

① 슈의 마모가 심하면 교환해야 한다.
② 스프로켓에 균열이 있을 시 교환해야 한다.
③ 트랙의 장력이 느슨하면 그리스를 주입하여 조절한다.
④ 트랙의 장력이 너무 팽팽하면 벗겨질 위험이 있기 때문에 조정해야 한다.

해설 트랙의 장력이 너무 느슨하면 벗겨질 위험이 있기 때문에 조정해야 한다.

76. 로더의 일일점검 사항이 아닌 것은?

① 종감속기어 오일량
② 연료탱크 연료량
③ 엔진 오일량
④ 냉각수량

77. 타이어식 로더의 운전 전 점검사항이 아닌 것은?

① 작동유 레벨 점검
② 타이어 공기압 점검
③ 트랜스미션 오일압력 점검

④ 버킷 투스 상태 점검

78. 로더의 작업 시작 전 점검 및 준비사항이 아닌 것은?

① 운전자 매뉴얼의 숙지
② 공사의 내용 및 절차 파악
③ 엔진오일 교환 및 연료의 보충
④ 작동유 누유와 냉각수 누수 점검

79. 로더 작업의 종료 후, 주차 시 조치사항으로 틀린 것은?

① 주차 브레이크를 작동시킨다.
② 변속기 컨트롤 레버를 중립위치에 놓는다.
③ 버킷을 지면에서 약 40cm를 유지한다.
④ 기관을 정지시키고 반드시 시동키를 뽑는다.

해설 주차시킬 때에는 버킷을 지면에 내려놓는다.

80. 타이어형 로더를 트레일러에 상·하차하는 방법으로 틀린 것은?

① 언덕을 이용한다.
② 기중기를 이용한다.
③ 상·하차대를 이용한다.
④ 타이어를 받침으로 이용한다.

해설 트레일러에 상·하차하는 방법 : 언덕을 이용하는 방법, 기중기를 이용하는 방법, 상·하차대를 이용하는 방법

81. 기계식 스키드 로더로 덤프 작업을 할 때 올바른 버킷 조종법은?

① 페달의 뒷부분을 누른다.
② 페달의 앞부분을 누른다.
③ 레버를 앞으로 민다.
④ 레버를 뒤로 당긴다.

해설 스키드 로더로 덤프 작업을 할 때에는 페달의 앞부분을 누른다.

로더
운전기능사

제5편

건설기계 유압장치

제1장 유압의 개요

제2장 유압유(작동유)

제3장 유압장치

제4장 유압 회로 및 기호

유압의 개요

1-1 액체의 성질

① 기체는 압력을 가하면 압축되지만, 액체는 압력을 가해도 압축되지 않는다.
② 액체는 힘과 운동을 전달할 수 있다.
③ 액체는 힘을 증대시킬 수 있다.
④ 액체는 작용력을 감소시킬 수 있다.

1-2 유압장치의 정의

유압장치는 유압유의 압력에너지(유압)를 이용하여 기계적인 일(유압 실린더와 유압 모터의 작동)을 하도록 하는 기계이다.

1-3 파스칼(Pascal)의 원리

① 밀폐된 용기 내의 한 부분에 가해진 압력은 액체 내의 모든 부분에 동일한 압력으로 전달된다.
② 정지된 액체의 한 점에 있어서의 압력의 크기는 모든 방향에 대하여 동일하다.
③ 정지된 액체에 접하고 있는 면에 가해진 압력은 그 면에 수직으로 작용한다.

1-4 압력

① 압력이란 단위면적에 작용하는 힘, 즉 압력 $= \dfrac{\text{가해진 힘}}{\text{단면적}}$이며, 단위는 kgf/cm², PSI, Pa(kPa, MPa), mmHg, bar, atm, mAq 등을 사용한다.

② 압력에 영향을 주는 요소는 유압유의 유량, 유압유의 점도, 파이프 지름의 크기 등이 있다.

1-5 유량

① 유량이란 유압장치 내에서 이동되는 유압유의 양이다. 즉 단위시간에 이동하는 유압유의 체적이다.

② 단위는 GPM(gallon per minute) 또는 LPM(L/min, liter per minute)을 사용한다.

1-6 유압장치의 장점 및 단점

(1) 유압장치의 장점

① 작은 동력원으로 큰 힘을 낼 수 있다.

② 과부하 방지가 간단하고 정확하다.

③ 운동방향을 쉽게 변경할 수 있다.

④ 정확한 위치제어가 가능하다.

⑤ 힘의 전달 및 증폭과 연속적 제어가 쉽다.

⑥ 무단변속이 가능하고 작동이 원활하다.

⑦ 원격제어가 가능하고, 속도제어가 쉽다.

⑧ 윤활성, 내마멸성, 방청성이 좋다.

⑨ 에너지 축적이 가능하다.

(2) 유압장치의 단점

① 유압유 온도의 영향에 따라 정밀한 속도와 제어가 곤란하다.

② 유압유의 온도에 따라서 점도가 변하므로 기계의 속도가 변한다.

③ 회로구성이 어렵고 누설되는 경우가 있다.

④ 유압유는 가연성이 있어 화재의 위험이 있다.

⑤ 폐유에 의해 주변 환경이 오염될 수 있다.

⑥ 에너지의 손실이 크고, 관로를 연결하는 곳에서 유압유가 누출될 우려가 있다.

⑦ 고압 사용으로 인한 위험성 및 이물질에 민감하다.

⑧ 구조가 복잡하므로 고장 원인의 발견이 어렵다.

제 2 장

유압유(작동유)

2-1 유압유의 점도

점도는 점성의 정도를 나타내는 척도이며, 유압유의 점도는 온도가 올라가면 낮아지고 온도가 내려가면 높아진다.

(1) 유압유의 점도가 높을 때의 영향

① 유압이 높아지므로 유동저항이 커져 압력손실이 증가한다.
② 내부마찰이 증가하므로 동력손실이 증가한다.
③ 열 발생의 원인이 될 수 있다.

(2) 유압유의 점도가 낮을 때의 영향

① 유압장치(회로) 내의 유압이 낮아진다.
② 유압 펌프의 효율이 저하된다.
③ 유압 실린더와 유압 모터의 작동속도가 늦어진다.
④ 유압 실린더 · 유압 모터 및 제어밸브에서 누출현상이 발생한다.

> **참고** 유압유에 점도가 서로 다른 2종류의 오일을 혼합하면 열화 현상을 촉진시킨다.

2-2 유압유의 구비조건

① 내열성이 크고, 인화점 및 발화점이 높아야 한다.
② 점성과 적절한 유동성이 있어야 한다.
③ 점도지수 및 체적탄성계수가 커야 한다.
④ 압축성, 밀도, 열팽창계수가 작아야 한다.
⑤ 화학적 안정성(산화 안정성)이 커야 한다.
⑥ 기포분리 성능(소포성)이 커야 한다.

2-3 유압유 첨가제

유압유 첨가제에는 산화방지제, 유성향상제, 마모방지제, 소포제(거품 방지제), 유동점 강하제, 점도지수 향상제 등이 있다.

2-4 유압유에 수분이 미치는 영향

유압유에 수분이 생성되는 주원인은 공기혼입 때문이며, 유압유에 수분이 유입되었을 때의 영향은 다음과 같다.
① 유압유의 산화와 열화를 촉진시킨다.
② 유압장치의 내마모성을 저하시킨다.
③ 유압유의 윤활성 및 방청성을 저하시킨다.
④ 수분함유 여부는 가열한 철판 위에 유압유를 떨어뜨려 점검한다.

2-5 유압유 열화 판정 방법

① 자극적인 악취유무를 확인(냄새로 확인)한다.
② 수분이나 침전물의 유무를 확인한다.
③ 점도상태 및 색깔의 변화를 확인한다.
④ 흔들었을 때 생기는 거품이 없어지는 양상을 확인한다.
⑤ 유압유 교환을 판단하는 조건은 점도의 변화, 색깔의 변화, 수분의 함유 여부이다.

2-6 유압유의 온도

① 유압유의 정상작동 온도범위는 40~80℃ 정도이다.
② 난기운전 후 유압유의 온도범위는 25~30℃ 정도이다.
③ 최저허용 유압유의 온도범위는 40℃ 정도이다.
④ 최고허용 유압유의 온도범위는 80℃ 정도이다.
⑤ 열화가 발생하기 시작하는 유압유의 온도범위는 100℃ 이상이다.

2-7 유압장치의 이상 현상

(1) 캐비테이션(cavitation, 공동현상)

캐비테이션은 유압이 진공에 가까워짐으로써 저압 부분에서 기포가 발생하며, 기포가 파괴되어 국부적인 고압이나 소음과 진동이 발생하고, 양정과 효율이 저하되는 현상이다.

(2) 서지압(surge pressure)

서지압이란 과도적으로 발생하는 이상 압력의 최댓값이다. 즉 유압 회로 내의 제어밸브를 갑자기 닫았을 때(작업제어레버를 중립으로 하였을 때), 유압유의 속도 에너지가 압력 에너지로 변화하면서 일시적으로 큰 압력 증가가 발생하는 현상이다.

(3) 유압 실린더의 숨 돌리기 현상

유압 실린더 숨 돌리기 현상은 유압유의 공급이 부족할 때 발생하며, 이 현상이 발생하면 작동시간의 지연이 생겨 피스톤 작동이 불안정하게 되고, 서지압이 발생한다.

로더
운전기능사

출제 예상 문제

01. 건설기계의 유압장치를 가장 적절히 표현한 것은?

① 유압유를 이용하여 전기를 생산하는 장치이다.

② 유압유의 유압 에너지를 이용하여 기계적인 일을 하도록 하는 장치이다.

③ 유압유의 연소 에너지를 통해 동력을 생산하는 장치이다.

④ 기체를 액체로 전환시키기 위하여 압축하는 장치이다.

해설 유압장치란 유압유의 유압 에너지를 이용하여 기계적인 일을 하도록 하는 것이다.

02. 파스칼의 원리와 관련된 설명이 아닌 것은?

① 밀폐된 용기 내의 한 부분에 가해진 압력은 액체 내의 모든 부분에 같은 압력으로 전달된다.

② 정지된 액체의 한 점에 있어서의 압력의 크기는 모든 방향에 대하여 동일하다.

③ 정지된 액체에 접하고 있는 면에 가해진 압력은 그 면에 수직으로 작용한다.

④ 점성이 없는 비압축성 유체에서 압력에너지, 위치에너지, 운동에너지의 합은 같다.

해설 **파스칼의 원리(Pascal's principle)**

㉠ 밀폐된 용기 속의 액체 일부에 가해진 압력은 액체 내의 모든 부분에 같은 압력으로 전달된다.

㉡ 정지된 액체의 한 점에 있어서의 압력의 크기는 모든 방향에 대하여 동일하다.

㉢ 정지된 액체에 접하고 있는 면에 가해진 압력은 그 면에 수직으로 작용한다.

03. 유압의 압력을 올바르게 나타낸 것은?

① 압력 = 단면적×가해진 힘

② 압력 = $\dfrac{\text{가해진 힘}}{\text{단면적}}$

③ 압력 = $\dfrac{\text{단면적}}{\text{가해진 힘}}$

④ 압력 = 가해진 힘－단면적

해설 압력 = 가해진 힘÷단면적,

즉 압력 = $\dfrac{\text{가해진 힘}}{\text{단면적}}$

04. 압력단위가 아닌 것은?

① N·m ② atm ③ Pa ④ bar

해설 압력의 단위에는 kgf/cm², PSI, atm, Pa(kPa, MPa), mmHg, bar, atm, mAq 등이 있다.

05. 각종 압력을 설명한 것으로 틀린 것은?

① 계기압력 : 대기압을 기준으로 한 압력

② 절대압력 : 완전진공을 기준으로 한 압력

③ 대기압력 : 절대압력과 계기압력을 곱한 압력

④ 진공압력 : 대기압 이하의 압력, 즉 음(－)의 계기압력

해설 대기압력이란 지상에서 관측한 기압이며, 지면에서 대기의 상단에 이르는 단위면적의 수직인 기주(氣柱)의 무게이다. 기압의 단위는 헥토파스칼(hPa)을 사용한다.

06. 유압유의 압력에 영향을 주는 요소로 가장 관계가 적은 것은?

① 유압유의 점도
② 관로의 직경
③ 유압유의 유량
④ 오일탱크 용량

해설 압력에 영향을 주는 요소는 유압유의 유량, 유압유의 점도, 관로직경의 크기이다.

07. 유압장치 관련 용어에서 GPM이 나타내는 것은?

① 복동 실린더의 치수를 말한다.
② 유압장치 내에서 형성되는 압력의 크기를 말한다.
③ 유압유 흐름에 대한 저항의 세기를 말한다.
④ 유압장치 내에서 이동되는 유압유의 양을 말한다.

해설 GPM(gallon per minute)이란 유압장치 내에서 단위시간에 이동되는 유압유의 양. 즉 분당 토출하는 유압유의 양이다.

08. 유압장치의 장점이 아닌 것은?

① 과부하 방지가 간단하고 정확하다.
② 유압유의 온도가 변하면 속도가 변한다.
③ 소형으로 힘이 강력하다.
④ 무단변속이 가능하고 작동이 원활하다.

해설 유압장치는 유압유의 온도에 따라서 점도가 변하므로 유압기계의 속도가 변화하는 단점이 있다.

09. 유압장치의 단점에 대한 설명 중 틀린 것은?

① 유압유 누유로 인해 환경오염을 유발할 수 있다.

② 전기·전자의 조합으로 자동제어가 곤란하다.
③ 관로를 연결하는 곳에서 작동유가 누출될 수 있다.
④ 고압사용으로 인한 위험성이 존재한다.

해설 유압장치는 전기·전자의 조합으로 자동제어가 가능하다.

10. 유압유에 대한 설명으로 틀린 것은?

① 점도는 압력손실에 영향을 미친다.
② 점도지수가 낮아야 한다.
③ 마찰 부분의 윤활작용 및 냉각작용도 한다.
④ 공기가 혼입되면 유압기기의 성능은 저하된다.

해설 유압유는 점도지수가 높아야 한다.

11. 유압유의 점도에 대한 설명으로 틀린 것은?

① 온도가 상승하면 점도는 낮아진다.
② 점성의 정도를 표시하는 값이다.
③ 점도가 낮아지면 유압이 떨어진다.
④ 점성계수를 밀도로 나눈 값이다.

해설 유압유의 점도란 점성의 정도를 표시하는 값이며, 온도가 상승하면 점도는 낮아지고, 점도가 낮아지면 유압이 떨어진다.

12. 유압유의 점도가 지나치게 높았을 때 나타나는 현상이 아닌 것은?

① 내부마찰이 증가하고, 압력이 상승한다.
② 유압유 누설이 증가한다.
③ 동력손실이 증가하여 기계효율이 감소한다.
④ 유동저항이 커져 압력손실이 증가한다.

해설 유압유의 점도가 너무 낮으면 누출이 증가한다.

13. 〈보기〉에서 유압장치에 사용되는 유압유의 점도가 너무 낮을 경우 나타날 수 있는 현상으로 모두 맞는 것은?

┌─| 보기 |─────────────────┐
㉮ 유압 펌프의 효율이 저하한다.
㉯ 유압 실린더 및 컨트롤밸브에서 누출현상이 발생한다.
㉰ 유압계통(회로) 내의 압력이 저하된다.
㉱ 시동저항이 증가한다.
└───────────────────────┘

① ㉮, ㉯, ㉰ 　② ㉮, ㉯, ㉱
③ ㉯, ㉰, ㉱ 　④ ㉮, ㉰, ㉱

해설 유압유의 점도가 너무 낮을 경우 : 유압 펌프의 효율 저하, 유압유의 누설 증가, 유압계통(회로) 내의 압력 저하, 유압장치의 작동속도가 늦어짐

14. 작동유가 넓은 온도범위에서 사용되기 위한 조건으로 가장 알맞은 것은?

① 산화작용이 양호해야 한다.
② 점도지수가 높아야 한다.
③ 소포성이 좋아야 한다.
④ 유성이 커야 한다.

해설 작동유가 넓은 온도범위에서 사용되기 위해서는 점도지수가 높아야 한다.

15. 유압유에 점도가 서로 다른 2종류의 오일을 혼합하였을 경우에 대한 설명으로 맞는 것은?

① 유압유 첨가제의 좋은 부분만 작동하므로 오히려 더욱 좋다.
② 점도가 달리지나 사용에는 전혀 지장이 없다.

③ 혼합은 권장사항이며, 사용에는 전혀 지장이 없다.
④ 열화현상을 촉진시킨다.

해설 유압유에 점도가 서로 다른 2종류의 오일을 혼합하면 열화현상을 촉진시킨다.

16. 작동유의 주요기능이 아닌 것은?

① 윤활작용 　② 냉각작용
③ 압축작용 　④ 동력전달 기능

해설 작동유의 주요기능은 동력전달 기능, 윤활작용, 냉각작용이다.

17. 〈보기〉에서 유압유가 갖추어야 할 조건으로 모두 맞는 것은?

┌─| 보기 |─────────────────┐
㉮ 압력에 대해 비압축성일 것
㉯ 밀도가 작을 것
㉰ 열팽창계수가 작을 것
㉱ 체적탄성계수가 작을 것
㉲ 점도지수가 낮을 것
㉳ 발화점이 높을 것
└───────────────────────┘

① ㉮, ㉯, ㉰, ㉱ 　② ㉯, ㉰, ㉲, ㉳
③ ㉯, ㉱, ㉲, ㉳ 　④ ㉮, ㉯, ㉰, ㉳

해설 유압유가 갖추어야 할 조건 : 압력에 대해 비압축성일 것, 밀도가 작을 것, 열팽창계수가 작을 것, 체적탄성계수가 클 것, 점도지수가 높을 것, 인화점과 발화점이 높을 것

18. 유압유의 첨가제가 아닌 것은?

① 마모방지제 　② 유동점 강하제
③ 산화방지제 　④ 점도지수 방지제

해설 유압유 첨가제에는 마모방지제, 점도지수 향상제, 산화방지제, 소포제(기포 방지제), 유성 향상제, 유동점 강하제 등이 있다.

19. 금속 사이의 마찰을 방지하기 위한 방안으로 마찰계수를 저하시키기 위하여 사용되는 첨가제는?

① 방청제
② 유성향상제
③ 점도지수 향상제
④ 유동점 강하제

해설 유성향상제는 금속 사이의 마찰을 방지하기 위한 방안으로 마찰계수를 저하시키기 위하여 사용되는 첨가제이다.

20. 난연성 작동유의 종류에 해당하지 않는 것은?

① 석유계 작동유
② 유중수형 작동유
③ 물–글리콜형 작동유
④ 인산 에스텔형 작동유

해설 난연성 작동유의 종류에는 유중수형 작동유, 물–글리콜형 작동유, 인산–에스텔형 작동유 등이 있다.

21. 유압유를 외관상 점검한 결과 정상적인 상태를 나타내는 것은?

① 투명한 색채로 처음과 변화가 없다.
② 암흑색채이다.
③ 흰 색채를 나타낸다.
④ 기포가 발생되어 있다.

해설 정상적인 유압유는 외관상 투명한 색채로 처음과 변화가 없어야 한다.

22. 유압유의 점검사항과 관계없는 것은?

① 점도   ② 마멸성
③ 소포성   ④ 윤활성

해설 유압유의 점검사항은 점도, 내마멸성, 소포성, 윤활성이다.

23. 유압유에 수분이 미치는 영향이 아닌 것은?

① 유압유의 윤활성을 저하시킨다.
② 유압유의 방청성을 저하시킨다.
③ 유압유의 내마모성을 향상시킨다.
④ 유압유의 산화와 열화를 촉진시킨다.

해설 유압유에 수분이 혼입되면 윤활성, 방청성, 내마모성을 저하시키고, 산화와 열화를 촉진시킨다.

24. 사용 중인 작동유의 수분함유 여부를 현장에서 판정하는 것으로 가장 적합한 방법은?

① 작동유를 가열한 철판 위에 떨어뜨려 본다.
② 작동유를 시험관에 담아, 침전물을 확인한다.
③ 여과지에 약간(3~4방울)의 작동유를 떨어뜨려 본다.
④ 작동유의 냄새를 맡아 본다.

해설 가열한 철판 위에 작동유를 떨어뜨려 보아 수분함유 여부를 판정한다.

25. 유압장치에서 유압유에 거품이 생기는 원인으로 가장 거리가 먼 것은?

① 오일 탱크와 유압 펌프 사이에 공기가 유입될 때
② 유압유가 부족하여 공기가 일부 흡입되었을 때
③ 유압 펌프 축 주위의 흡입 쪽 실(seal)이 손상되었을 때
④ 유압유의 점도지수가 클 때

26. 현장에서 작동유의 열화를 찾아내는 방법이 아닌 것은?

정답 19 ②   20 ①   21 ①   22 ②   23 ③   24 ①   25 ④   26 ②

① 색깔의 변화나 수분, 침전물의 유무 확인
② 작동유를 가열하였을 때 냉각되는 시간 확인
③ 자극적인 악취 유무 확인
④ 흔들었을 때 생기는 거품이 없어지는 양상 확인

해설 작동유의 열화를 판정하는 방법 : 점도상태로 확인, 색깔의 변화나 수분, 침전물의 유무 확인, 자극적인 악취 유무 확인(냄새로 확인), 흔들었을 때 생기는 거품이 없어지는 양상 확인

27. 유압유의 노화촉진 원인이 아닌 것은?
① 유온이 높을 때
② 다른 오일이 혼입되었을 때
③ 수분이 혼입되었을 때
④ 플러싱을 했을 때

해설 플러싱(flushing)이란 유압유가 노화되었을 때 유압장치 내부를 세척하는 작업이다.

28. 유압유의 열화를 촉진시키는 가장 직접적인 요인은?
① 유압유의 온도가 상승하였을 때
② 배관에 사용되는 금속의 강도가 약화되었을 때
③ 공기 중의 습도가 저하되었을 때
④ 유압 펌프를 고속으로 회전시켰을 때

해설 유압유의 온도가 상승하면 열화가 촉진된다.

29. 유압유 교환을 판단하는 조건이 아닌 것은?
① 유압유 점도의 변화
② 유압유 색깔의 변화
③ 유압유 수분의 함량
④ 유량의 감소

30. 유압유를 교환하고자 할 때 선택조건으로 가장 적합한 것은?
① 유명 정유회사 유압유
② 가장 가격이 비싼 유압유
③ 제작회사에서 해당 건설기계에 추천하는 유압유
④ 시중에서 쉽게 구입할 수 있는 유압유

31. 유압 회로에서 작동유의 정상작동 온도에 해당되는 것은?
① 5~10℃   ② 40~80℃
③ 112~115℃   ④ 125~140℃

해설 작동유의 정상작동 온도범위는 40~80℃ 정도이다.

32. 유압유의 온도상승 원인에 해당하지 않는 것은?
① 유압유의 점도가 너무 높을 때
② 유압 모터 내에서 내부마찰이 발생될 때
③ 유압 회로 내의 작동압력이 너무 낮을 때
④ 유압 회로 내에서 공동현상이 발생될 때

해설 유압 회로 내의 작동압력이 너무 높으면 유압유의 온도가 상승한다.

33. 유압유의 온도가 상승할 때 나타날 수 있는 결과가 아닌 것은?
① 유압유의 누설이 발생한다.
② 유압 펌프의 효율이 저하한다.
③ 유압유의 점도가 상승한다.
④ 유압제어밸브의 기능이 저하한다.

해설 유압유의 온도가 상승하면 유압유의 열화를 촉진하고, 유압유의 점도가 낮아져 누설이 일어나며, 유압 펌프의 효율과 유압제어밸브의 기능이 저하된다.

34. 유압유 관내에 공기가 혼입되었을 때 일 어날 수 있는 현상이 아닌 것은?

① 기화현상
② 열화현상
③ 공동현상
④ 숨 돌리기 현상

해설 관로에 공기가 침입하면 실린더 숨 돌리기 현상, 열화 촉진현상, 공동현상 등이 발생한다.

35. 유압장치 내부에 국부적으로 높은 압력 이 발생하여 소음과 진동이 발생하는 현상은?

① 오리피스
② 벤트포트
③ 캐비테이션
④ 노이즈

해설 캐비테이션(공동현상)은 저압 부분의 유압이 진공에 가까워짐으로써 기포가 발생하며, 기포가 파괴되어 국부적인 고압이나 소음과 진동이 발생하고, 양정과 효율이 저하되는 현상이다.

36. 공동(cavitation)현상이 발생하였을 때의 영향 중 가장 거리가 먼 것은?

① 체적효율이 감소한다.
② 고압 부분의 기포가 과포화 상태로 된다.
③ 최고압력이 발생하여 급격한 압력파가 일어난다.
④ 유압장치 내부에 국부적인 고압이 발생하여 소음과 진동이 발생된다.

해설 공동현상이 발생하면 저압 부분의 기포가 과포화 상태로 된다.

37. 유압 회로 내에서 서지압(surge pressure) 이란?

① 과도적으로 발생하는 이상 압력의 최댓값
② 과도적으로 발생하는 이상 압력의 최솟값
③ 정상적으로 발생하는 압력의 최댓값
④ 정상적으로 발생하는 압력의 최솟값

해설 서지압이란 유압 회로에서 과도하게 발생하는 이상 압력의 최댓값이다.

38. 유압 회로 내의 밸브를 갑자기 닫았을 때, 유압유의 속도 에너지가 압력 에너지로 변하면서 일시적으로 큰 압력 증가가 생기는 현상을 무엇이라 하는가?

① 캐비테이션(cavitation) 현상
② 서지(surge) 현상
③ 채터링(chattering) 현상
④ 에어레이션(aeration) 현상

해설 서지 현상은 유압 회로 내의 밸브를 갑자기 닫았을 때, 유압유의 속도 에너지가 압력 에너지로 변화하면서 일시적으로 큰 압력 증가가 발생하는 현상이다.

39. 유압 실린더에서 숨 돌리기 현상이 생겼을 때 일어나는 현상이 아닌 것은?

① 작동지연 현상이 생긴다.
② 피스톤 동작이 정지된다.
③ 유압유의 공급이 과대해진다.
④ 작동이 불안정하게 된다.

해설 숨 돌리기 현상은 유압유의 공급이 부족할 때 발생한다.

유압장치

유압장치(hydraulic system)는 유압구동장치(기관 또는 전동기), 유압발생장치(유압 펌프), 유압제어장치(유압제어 밸브)로 구성되어 있다.

3-1 오일 탱크(hydraulic oil tank)

(1) 오일 탱크의 구조

① 오일 탱크는 주입구 캡, 유면계, 격판(배플), 스트레이너, 드레인 플러그 등으로 구 성되어 있으며, 유압유를 저장하는 장치이다.

② 유압 펌프 흡입구멍에는 스트레이너를 설치하며, 흡입구멍은 오일 탱크 가장 밑면 과 어느 정도 공간을 두고 설치하여야 한다.

③ 유압 펌프 흡입구멍과 탱크로의 귀환구멍(복귀구멍) 사이에는 격판(baffle plate)을 설치한다.

④ 유압 펌프 흡입구멍은 탱크로의 귀환구멍(복귀구멍)으로부터 가능한 한 멀리 떨어 진 위치에 설치한다.

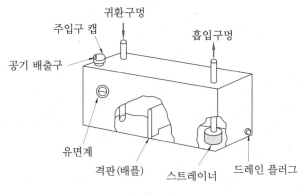

오일 탱크의 구조

(2) 오일 탱크의 기능

① 스트레이너가 설치되어 있어 유압장치 내로 불순물이 혼입되는 것을 방지한다.

② 오일 탱크 외벽으로의 열 방출에 의해 적정온도를 유지할 수 있다.

③ 격판(배플)을 설치하여 유압유의 출렁거림을 방지하고, 기포 발생 방지 및 제거 작용을 한다.

3-2 유압 펌프(hydraulic pump)

1 유압 펌프의 개요

① 동력원(내연기관, 전동기 등)으로부터의 기계적인 에너지를 이용하여 유압유에 압력에너지를 부여하는 장치이다.

② 동력원과 커플링으로 직결되어 있어 동력원이 회전하는 동안에는 항상 회전하여 오일 탱크 내의 유압유를 흡입하여 제어밸브로 보낸다.

③ 종류에는 기어 펌프, 베인 펌프, 피스톤(플런저) 펌프, 나사 펌프, 트로코이드 펌프 등이 있다.

④ 정용량형은 토출유량을 변화시키려면 유압 펌프의 회전속도를 바꾸어야 하는 형식이다.

⑤ 가변용량형은 작동 중 유압 펌프의 회전속도를 바꾸지 않고도 토출유량을 변환시킬 수 있는 형식이다.

2 유압 펌프의 종류와 특징

(1) 기어 펌프(gear pump)

① **기어 펌프의 개요**

기어 펌프의 종류에는 외접기어 펌프와 내접기어 펌프가 있으며, 회전속도에 따라 흐름용량(유량)이 변화하는 정용량형이다.

② **기어 펌프의 장점 및 단점**

기어 펌프의 장점	기어 펌프의 단점
• 소형이며 구조가 간단해 제작이 쉽다.	• 수명이 비교적 짧다.
• 가혹한 조건에 잘 견디고, 고속회전이 가능하다.	• 토출유량의 맥동이 커 소음과 진동이 크다.
• 흡입성능이 우수해 유압유의 기포 발생이 적다.	• 펌프효율이 낮다.
	• 대용량 및 초고압 유압 펌프로 하기가 어렵다.

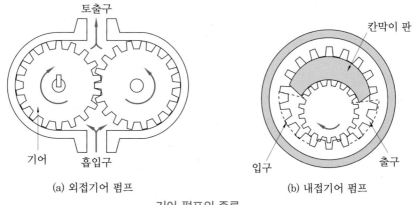

(a) 외접기어 펌프   (b) 내접기어 펌프

기어 펌프의 종류

③ 외접기어 펌프의 폐입(폐쇄) 현상

(가) 토출된 유압유 일부가 입구 쪽으로 귀환하여 토출유량 감소, 축동력 증가 및 케이싱 마모, 기포 발생 등의 원인을 유발하는 현상이다.

(나) 소음과 진동의 원인이 되며, 폐쇄된 부분의 유압유는 압축이나 팽창을 받는다.

(다) 기어 측면에 접하는 펌프 측판(side plate)에 릴리프 홈을 만들어 방지한다.

(2) 베인 펌프(vane pump)

① 베인 펌프의 개요

(가) 베인 펌프는 캠링(케이스), 로터(회전자), 베인(날개)으로 구성되어 있다.

(나) 로터를 회전시키면 베인과 캠링(케이싱)의 내벽과 밀착된 상태가 되므로 기밀을 유지한다.

(다) 정용량형과 가변용량형이 있으며, 토크(torque)가 안정되어 있다.

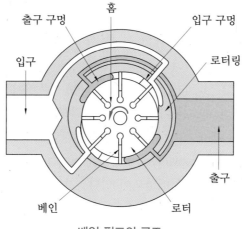

베인 펌프의 구조

② 베인 펌프의 장점 및 단점

베인 펌프의 장점	베인 펌프의 단점
• 소형 · 경량이며, 구조가 간단하고 성능이 좋다. • 수명이 길며 장시간 안정된 성능을 발휘할 수 있다. • 토출압력의 맥동과 소음이 적다. • 베인의 마모에 의한 압력 저하가 발생하지 않는다. • 수리 및 관리가 쉽다.	• 제작할 때 높은 정밀도가 요구된다. • 유압유의 오염에 주의해야 한다. • 흡입 진공도가 허용한도 이하이어야 한다. • 유압유의 점도에 제한을 받는다.

(3) 플런저(피스톤) 펌프(plunger or piston pump)

① 플런저 펌프의 개요

㉮ 구동축이 회전운동을 하면 플런저(피스톤)가 실린더 내를 왕복운동을 하면서 펌프작용을 한다.

㉯ 맥동적 출력을 하지만 다른 유압 펌프에 비하여 최고압력의 토출이 가능하고, 효율에서도 전체 압력범위가 높다.

② 플런저 펌프의 장점 및 단점

플런저 펌프의 장점	플런저 펌프의 단점
• 플런저(피스톤)가 직선운동을 한다. • 축은 회전 또는 왕복운동을 한다. • 토출유량의 변화범위가 크다. 즉 가변용량에 적합하다.	• 구조가 복잡하여 수리가 어렵다. • 가격이 비싸다. • 베어링에 가해지는 부하가 크다.

③ 플런저 펌프의 분류

㉮ 액시얼형 플런저 펌프(axial type plunger pump) : 플런저를 유압 펌프 축과 평행하게 설치하며, 플런저(피스톤)가 경사판에 연결되어 회전한다. 경사판의 기능은 유압 펌프의 용량조절이며, 유압 펌프 중에서 발생유압이 가장 높다.

㉯ 레이디얼형 플런저 펌프(radial type plunger pump) : 플런저가 유압 펌프 축에 직각으로, 즉 반지름 방향으로 배열되어 있다. 기본 작동은 간단하지만 구조가 복잡하다.

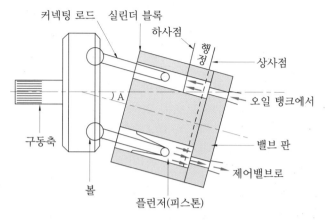

커넥팅 로드　실린더 블록

하사점

행정

상사점

오일 탱크에서

밸브 판

제어밸브로

구동축

볼

플런저(피스톤)

액시얼형 플런저 펌프의 구조

③ 유압 펌프의 용량 표시 방법

① 주어진 압력과 그때의 토출유량으로 표시한다.
② 토출유량의 단위는 LPM(L/min)이나 GPM(gallon per minute)을 사용한다.

3-3　제어밸브(control valve)

유압유의 압력, 유량 또는 방향을 제어하는 밸브의 총칭이다.
① **압력제어밸브** : 일의 크기를 결정한다.
② **유량제어밸브** : 일의 속도를 결정한다.
③ **방향제어밸브** : 일의 방향을 결정한다.

1 압력제어밸브

(1) 압력제어밸브의 기능

압력제어밸브는 유압 회로 중 유압을 일정하게 유지하거나 최고압력을 제한한다.

(2) 압력제어밸브의 종류

종류에는 릴리프 밸브, 감압(리듀싱) 밸브, 시퀀스 밸브, 무부하(언로더) 밸브, 카운터
밸런스 밸브 등이 있다.

① 릴리프 밸브(relief valve)

(개) 릴리프 밸브는 유압 펌프 출구와 제어밸브 입구 사이, 즉 유압 펌프와 방향제어 밸브 사이에 설치된다.

(내) 유압장치 내의 압력을 일정하게 유지하고, 최고압력을 제한하여 회로를 보호하며, 과부하 방지와 유압기기의 보호를 위하여 최고압력을 규제한다.

참고 **크랭킹 압력과 채터링**

- 크랭킹 압력 : 릴리프 밸브에서 포핏밸브를 밀어 올려 유압유가 흐르기 시작할 때의 압력이다.
- 채터링(chattering) : 릴리프 밸브의 볼(ball)이 밸브의 시트를 때려 소음을 발생시키는 현상이다.

---

② 감압 밸브(리듀싱 밸브, reducing valve)

(개) 감압 밸브는 상시개방(열림) 상태로 되어 있다가 출구(2차 쪽)의 압력이 감압밸브의 설정압력보다 높아지면 밸브가 작용하여 유압 회로를 닫는댜.

(내) 회로 일부의 압력을 릴리프 밸브의 설정압력 이하로 하고 싶을 때 사용한다. 즉 유압회로에서 메인 유압보다 낮은 압력으로 유압 액추에이터를 동작시키고자 할 때 사용한다.

(대) 입구(1차 쪽)의 주 회로에서 출구(2차 쪽)의 감압회로로 유압유가 흐른다.

③ 시퀀스 밸브(sequence valve) : 시퀀스 밸브(순차밸브)는 유압원에서의 주 회로부터 유압 실린더 등이 2개 이상의 분기회로를 가질 때, 각 유압 실린더를 일정한 순서로 순차적으로 작동시킨다. 즉 유압 실린더나 모터의 작동순서를 결정한다.

④ 무부하 밸브(언로드 밸브, unloader valve)

(개) 무부하 밸브는 유압 회로 내의 압력이 설정압력에 도달하면 유압 펌프에서 토출된 유압유를 전부 오일 탱크로 회송시켜 유압 펌프를 무부하로 운전시키는 데 사용한다.

(내) 고압·소용량, 저압·대용량 유압 펌프를 조합 운전할 경우 회로 내의 압력이 설정압력에 도달하면 저압 대용량 유압 펌프의 토출유량을 오일 탱크로 귀환시키는 작용을 한다.

(대) 유압장치에서 2개의 유압 펌프를 사용할 때 펌프의 전체 송출량을 필요로 하지 않을 경우, 동력의 절감과 유온 상승을 방지한다.

⑤ 카운터 밸런스 밸브(counter balance valve)

(개) 카운터 밸런스 밸브는 체크밸브가 내장되는 밸브이며, 유압 회로의 한 방향의 흐

름에 대해서는 설정된 배압을 생기게 하고, 다른 방향의 흐름은 자유롭게 흐르도록 한다.

㈏ 중력 및 자체중량에 의한 자유낙하 등을 방지하기 위하여 회로에 배압을 유지한다.

② 유량제어밸브

(1) 유량제어밸브의 기능

유량제어밸브는 액추에이터의 운동속도를 제어하기 위하여 사용한다.

(2) 유량제어밸브의 종류

① **교축 밸브**(throttle valve) : 밸브 내의 통로면적을 외부로부터 바꾸어 유압유의 통로에 저항을 부여하여 유량을 조정한다.

② **오리피스 밸브**(orifice valve) : 유압유가 통하는 작은 지름의 구멍으로 비교적 소량의 유량측정 등에 사용된다.

③ **분류 밸브**(low dividing valve) : 2개 이상의 액추에이터에 동일한 유량을 분배하여 작동속도를 동기시키는 경우에 사용한다.

④ **니들 밸브**(needle valve) : 밸브보디가 바늘모양으로 되어, 노즐 또는 파이프 속의 유량을 조절한다.

⑤ **속도제어 밸브**(speed control valve) : 액추에이터의 작동속도를 제어하기 위하여 사용하며, 가변교축 밸브와 체크 밸브를 병렬로 설치하여 유압유를 한쪽 방향으로는 자유흐름으로 하고 반대방향으로는 제어흐름이 되도록 한다.

⑥ **급속배기 밸브**(quick exhaust valve) : 입구와 출구, 배기구멍에 3개의 포트가 있는 밸브이다. 입구유량에 비해 배기유량이 매우 크다.

⑦ **스톱 밸브**(stop valve) : 유압유의 흐름 방향과 평행하게 개폐되는 밸브이다.

⑧ **스로틀 체크밸브**(throttle check valve) : 한쪽에서의 흐름은 교축이고 반대 방향에서의 흐름은 자유롭다.

③ 방향제어밸브

(1) 방향제어밸브의 기능

유압유의 흐름방향을 변환하며, 유압유의 흐름방향을 한쪽으로만 허용한다. 즉 유압 실린더나 유압 모터의 작동방향을 바꾸는 데 사용한다.

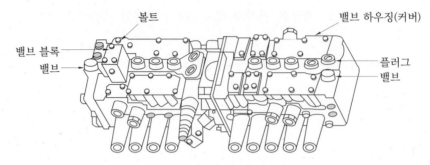

방향제어밸브의 구조

(2) 방향제어밸브의 종류

① **스풀 밸브(spool valve)** : 액추에이터의 방향전환 밸브이며, 원통형 슬리브 면에 내접하여 축 방향으로 이동하여 유압 회로를 개폐하는 형식의 밸브이다. 즉 유압유의 흐름방향을 바꾸기 위해 사용한다.

② **체크 밸브(check valve)** : 유압 회로에서 역류를 방지하고 회로 내의 잔류압력을 유지한다. 즉 유압유의 흐름을 한쪽으로만 허용하고 반대방향의 흐름을 제어한다.

③ **셔틀 밸브(shuttle valve)** : 2개 이상의 입구와 1개의 출구가 설치되어 있으며, 출구가 최고 압력의 입구를 선택하는 기능을 가진 밸브이다.

4 디셀러레이션 밸브(deceleration valve)

유압 실린더를 행정최종 단에서 실린더의 작동속도를 감속하여 서서히 정지시키고자할 때 사용하며, 일반적으로 캠(cam)으로 조작된다.

3-4 액추에이터(actuator)

① 액추에이터는 유압유의 압력 에너지(힘)를 기계적 에너지(일)로 변환시키는 작용을 하는 장치이다.

② 유압 펌프를 통하여 송출된 유압 에너지를 직선운동(유압 실린더)이나 회전운동(유압 모터)을 통하여 기계적 일을 하는 장치이다.

1 유압 실린더(hydraulic cylinder)

① 유압 실린더, 피스톤, 피스톤 로드로 구성된 직선 왕복운동을 하는 액추에이터이다.

② 종류에는 단동 실린더, 복동 실린더(싱글 로드형과 더블 로드형), 다단 실린더, 램형 실린더 등이 있다.

③ 단동 실린더형은 한쪽 방향에 대해서만 유효한 일을 하고, 복귀는 중력이나 복귀스프링에 의한다.

④ 복동 실린더형은 피스톤의 양쪽에 유압유를 교대로 공급하여 양방향의 운동을 유압으로 작동시킨다.

⑤ 지지방식에는 푸트형, 플랜지형, 트러니언형, 클레비스형이 있다.

⑥ 쿠션기구는 실린더의 피스톤이 고속으로 왕복운동할 때 행정의 끝에서 피스톤이 커버에 충돌하여 발생하는 충격을 흡수하고, 그 충격력에 의해서 발생하는 유압 회로의 악영향이나 유압기기의 손상을 방지하기 위해서 설치한다.

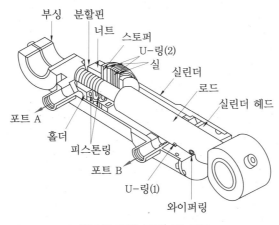

복동형 유압 실린더의 구조

2 유압 모터(hydraulic motor)

① 유압 모터는 유압 에너지에 의해 연속적으로 회전운동을 하여 기계적인 일을 하는 장치이다.

② 종류에는 기어 모터, 베인 모터, 플런저 모터가 있다.

(1) 유압 모터의 장점

① 넓은 범위의 무단변속이 쉽다.

② 구조가 간단하며, 과부하에 대해 안전하다.

③ 자동원격 조작이 가능하고 작동이 신속·정확하다.

④ 회전속도나 방향의 제어가 쉽다.

⑤ 소형·경량으로 큰 출력을 낼 수 있다.

⑥ 관성이 작아 응답성이 빠르다.

⑦ 정·역회전 변화가 쉽다.

⑧ 전동 모터에 비하여 급속정지가 쉽다.

(2) 유압 모터의 단점

① 유압유에 먼지나 공기가 침입하지 않도록 특히 보수에 주의해야 한다.

② 유압유의 점도 변화에 의하여 유압 모터의 사용에 제약이 따른다.

③ 공기와 먼지 등이 침투하면 성능에 영향을 준다.

④ 유압유는 인화하기 쉽다.

3-5 그 밖의 유압장치

1 어큐뮬레이터(축압기, accumulator)

① 유압 펌프에서 발생한 유압을 저장하고, 맥동을 소멸시키며 유압 에너지의 저장, 충격흡수 등에 이용되는 기구이다.

② 블래더형 어큐뮬레이터(축압기)의 고무주머니 내에는 질소가스를 주입한다.

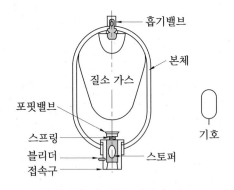

블래더형 어큐뮬레이터의 구조

2 오일 여과기(oil filter)

① 오일 여과기는 유압유 내에 금속의 마모된 찌꺼기나 카본 덩어리 등의 이물질을 제거하는 장치이다.

② 종류에는 흡입 여과기, 고압 여과기, 저압 여과기 등이 있다.

③ 스트레이너는 유압 펌프의 흡입 쪽에 설치되어 여과작용을 한다.

④ 여과입도가 너무 조밀하면(여과 입도수가 높으면) 공동현상(캐비테이션)이 발생한다.

⑤ 유압장치의 수명 연장을 위한 가장 중요한 요소는 유압유 및 오일 여과기의 점검 및 교환이다.

3 오일 냉각기(oil cooler)

① 오일 냉각기는 유압유 온도를 알맞게 유지하기 위해 유압유를 냉각시키는 장치이다.

② 유압유의 양은 정상인데 유압장치가 과열하면 가장 먼저 오일 냉각기를 점검한다.

③ 구비조건은 촉매작용이 없을 것, 오일 흐름에 저항이 적을 것, 온도조정이 잘될 것, 정비 및 청소하기가 편리할 것 등이다.

④ 수랭식 오일 냉각기는 냉각수를 이용하여 유압유 온도를 항상 적정한 온도로 유지하며, 소형으로 냉각능력은 크지만 고장이 발생하면 유압유 중에 물이 혼입될 우려가 있다.

4 유압 호스(hydraulic hose)

① 플렉시블 호스는 내구성이 강하고 작동 및 움직임이 있는 곳에 사용하기 적합하다.

② 가장 큰 압력에 견딜 수 있는 것은 나선 와이어 블레이드 호스이다.

5 오일 실(oil seal)

유압유의 누출을 방지하는 부품이며, 유압유가 누출되면 오일 실(seal)을 가장 먼저 점검한다.

① O-링은 유압기기의 고정부위에서 유압유의 누출을 방지하며, 구비조건은 다음과 같다.

   ㉮ 탄성이 양호하고, 압축변형이 적을 것

   ㉯ 정밀가공 면을 손상시키지 않을 것

   ㉰ 내압성과 내열성이 클 것

   ㉱ 설치하기가 쉬울 것

   ㉲ 피로강도가 크고, 비중이 적을 것

출제 예상 문제

01. 유압장치의 구성요소가 아닌 것은?

① 유압발생장치 ② 유압구동장치
③ 유압제어장치 ④ 유압 재순환 장치

해설 유압장치는 유압구동장치(기관 또는 전동기), 유압발생장치(유압 펌프), 유압제어장치(유압 제어밸브)로 구성되어 있다.

02. 건설기계에서 사용하는 유압장치의 구성 요소가 아닌 것은?

① 제어밸브 ② 오일 탱크
③ 자동변속기 ④ 유압 펌프

03. 유압 탱크의 주요 구성요소가 아닌 것은?

① 유압계 ② 주입구
③ 유면계 ④ 격판(배플)

해설 오일 탱크는 스트레이너, 유면계, 격판(배플), 드레인 플러그, 주입구 등으로 구성되어 있다.

04. 오일 탱크 내의 오일량을 표시하는 것은?

① 온도계 ② 유량계
③ 유면계 ④ 유압계

해설 유면계로 오일 탱크 내의 오일량을 점검한다.

05. 오일 탱크에 저장되어 있는 유압유의 양을 점검할 때의 유압유 온도는?

① 과랭 온도일 때
② 완랭 온도일 때
③ 정상작동 온도일 때
④ 열화온도일 때

해설 유압유의 양은 정상작동 온도일 때 점검한다.

06. 오일 탱크 내의 유압유를 전부 배출시킬 때 사용하는 것은?

① 드레인 플러그 ② 배플
③ 어큐뮬레이터 ④ 리턴라인

해설 오일 탱크 내의 유압유를 배출시킬 때에는 드레인 플러그를 사용한다.

07. 유압장치의 오일 탱크에서 펌프 흡입구 멍의 설치에 대한 설명으로 틀린 것은?

① 유압 펌프 흡입구와 탱크로의 귀환구 멍(복귀구멍) 사이에는 격리판(baffle plate)를 설치한다.
② 유압 펌프 흡입구에는 스트레이너(오일 여과기)를 설치한다.
③ 유압 펌프 흡입구는 반드시 탱크 가장 밑면에 설치한다.
④ 유압 펌프 흡입구는 탱크로의 귀환구멍 (복귀구멍)으로부터 될 수 있는 한 멀리 떨어진 위치에 설치한다.

해설 유압 펌프 흡입구(스트레이너)는 오일 탱크 밑면과 어느 정도 공간을 두고 설치하여야 한다.

08. 건설기계의 작동유 탱크의 역할로 틀린 것은?

① 유압유 온도를 적정하게 유지한다.
② 유압유를 저장한다.
③ 유압유 내 이물질의 침전작용을 한다.
④ 유압을 적정하게 유지시킨다.

해설 작동유 탱크의 기능 : 유압유의 저장, 유압유의 적정온도를 유지, 유압유 중의 이물질 분리(침전) 작용

09. 건설기계 유압장치의 오일 탱크의 구비 조건 중 거리가 가장 먼 것은?

① 배유구(드레인 플러그)와 유면계를 설치할 것
② 흡입관과 복귀관 사이에 격판(차폐장치)을 설치할 것
③ 유면을 흡입라인 아래까지 항상 유지할 수 있을 것
④ 흡입 작동유 여과를 위한 스트레이너를 설치할 것

해설 오일 탱크 내의 유면은 항상 "Full"에 가깝게 유지하여야 한다.

10. 원동기(내연기관, 전동기 등)로부터의 기계적인 에너지를 이용하여 유압유에 유압 에너지를 부여해 주는 유압기기는?

① 유압 탱크   ② 유압 펌프
③ 유압밸브   ④ 유압스위치

해설 유압 펌프는 원동기의 기계적 에너지를 유압 에너지로 변환한다.

11. 건설기계의 유압 펌프는 무엇에 의해 구동되는가?

① 엔진의 플라이휠에 의해 구동된다.
② 엔진의 캠축에 의해 구동된다.
③ 전동기에 의해 구동된다.
④ 에어 컴프레서에 의해 구동된다.

해설 건설기계의 유압 펌프는 엔진의 플라이휠에 의해 구동된다.

12. 일반적인 유압 펌프에 대한 설명으로 가장 거리가 먼 것은?

① 유압유를 흡입하여 제어밸브로 송유(토출)한다.
② 엔진 또는 전기모터의 동력으로 구동된다.
③ 벨트에 의해서만 구동된다.
④ 동력원이 회전하는 동안에는 항상 회전한다.

해설 유압 펌프는 동력원과 기어나 커플링으로 직결되어 있어 동력원이 회전하는 동안에는 항상 회전하여 오일 탱크 내의 유압유를 흡입하여 제어밸브로 송유(토출)한다.

13. 유압장치에 사용되는 펌프형식이 아닌 것은?

① 베인 펌프   ② 플런저 펌프
③ 분사 펌프   ④ 기어 펌프

해설 유압 펌프의 종류에는 기어 펌프, 베인 펌프, 피스톤(플런저) 펌프, 나사 펌프, 트로코이드 펌프 등이 있다.

14. 유압기기에서 회전 펌프가 아닌 것은?

① 기어 펌프   ② 피스톤 펌프
③ 나사 펌프   ④ 베인 펌프

해설 회전 펌프에는 기어 펌프, 베인 펌프, 나사 펌프가 있다.

15. 유압 펌프 중 토출유량을 변화시킬 수 있는 것은?

① 가변 토출량형   ② 고정 토출량형
③ 회전 토출량형   ④ 수평 토출량형

해설 유압 펌프의 토출유량을 변화시킬 수 있는 것은 가변 토출형이며, 회전수가 같을 때 펌프의 토출유량이 변화하는 펌프를 가변용량형 펌프라 한다.

정답 09 ③   10 ②   11 ①   12 ③   13 ③   14 ②   15 ①

16. 그림과 같이 2개의 기어와 케이싱으로 구성되어 작동유를 토출하는 펌프는?

① 내접기어 펌프
② 외접기어 펌프
③ 스크루 기어 펌프
④ 트로코이드 기어 펌프

17. 기어 펌프(gear pump)에 대한 설명으로 모두 옳은 것은?

┌─| 보기 |─────────────────┐
㉮ 정용량 펌프이다.
㉯ 가변용량 펌프이다.
㉰ 제작이 용이하다.
㉱ 다른 펌프에 비해 소음이 크다.
└───────────────────────┘

① ㉮, ㉯, ㉰   ② ㉮, ㉯, ㉱
③ ㉯, ㉰, ㉱   ④ ㉮, ㉰, ㉱

해설 기어 펌프는 회전속도에 따라 흐름용량이 변화하는 정용량형이며, 제작이 용이하나 다른 펌프에 비해 소음이 큰 단점이 있다.

18. 외접형 기어 펌프에서 토출된 유량 일부가 입구 쪽으로 귀환하여 토출유량 감소, 축동력 증가 및 케이싱 마모 등의 원인을 유발하는 현상을 무엇이라고 하는가?

① 폐입 현상   ② 숨 돌리기 현상
③ 공동 현상   ④ 열화촉진 현상

해설 폐입 현상이란 토출된 유량 일부가 입구 쪽으로 귀환하여 토출량 감소, 축동력 증가 및 케

이싱 마모, 기포 발생 등의 원인을 유발하는 현상이다.

19. 날개로 펌핑 동작을 하며, 소음과 진동이 적은 유압 펌프는?

① 기어 펌프   ② 플런저 펌프
③ 베인 펌프   ④ 나사 펌프

해설 베인 펌프는 원통형 캠링(cam ring) 안에 로터(rotor)가 설치되어 있으며 로터에는 홈이 있고, 그 홈 속에 판 모양의 베인(vane, 날개)이 끼워져 로터와 함께 회전하여 작동유가 출입할 수 있도록 되어 있다.

20. 베인 펌프의 일반적인 특징이 아닌 것은?

① 대용량, 고속 가변형에 적합하지만 수명이 짧다.
② 맥동과 소음이 적다.
③ 간단하고 성능이 좋다.
④ 소형·경량이다.

해설 베인 펌프는 수명은 길지만, 대용량, 고속 가변형에 부적합하다.

21. 플런저 펌프의 특징으로 가장 거리가 먼 것은?

① 구조가 간단하고 값이 싸다.
② 펌프효율이 높다.
③ 베어링에 부하가 크다.
④ 일반적으로 토출압력이 높다.

해설 플런저(피스톤) 펌프는 구조가 복잡하므로 가격이 비싸다.

22. 유압 펌프에서 경사판의 각도를 조정하여 토출유량을 변환시키는 펌프는?

① 기어펌프   ② 로터리 펌프
③ 베인 펌프   ④ 플런저 펌프

해설 액시얼형 플런저 펌프는 경사판의 각도를 조정하여 토출유량(펌프용량)을 변환시킨다.

23. 피스톤형 유압 펌프에서 회전 경사판의 기능으로 가장 적합한 것은?

① 유압 펌프 용량을 조정한다.
② 유압 펌프 출구를 개·폐한다.
③ 유압 펌프 압력을 조정한다.
④ 유압 펌프 회전속도를 조정한다.

24. 유압 펌프에서 토출압력이 가장 높은 것은?

① 베인 펌프
② 레이디얼 플런저 펌프
③ 기어 펌프
④ 액시얼 플런저 펌프

해설 액시얼 플런저 펌프의 토출압력이 가장 높다.

25. 유압 펌프의 용량을 나타내는 방법은?

① 주어진 압력과 그때의 오일무게로 표시한다.
② 주어진 속도와 그때의 토출압력으로 표시한다.
③ 주어진 압력과 그때의 토출유량으로 표시한다.
④ 주어진 속도와 그때의 점도로 표시한다.

해설 유압 펌프의 용량은 주어진 압력과 그때의 토출유량으로 표시한다.

26. 유압 펌프의 토출유량을 표시하는 단위로 옳은 것은?

① L/min ② kgf·m
③ kgf/cm² ④ kW 또는 PS

해설 유압 펌프 토출유량의 단위는 L(ℓ)/min(LPM)이나 GPM을 사용한다.

27. 유압 펌프가 작동 중 소음이 발생할 때의 원인으로 틀린 것은?

① 유압 펌프 축의 편심오차가 크다.
② 유압 펌프 흡입관 접합부로부터 공기가 유입된다.
③ 릴리프 밸브 출구에서 오일이 배출되고 있다.
④ 스트레이너가 막혀 흡입용량이 너무 작아졌다.

해설 유압 펌프에서 소음이 발생하는 원인 : 유압 펌프 축의 편심오차가 클 때, 유압 펌프 흡입관 접합부로부터 공기가 유입될 때, 스트레이너가 막혀 흡입용량이 너무 작아졌을 때

28. 유압 펌프에서 흐름(flow ; 유량)에 대해 저항(제한)이 생기면?

① 유압 펌프 회전수의 증가 원인이 된다.
② 압력 형성의 원인이 된다.
③ 밸브 작동속도의 증가 원인이 된다.
④ 유압유 흐름의 증가 원인이 된다.

해설 유압 펌프에서 흐름(flow ; 유량)에 대해 저항(제한)이 생기면 압력 형성의 원인이 된다.

29. 유압 펌프가 유압유를 토출하지 않을 때의 원인으로 틀린 것은?

① 오일 탱크의 유면이 낮다.
② 흡입관으로 공기가 유입된다.
③ 토출 측 배관 체결볼트가 이완되었다.
④ 유압유가 부족하다.

해설 토출 측 배관 체결볼트가 이완된 경우에는 유압유가 누출된다.

30. 유압 펌프 내의 내부 누설은 무엇에 반비례하여 증가하는가?

① 작동유의 오염 ② 작동유의 점도
③ 작동유의 압력 ④ 작동유의 온도

해설 유압 펌프 내의 내부 누설은 작동유의 점도에 반비례하여 증가한다.

31. 유압 펌프의 작동유 유출여부 점검 방법에 해당하지 않는 것은?

① 정상작동 온도로 난기운전을 실시하여 점검하는 것이 좋다.
② 고정 볼트가 풀린 경우에는 추가 조임을 한다.
③ 작동유 유출점검은 운전자가 관심을 가지고 점검하여야 한다.
④ 하우징에 균열이 발생되면 패킹을 교환한다.

해설 하우징에 균열이 발생되면 하우징을 교체하여야 한다.

32. 유압유의 압력, 유량 또는 방향을 제어하는 밸브의 총칭은?

① 안전밸브 ② 제어밸브
③ 감압밸브 ④ 축압기

해설 제어밸브란 유압유의 압력, 유량 또는 방향을 제어하는 밸브의 총칭이다.

33. 유압 회로에 사용되는 제어밸브의 역할과 종류의 연결사항으로 틀린 것은?

① 일의 크기 제어 : 압력제어밸브
② 일의 속도 제어 : 유량제어밸브
③ 일의 방향 제어 : 방향제어밸브
④ 일의 시간 제어 : 속도제어밸브

해설 제어밸브의 기능

㉠ 압력제어밸브 : 일의 크기 결정
㉡ 유량제어밸브 : 일의 속도 결정
㉢ 방향제어밸브 : 일의 방향 결정

34. 건설기계에서 사용하는 압력제어밸브는 어느 위치에서 작동하는가?

① 오일 탱크와 유압 펌프
② 유압 펌프와 방향제어밸브
③ 방향제어밸브와 유압 실린더
④ 유압 실린더 내부

해설 압력제어밸브는 유압 펌프와 방향제어밸브 사이에서 작동한다.

35. 유압유의 압력을 제어하는 밸브가 아닌 것은?

① 릴리프 밸브 ② 체크 밸브
③ 리듀싱 밸브 ④ 시퀀스 밸브

해설 압력제어밸브의 종류에는 릴리프 밸브, 리듀싱(감압) 밸브, 시퀀스(순차) 밸브, 언로드(무부하) 밸브, 카운터 밸런스 밸브 등이 있다.

36. 유압장치 내의 압력을 일정하게 유지하고 최고압력을 제한하여 회로를 보호해 주는 밸브는?

① 릴리프 밸브 ② 체크 밸브
③ 스풀 밸브 ④ 로터리 밸브

해설 릴리프 밸브는 유압장치 내의 압력을 일정하게 유지하고, 최고압력을 제한하여 회로를 보호하며, 과부하 방지와 유압기기의 보호를 위하여 최고압력을 규제한다.

37. 릴리프 밸브에서 포핏 밸브를 밀어 올려 유압유가 흐르기 시작할 때의 압력은?

① 허용압력 ② 전량압력
③ 설정압력 ④ 크랭킹 압력

정답 30 ② 31 ④ 32 ② 33 ④ 34 ② 35 ② 36 ① 37 ④

해설 크랭킹 압력(cranking pressure)이란 릴리프 밸브에서 포핏 밸브를 밀어 올려 유압유가 흐르기 시작할 때의 압력이다.

38. 유압 계통에서 릴리프 밸브의 스프링 장력이 약화될 때 발생될 수 있는 현상은?

① 채터링 현상 ② 노킹 현상
③ 트램핑 현상 ④ 블로바이 현상

해설 채터링(chattering)이란 릴리프 밸브에서 스프링 장력이 약할 때 볼(ball)이 밸브의 시트를 때려 소음을 내는 진동현상이다.

39. 유압으로 작동되는 작업장치에서 작업 중 힘이 떨어질 때의 원인과 가장 밀접한 밸브는?

① 메인 릴리프 밸브
② 체크(check) 밸브
③ 방향전환 밸브
④ 메이크업 밸브

해설 메인 릴리프 밸브의 작동이 불량하면 작업 중 힘이 떨어진다.

40. 유압 회로에서 어떤 부분회로의 압력을 주 회로의 압력보다 저압으로 해서 사용하고자 할 때 사용하는 밸브는?

① 릴리프 밸브
② 리듀싱 밸브
③ 체크 밸브
④ 카운터 밸런스 밸브

해설 리듀싱(감압) 밸브는 회로 일부의 압력을 릴리프 밸브의 설정압력(메인 유압) 이하로 하고 싶을 때 사용한다.

41. 감압 밸브에 대한 설명으로 틀린 것은?

① 유압장치에서 회로 일부의 압력을 릴리프 밸브의 설정압력 이하로 하고 싶을 때 사용한다.
② 입구(1차 쪽)의 주 회로에서 출구(2차 쪽)의 감압회로로 유압유가 흐른다.
③ 상시폐쇄 상태로 되어 있다.
④ 출구(2차 쪽)의 압력이 감압밸브의 설정압력보다 높아지면 밸브가 작용하여 유로를 닫는다.

해설 감압 밸브는 상시개방 상태로 되어 있다가 출구(2차 쪽)의 압력이 감압밸브의 설정압력보다 높아지면 밸브가 작용하여 유로를 닫는다.

42. 압력제어밸브 중 상시 닫혀 있다가 일정 조건이 되면 열려 작동하는 밸브가 아닌 것은?

① 무부하 밸브 ② 감압 밸브
③ 릴리프 밸브 ④ 시퀀스 밸브

43. 유압 회로 내의 압력이 설정압력에 도달하면 펌프에서 토출된 오일을 전부 탱크로 회송시켜 펌프를 무부하로 운전시키는 데 사용하는 밸브는?

① 체크 밸브(check valve)
② 시퀀스 밸브(sequence valve)
③ 언로드 밸브(unloader valve)
④ 카운터 밸런스 밸브(counter balance valve)

해설 언로드(무부하) 밸브는 유압 회로 내의 압력이 설정압력에 도달하면 펌프에서 토출된 오일을 전부 탱크로 회송시켜 펌프를 무부하로 운전시키는 데 사용한다.

44. 2개 이상의 분기회로를 갖는 회로 내에서 작동순서를 회로의 압력 등에 의하여 제어하는 밸브는?

① 체크 밸브　　　② 시퀀스 밸브

③ 한계 밸브　　　④ 서보 밸브

해설　시퀀스 밸브는 순차작동 밸브라고도 하며, 2개 이상의 분기회로를 갖는 회로 내에서 작동순서(순차작동)를 회로의 압력 등에 의하여 제어한다.

45. 유압장치에서 고압·소용량, 저압·대용량 펌프를 조합 운전할 때, 작동압력이 규정압력 이상으로 상승 시 동력 절감을 하기 위해 사용하는 밸브는?

① 릴리프 밸브　　　② 감압 밸브

③ 시퀀스 밸브　　　④ 무부하 밸브

해설　무부하 밸브는 고압·소용량, 저압·대용량 펌프를 조합 운전할 때, 작동압력이 규정압력 이상으로 상승할 때 동력 절감을 하기 위해 사용한다.

46. 체크밸브가 내장되는 밸브로서 유압 회로의 한 방향의 흐름에 대해서는 설정된 배압을 생기게 하고, 다른 방향의 흐름은 자유롭게 흐르도록 한 밸브는?

① 셔틀 밸브

② 언로더 밸브

③ 슬로리턴 밸브

④ 카운터 밸런스 밸브

해설　카운터 밸런스 밸브는 체크밸브가 내장되는 밸브로서 유압 회로의 한 방향의 흐름에 대해서는 설정된 배압을 생기게 하고, 다른 방향의 흐름은 자유롭게 흐르도록 한다.

47. 자체중량에 의한 자유낙하 등을 방지하기

위하여 회로에 배압을 유지하는 밸브는?

① 감압 밸브

② 카운터 밸런스 밸브

③ 체크 밸브

④ 릴리프 밸브

해설　카운트 밸런스 밸브는 유압 실린더 등이 중력 및 자체중량에 의한 자유낙하를 방지하기 위해 배압을 유지한다.

48. 유압장치에서 작동체의 속도를 바꿔 주는 밸브는?

① 압력제어밸브　　　② 방향제어밸브

③ 유량제어밸브　　　④ 체크 밸브

해설　유량제어밸브는 액추에이터(작동체)의 운동속도를 조정하기 위하여 사용한다.

49. 유압장치에서 유량제어밸브의 종류가 아닌 것은?

① 교축 밸브　　　② 유량조정밸브

③ 분류 밸브　　　④ 릴리프 밸브

50. 안지름이 작은 파이프에서 미세한 유량을 조정하는 밸브는?

① 압력보상 밸브　　　② 니들 밸브

③ 바이패스 밸브　　　④ 스로틀 밸브

해설　니들밸브(needle valve)는 안지름이 작은 파이프에서 미세한 유량을 조절하는 밸브이다.

51. 유압장치에서 방향제어밸브에 대한 설명으로 틀린 것은?

① 유압유의 흐름방향을 변환한다.

② 액추에이터의 속도를 제어한다.

③ 유압유의 흐름방향을 한쪽으로만 허용한다.

정답　44 ②　45 ④　46 ④　47 ②　48 ③　49 ④　50 ②　51 ②

④ 유압 실린더나 유압 모터의 작동방향을 바꾸는 데 사용된다.

52. 회로 내 유체의 흐름방향을 제어하는 데 사용되는 밸브는?

① 교축 밸브　　　② 셔틀 밸브

③ 감압 밸브　　　④ 순차 밸브

해설 방향제어밸브의 종류에는 스풀 밸브, 체크 밸브, 셔틀 밸브 등이 있다.

53. 유압 작동기의 방향을 전환시키는 밸브에 사용되는 형식 중 원통형 슬리브 면에 내접하여 축 방향으로 이동하면서 유로를 개폐하는 형식은?

① 스풀 형식

② 포핏 형식

③ 베인 형식

④ 카운터 밸런스 밸브 형식

해설 스풀 밸브(spool valve)는 원통형 슬리브 면에 내접하여 축 방향으로 이동하여 유로를 개폐하여 유압유의 흐름방향을 바꾸는 기능을 한다.

54. 유압 컨트롤 밸브 내에 스풀 형식의 밸브 기능은?

① 축압기의 압력을 바꾸기 위해

② 유압 펌프의 회전방향을 바꾸기 위해

③ 유압장치 내의 압력을 상승시키기 위해

④ 유압유의 흐름방향을 바꾸기 위해

55. 유압 회로에서 유압유를 한쪽 방향으로만 흐르도록 하는 밸브는?

① 릴리프 밸브(relief valve)

② 파일럿 밸브(pilot valve)

③ 체크 밸브(check valve)

④ 오리피스 밸브(orifice valve)

해설 체크 밸브(check valve)는 역류를 방지하고, 회로 내의 잔류압력을 유지시키며, 유압유를 한쪽 방향으로만 흐르도록 한다.

56. 유압 회로 내에 잔압을 설정해 두는 이유로 가장 적합한 것은?

① 제동 해제 방지　② 유로 파손 방지

③ 오일 산화 방지　④ 작동 지연 방지

해설 유압 회로 내에 잔압(잔류압력)을 설정해 두는 이유는 작동 지연을 방지하기 위함이다.

57. 방향제어밸브를 동작시키는 방식이 아닌 것은?

① 수동방식　　　② 전자방식

③ 스프링 방식　　④ 유압 파일럿 방식

해설 방향제어밸브를 동작시키는 방식에는 수동방식, 전자방식, 유압 파일럿 방식 등이 있다.

58. 방향제어밸브에서 내부 누유에 영향을 미치는 요소가 아닌 것은?

① 관로의 유량

② 밸브간극의 크기

③ 밸브 양단의 압력차이

④ 유압유의 점도

해설 방향제어밸브에서 내부 누유에 영향을 미치는 요소는 밸브간극의 크기, 밸브 양단의 압력차이, 유압유의 점도 등이다.

59. 유압장치에 사용되는 밸브부품의 세척유로 가장 적절한 것은?

① 엔진오일　　　② 물

③ 합성세제　　　④ 경유

해설 밸브부품은 솔벤트나 경유로 세척한다.

정답 52 ②　53 ①　54 ④　55 ③　56 ④　57 ③　58 ①　59 ④

60. 방향전환밸브 중 4포트 3위치 밸브에 대한 설명으로 틀린 것은?

① 직선형 스풀 밸브이다.
② 스풀의 전환위치가 3개이다.
③ 밸브와 주배관이 접속하는 접속구는 3개이다.
④ 중립위치를 제외한 양끝 위치에서 4포트 2위치이다.

해설 밸브와 주배관이 접속하는 접속구는 4개이다.

61. 일반적으로 캠(cam)으로 조작되는 유압밸브로서 액추에이터의 속도를 서서히 감속시키는 밸브는?

① 디셀러레이션 밸브
② 카운터 밸런스 밸브
③ 방향제어밸브
④ 프레필 밸브

해설 디셀러레이션 밸브는 캠(cam)으로 조작되며 액추에이터의 속도를 서서히 감속시킬 때 사용한다.

62. 유압 실린더의 행정최종단에서 실린더의 속도를 감속하여 서서히 정지시키고자 할 때 사용되는 밸브는?

① 프레필 밸브(prefill valve)
② 디콤프레션 밸브(decompression valve)
③ 디셀러레이션 밸브(deceleration valve)
④ 셔틀 밸브(shuttle valve)

63. 유압유의 유압 에너지(압력, 속도)를 기계적인 일로 변환시키는 유압장치는?

① 유압 펌프   ② 유압 액추에이터
③ 유압밸브   ④ 어큐뮬레이터

해설 액추에이터(actuator)는 유압 펌프에서 발생된 유압 에너지를 기계적 에너지(직선운동이나 회전운동)로 바꾸는 장치이다.

64. 유압장치에서 액추에이터의 종류에 속하지 않는 것은?

① 감압 밸브   ② 유압 실린더
③ 유압 모터   ④ 플런저 모터

해설 액추에이터에는 직선운동을 하는 유압 실린더와 회전운동을 하는 유압 모터가 있다.

65. 유압 모터와 유압 실린더의 설명으로 옳은 것은?

① 둘 다 회전운동을 한다.
② 둘 다 왕복운동을 한다.
③ 유압 모터는 회전운동, 유압 실린더는 직선운동을 한다.
④ 유압 모터는 직선운동, 유압 실린더는 회전운동을 한다.

66. 유압 실린더의 주요 구성품이 아닌 것은?

① 피스톤 로드   ② 피스톤
③ 커넥팅 로드   ④ 실린더

해설 유압 실린더는 실린더, 피스톤, 피스톤 로드로 구성되어 있다.

67. 유압 실린더의 종류에 해당하지 않는 것은?

① 단동 실린더   ② 복동 실린더
③ 다단 실린더   ④ 회전 실린더

해설 유압 실린더의 종류에는 단동 실린더, 복동 실린더(싱글로드형과 더블로드형), 다단 실린더, 램형 실린더 등이 있다.

68. 유압 실린더 중 피스톤의 양쪽에 유압유를 교대로 공급하여 양방향의 운동을 유압으로 작동시키는 형식은?

① 단동식　　　　② 복동식
③ 다동식　　　　④ 편동식

해설 복동식은 유압 실린더 피스톤의 양쪽에 유압유를 교대로 공급하여 양방향의 운동을 유압으로 작동시킨다.

69. 유압 실린더의 지지방식이 아닌 것은?

① 유니언형　　　　② 푸트형
③ 트러니언형　　　　④ 플랜지형

해설 유압 실린더 지지방식 : 플랜지형, 트러니언형, 클레비스형, 푸트형

70. 유압 실린더에서 피스톤 행정이 끝날 때 발생하는 충격을 흡수하기 위해 설치하는 장치는?

① 쿠션기구　　　　② 압력보상장치
③ 서보 밸브　　　　④ 스로틀 밸브

해설 쿠션기구는 유압 실린더에서 피스톤 행정이 끝날 때 발생하는 충격을 흡수하기 위해 설치하는 장치이다.

71. 〈보기〉 중 유압 실린더에서 발생되는 피스톤 자연하강현상(cylinder drift)의 발생 원인으로 모두 맞는 것은?

┌─| 보기 |─────────────────
│ ㉮ 작동압력이 높을 때
│ ㉯ 유압 실린더 내부가 마모되었을 때
│ ㉰ 컨트롤 밸브의 스풀이 마모되었을 때
│ ㉱ 릴리프 밸브의 작동이 불량할 때
└──────────────────────

① ㉮, ㉯, ㉰　　　② ㉮, ㉯, ㉱
③ ㉯, ㉰, ㉱　　　④ ㉮, ㉰, ㉱

해설 실린더의 과도한 자연낙하현상은 작동압력이 낮을 때 발생한다.

72. 유압 실린더의 움직임이 느리거나 불규칙할 때의 원인이 아닌 것은?

① 피스톤 링이 마모되었다.
② 유압유의 점도가 너무 높다.
③ 회로 내에 공기가 혼입되고 있다.
④ 체크 밸브의 방향이 반대로 설치되어 있다.

해설 유압 실린더의 움직임이 느리거나 불규칙한 원인 : 피스톤 링이 마모되었을 때, 유압유의 점도가 너무 높을 때, 유압유가 부족할 때, 회로 내에 공기가 혼입되고 있을 때

73. 유압 실린더를 교환하였을 경우 조치해야 할 작업으로 가장 거리가 먼 것은?

① 오일필터 교환
② 공기빼기 작업
③ 누유 점검
④ 시운전하여 작동상태 점검

해설 액추에이터(작업장치)를 교환하였을 때에는 기관을 시동하여 공회전시킨 후 작동상태 점검, 공기빼기 작업, 누유 점검, 유압유 보충을 한다.

74. 유압 에너지를 이용하여 외부에 기계적인 일을 하는 유압기기는?

① 유압 모터　　　　② 근접 스위치
③ 유압 탱크　　　　④ 기동전동기

해설 유압 모터는 유압 에너지에 의해 연속적으로 회전운동함으로써 기계적인 일을 하는 장치이다.

75. 유압 모터의 회전력이 변화하는 것에 영향을 미치는 것은?

① 유압유 압력   ② 유량
③ 유압유 점도   ④ 유압유 온도

해설 유압 모터의 회전력에 영향을 주는 것은 유압유 압력이다.

76. 유압 모터를 선택할 때 고려사항과 가장 거리가 먼 것은?

① 효율   ② 점도   ③ 동력   ④ 부하

77. 유압 모터의 종류에 포함되지 않는 것은?

① 기어형   ② 베인형
③ 플런저형   ④ 터빈형

해설 유압 모터의 종류에는 기어형, 베인형, 플런저형 등이 있다.

78. 유압 모터의 장점이 아닌 것은?

① 관성력이 크며, 소음이 크다.
② 전동 모터에 비하여 급속정지가 쉽다.
③ 광범위한 무단변속을 얻을 수 있다.
④ 작동이 신속·정확하다.

해설 유압 모터는 전동 모터에 비하여 급속정지가 쉽고, 넓은 범위의 무단변속이 용이하며, 관성력 및 소음이 작으며, 작동이 신속·정확하다.

79. 유압장치에서 기어 모터의 장점이 아닌 것은?

① 가격이 싸다.
② 구조가 간단하다.
③ 소음과 진동이 작다.
④ 먼지나 이물질이 많은 곳에서도 사용이 가능하다.

해설 기어 모터의 단점은 토크변동이 크고, 수명이 짧으며, 효율이 낮고, 소음과 진동이 크다는 점이다.

80. 플런저가 구동축의 직각방향으로 설치되어 있는 유압 모터는?

① 캠형 플런저 모터
② 액시얼형 플런저 모터
③ 블래더형 플런저 모터
④ 레이디얼형 플런저 모터

해설 레이디얼형 플런저 모터는 플런저가 구동축의 직각방향으로 설치되어 있다.

81. 유압 모터의 회전속도가 규정 속도보다 느릴 경우, 그 원인이 아닌 것은?

① 유압 펌프의 오일 토출유량이 과다할 때
② 각 작동부가 마모 또는 파손되었을 때
③ 유압유의 유입량이 부족할 때
④ 유압장치 내부에서 오일누설이 있을 때

해설 유압 펌프의 오일 토출유량이 과다하면 유압 모터의 회전속도가 빨라진다.

82. 유압 모터와 연결된 감속기의 오일수준을 점검할 때의 유의사항으로 틀린 것은?

① 오일이 정상온도일 때 오일수준을 점검해야 한다.
② 오일량은 영하(−)의 온도상태에서 가득 채워야 한다.
③ 오일수준을 점검하기 전에 항상 오일수준 게이지 주변을 깨끗하게 청소한다.
④ 오일량이 너무 적으면 모터 유닛이 올바르게 작동하지 않거나 손상될 수 있으므로 오일량은 항상 정량유지가 필요하다.

정답 75 ①   76 ②   77 ④   78 ①   79 ③   80 ④   81 ①   82 ②

83. 유압 펌프에서 발생한 유압을 저장하고 맥동을 제거시키는 것은?

① 어큐뮬레이터 ② 언로딩 밸브
③ 릴리프 밸브 ④ 스트레이너

해설 어큐뮬레이터(축압기)는 유압 펌프에서 발생한 유압을 저장하고, 맥동을 소멸시키는 장치이다.

84. 축압기(어큐뮬레이터)의 기능과 관계가 없는 것은?

① 충격압력 흡수
② 유압 에너지 축적
③ 릴리프 밸브 제어
④ 유압 펌프 맥동 흡수

해설 축압기(어큐뮬레이터)의 용도는 압력보상, 체적변화 보상, 유압 에너지 축적, 유압 회로 보호, 맥동 감쇠, 충격압력 흡수, 일정압력 유지, 보조 동력원으로 사용 등이다.

85. 축압기의 종류 중 가스-오일방식이 아닌 것은?

① 스프링 하중방식(spring loaded type)
② 피스톤 방식(piston type)
③ 다이어프램 방식(diaphragm type)
④ 블래더 방식(bladder type)

해설 가스-오일방식 축압기에는 피스톤 방식, 다이어프램 방식, 블래더 방식이 있다.

86. 가스형 축압기(어큐뮬레이터)에 가장 널리 이용되는 가스는?

① 질소 ② 수소 ③ 아르곤 ④ 산소

해설 가스형 축압기에는 질소가스를 주입한다.

87. 유압장치에서 금속 등 마모된 찌꺼기나 카본 덩어리 등의 이물질을 제거하는 장

치는?

① 오일 클리어런스 ② 오일필터
③ 오일 냉각기 ④ 오일 팬

88. 유압장치에서 금속가루 또는 불순물을 제거하기 위해 사용되는 부품으로 짝지어진 것은?

① 오일필터와 어큐뮬레이터
② 스크레이퍼와 오일필터
③ 오일필터와 스트레이너
④ 어큐뮬레이터와 스트레이너

89. 유압유에 포함된 불순물을 제거하기 위해 유압 펌프 흡입관에 설치하는 것은?

① 부스터
② 스트레이너
③ 공기청정기
④ 어큐뮬레이터

해설 스트레이너(strainer)는 유압 펌프의 흡입관에 설치하는 여과기이다.

90. 유압장치에서 오일 여과기에 걸러지는 오염물질의 발생 원인으로 가장 거리가 먼 것은?

① 유압장치의 조립과정에서 먼지 및 이물질 혼입
② 작동 중인 엔진의 내부 마찰에 의하여 생긴 금속가루 혼입
③ 유압장치를 수리하기 위하여 해체하였을 때 외부로부터 이물질 혼입
④ 유압유를 장기간 사용함에 있어 고온·고압하에서 산화생성물이 생김

91. 오일 여과기의 여과입도가 너무 조밀하였을 때 가장 발생하기 쉬운 현상은?

① 오일누출 현상　② 캐비테이션
③ 블로바이 현상　④ 맥동 현상

해설 오일여과기의 여과입도가 너무 조밀하면(여과기의 눈이 작으면) 유압유 공급 불충분으로 캐비테이션(공동현상)이 발생한다.

92. 유압장치의 수명 연장을 위해 가장 중요한 요소는?

① 오일 탱크의 세척
② 오일 냉각기의 점검 및 세척
③ 오일 펌프의 교환
④ 오일필터의 점검 및 교환

해설 유압장치의 수명 연장을 위한 가장 중요한 요소는 오일과 오일필터의 점검 및 교환이다.

93. 건설기계 유압 회로에서 유압유 온도를 알맞게 유지하기 위해 오일을 냉각하는 부품은?

① 어큐뮬레이터　② 오일쿨러
③ 방향제어밸브　④ 유압제어밸브

94. 유압장치에서 오일 냉각기(oil cooler)의 구비조건으로 틀린 것은?

① 촉매작용이 없을 것
② 유압유의 흐름에 저항이 클 것
③ 온도조정이 잘될 것
④ 정비 및 청소하기가 편리할 것

해설 오일 냉각기는 유압유의 흐름 저항이 작아야 한다.

95. 수랭식 오일 냉각기(oil cooler)에 대한 설명으로 틀린 것은?

① 소형으로 냉각능력이 크다.
② 고장 시 오일 중에 물이 혼입될 우려가 있다.
③ 대기온도나 냉각수 온도 이하의 냉각이 용이하다.
④ 유온을 항상 적정한 온도로 유지하기 위하여 사용된다.

해설 수랭식 오일 냉각기는 유압유의 온도를 항상 적정한 온도로 유지하기 위하여 사용하며, 소형으로 냉각능력은 크지만 고장이 발생하면 유압유 중에 물이 혼입될 우려가 있다.

96. 유압장치에서 작동 및 움직임이 있는 곳의 연결관으로 적합한 것은?

① 플렉시블 호스　② 강 파이프
③ 구리 파이프　　④ PVC호스

해설 플렉시블 호스는 내구성이 강하고 작동 및 움직임이 있는 곳에 사용하기 적합하다.

97. 유압 호스 중 가장 큰 압력에 견딜 수 있는 형식은?

① 고무 형식
② 나선 와이어 블레이드 형식
③ 와이어리스 고무 블레이드 형식
④ 직물 블레이드 형식

해설 나선 와이어 블레이드 형식의 유압 호스가 가장 큰 압력에 견딜 수 있다.

98. 유압 회로에서 호스의 노화현상이 아닌 것은?

① 유압호스의 표면에 갈라짐이 발생한 경우
② 코킹 부분에서 오일이 누유되는 경우
③ 액추에이터의 작동이 원활하지 않을 경우
④ 정상적인 압력상태에서 호스가 파손될 경우

해설 호스의 노화현상 : 호스의 표면에 갈라짐(crack)이 발생한 경우, 호스의 탄성이 거의 없는 상태로 굳어 있는 경우, 정상적인 압력상태에서 호스가 파손될 경우, 코킹 부분에서 오일이 누유되는 경우

99. 유압장치 운전 중 갑작스럽게 유압배관에서 유압유가 분출되기 시작하였을 때 가장 먼저 운전자가 취해야 할 조치는?

① 작업장치를 지면에 내리고 엔진의 시동을 정지한다.
② 작업을 멈추고 배터리 선을 분리한다.
③ 유압유가 분출되는 호스를 분리하고 플러그를 막는다.
④ 유압 회로 내의 잔압을 제거한다.

해설 유압배관에서 유압유가 분출되기 시작하면 가장 먼저 작업장치를 지면에 내리고 엔진의 시동을 정지한다.

100. 유압 작동부에서 유압유가 새고 있을 때 일반적으로 먼저 점검하여야 하는 것은?

① 밸브(valve)   ② 플런저(plunger)
③ 기어(gear)   ④ 실(seal)

해설 유압 작동 부분에서 유압유가 누출되면 가장 먼저 실(seal)을 점검하여야 한다.

101. 유압장치에 사용되는 오일 실(seal)의 종류 중 O-링이 갖추어야 할 조건은?

① 체결력이 작을 것
② 탄성이 양호하고, 압축변형이 적을 것
③ 작동 시 마모가 클 것
④ 오일의 입·출입이 가능할 것

해설 O-링은 탄성이 양호하고, 압축변형이 적어야 한다.

102. 유압장치에서 피스톤 로드에 있는 먼지 또는 오염물질 등이 실린더 내로 혼입되는 것을 방지하는 것은?

① 필터(filter)
② 더스트 실(dust seal)
③ 밸브(valve)
④ 실린더 커버(cylinder cover)

해설 더스트 실은 피스톤 로드에 있는 먼지 또는 오염물질 등이 실린더 내로 혼입되는 것을 방지한다.

103. 유압 계통에서 유압유가 누설 시 점검 사항이 아닌 것은?

① 유압유의 윤활성
② 실(seal)의 마모
③ 실(seal)의 파손
④ 유압 펌프 고정 볼트의 이완

해설 유압유가 누설되면 실(seal)의 마모, 실(seal)의 파손, 유압 펌프 고정 볼트의 이완 여부 등을 점검한다.

104. 유압장치의 일상점검 사항이 아닌 것은?

① 유압 탱크의 유량 점검
② 오일누설 여부 점검
③ 소음 및 호스 누유여부 점검
④ 릴리프 밸브 작동 점검

105. 유압장치의 주된 고장 원인이 되는 것과 가장 거리가 먼 것은?

① 과부하 및 과열로 인하여
② 공기, 물, 이물질 혼입에 의하여
③ 기기의 기계적 고장으로 인하여
④ 덥거나 추운 날씨에 사용함으로 인하여

106. 유압 회로에서 소음이 나는 원인으로 가장 거리가 먼 것은?

① 유량 증가
② 채터링 현상
③ 캐비테이션 현상
④ 회로 내의 공기 혼입

해설 소음이 나는 원인 : 유압유의 양이 부족할 때, 채터링 현상이 발생할 때, 캐비테이션 현상이 발생할 때, 회로 내에 공기가 혼입되었을 때

107. 건설기계의 유압장치 취급 방법으로 적합하지 않은 것은?

① 유압장치는 워밍업 후 작업하는 것이 좋다.
② 유압유는 1주에 한 번, 소량씩 보충한다.
③ 유압유에 이물질이 포함되지 않도록 관리ㆍ취급하여야 한다.
④ 유압유가 부족하지 않은지 점검하여야 한다.

108. 유압 회로 내에 기포가 발생할 때 일어날 수 있는 현상과 가장 거리가 먼 것은?

① 작동유의 누설 저하
② 소음 증가
③ 공동현상 발생
④ 액추에이터의 작동 불량

해설 유압 회로 내에 기포가 생기면 공동현상, 오일탱크의 오버플로로 유압유 누출, 소음 증가, 액추에이터의 작동 불량 등이 발생한다.

109. 건설기계에서 유압 구성품을 분해하기 전에 내부압력을 제거하려면 어떻게 하는 것이 좋은가?

① 압력밸브를 밀어 준다.
② 고정너트를 서서히 푼다.
③ 엔진의 가동정지 후 조정레버를 모든 방향으로 작동하여 압력을 제거한다.
④ 엔진의 가동정지 후 개방하면 된다.

해설 유압 구성부품을 분해하기 전에 내부압력을 제거하려면 엔진의 가동정지 후 조정레버를 모든 방향으로 작동한다.

110. 유압유의 압력이 상승하지 않을 때의 원인을 점검하는 것으로 가장 거리가 먼 것은?

① 유압펌프의 토출유량 점검
② 유압회로의 누유상태 점검
③ 릴리프 밸브의 작동상태 점검
④ 유압펌프 설치 고정 볼트의 강도 점검

111. 건설기계 작업 중 유압회로 내의 유압이 상승되지 않을 때의 점검사항으로 적합하지 않은 것은?

① 오일탱크의 오일량 점검
② 오일이 누출되었는지 점검
③ 펌프로부터 유압이 발생되는지 점검
④ 자기탐상법에 의한 작업장치의 균열 점검

해설 유압이 상승되지 않을 경우에는 유압펌프로부터 유압이 발생되는지 여부, 오일탱크의 오일량, 릴리프 밸브의 고장 여부, 오일 누출 여부 등을 점검한다.

유압 회로 및 기호

4-1 유압 회로

(1) 유압의 기본 회로

유압의 기본 회로에는 오픈(개방) 회로, 클로즈(밀폐) 회로, 병렬 회로, 직렬 회로, 탠덤 회로 등이 있다.

① **언로드 회로(unloader circuit)**: 일하던 도중에 유압 펌프 유량이 필요하지 않게 되었을 때 유압유를 저압으로 탱크에 귀환시킨다.

② **속도제어 회로**: 유압 회로에서 유량제어를 통하여 작업속도를 조절하는 방식에는 미터인 회로, 미터 아웃 회로, 블리드 오프 회로 등이 있다.

　㉮ **미터-인 회로(meter-in circuit)** : 액추에이터의 입구 쪽 관로에 유량제어밸브를 직렬로 설치하여 작동유의 유량을 제어함으로써 액추에이터의 속도를 제어한다.

　㉯ **미터-아웃 회로(meter-out circuit)** : 액추에이터의 출구 쪽 관로에 설치한 유량제어밸브로 유량을 제어하여 속도를 제어한다.

　㉰ **블리드 오프 회로** : 유량제어밸브를 액추에이터와 병렬로 설치하여 유압 펌프 토출유량 중 일정한 양을 오일 탱크로 되돌리므로 릴리프 밸브에서 과잉압력을 줄일 필요가 없는 장점이 있으나, 부하변동이 급격한 경우에는 정확한 유량제어가 곤란하다.

4-2 유압 기호

(1) 유압장치의 기호 회로도에 사용되는 유압 기호의 표시 방법

① 기호에는 흐름의 방향을 표시한다.
② 각 기기의 기호는 정상상태 또는 중립상태를 표시한다.
③ 오해의 위험이 없는 경우에는 기호를 회전하거나 뒤집어도 된다.
④ 기호에는 각 기기의 구조나 작용압력을 표시하지 않는다.
⑤ 기호가 없어도 바르게 이해할 수 있는 경우에는 드레인 관로를 생략해도 된다.

유압 · 공기압 기호

기호	명칭	기호	명칭
	유압 펌프		공기압 모터
	레버		단동 실린더 편로드
	페달		복동 실린더 편로드
	플런저		복동 실린더 양로드
	직접 파일럿 조작		스프링
	정용량형 유압펌프		가변용량형 유압펌프
	드레인 배출기		아날로그 변환기
	단동 솔레노이드		복동 솔레노이드
	유압 동력원		공기압 동력원
	스톱 밸브		체크 밸브
	릴리프 밸브		감압 밸브
	무부하 밸브		시퀀스 밸브
	루브리케이터		전동기
	기름탱크(통기식)		가변 교축 밸브
	공기탱크		어큐뮬레이터
	압력계		필터
	온도계		압력 스위치
	유량계		리밋스위치

참고 **플러싱(flushing)** : 유압장치 내에 슬러지 등이 생겼을 때 이것을 용해하여 장치 내를 깨끗이 하는 작업이다.

출제 예상 문제

01. 작업 중에 유압 펌프로부터 토출유량이 필요하지 않게 되었을 때, 토출오일을 탱크에 저압으로 귀환시키는 회로는?

① 시퀀스 회로

② 언로드 회로

③ 블리드 오프 회로

④ 어큐뮬레이터 회로

해설 언로드 회로는 작업 중에 유압 펌프 유량이 필요하지 않게 되었을 때 오일을 저압으로 탱크에 귀환시킨다.

02. 유압 회로에서 유량제어를 통하여 작업속도를 조절하는 방식에 속하지 않는 것은?

① 미터-인(meter in) 방식

② 미터-아웃(meter out) 방식

③ 블리드 오프(bleed off) 방식

④ 블리드 온(bleed on) 방식

해설 속도제어 회로에는 미터 인 방식, 미터 아웃 방식, 블리드 오프 방식이 있다.

03. 액추에이터의 입구 쪽 관로에 유량제어밸브를 직렬로 설치하여 작동유의 유량을 제어함으로써 액추에이터의 속도를 제어하는 회로는?

① 시스템 회로

② 블리드 오프 회로

③ 미터-인 회로

④ 미터-아웃 회로

해설 미터-인 회로는 유압 액추에이터의 입력 쪽에 유량제어밸브를 직렬로 연결하여 액추에이터로 유입되는 유량을 제어하여 액추에이터의 속도를 제어한다.

04. 유압장치의 기호 회로도에 사용되는 유압 기호의 표시 방법으로 적합하지 않은 것은?

① 기호에는 흐름의 방향을 표시한다.

② 각 기기의 기호는 정상상태 또는 중립 상태를 표시한다.

③ 기호는 어떠한 경우에도 회전하여서는 안 된다.

④ 기호에는 각 기기의 구조나 작용압력을 표시하지 않는다.

해설 기호는 오해의 위험이 없는 경우에는 기호를 회전하거나 뒤집어도 된다.

05. 유압장치에서 가장 많이 사용되는 유압 회로도는?

① 조합 회로도　　② 그림 회로도

③ 단면 회로도　　④ 기호 회로도

해설 일반적으로 많이 사용하는 유압 회로도는 기호 회로도이다.

06. 공·유압 기호 중 그림이 나타내는 것은?

▶

① 밸브　　　　② 공기압

③ 유압　　　　④ 전기

07. 유량제어밸브를 실린더와 병렬로 연결하여 실린더의 속도를 제어하는 회로는?

① 블리드 오프 회로
② 블리드 온 회로
③ 미터-인 회로
④ 미터-아웃 회로

해설 블리드 오프(bleed off) 회로는 유량제어밸브를 실린더와 병렬로 연결하여 실린더의 속도를 제어한다.

08. 그림의 유압 기호는 무엇을 표시하는가?

① 공기 · 유압변환기
② 증압기
③ 촉매컨버터
④ 어큐뮬레이터

09. 유압 도면기호의 명칭은?

① 스트레이너　② 유압 모터
③ 유압 펌프　④ 압력계

10. 가변용량형 유압 펌프의 기호는?

11. 공 · 유압 기호 중 그림이 나타내는 것은?

① 정용량형 펌프 · 모터
② 가변용량형 펌프 · 모터
③ 요동형 액추에이터
④ 가변형 액추에이터

12. 그림의 유압 기호는 무엇을 표시하는가?

① 가변 유압 모터　② 유압 펌프
③ 가변 토출밸브　④ 가변 흡입밸브

13. 그림과 같은 유압 기호에 해당하는 밸브는?

① 체크 밸브
② 카운터 밸런스 밸브
③ 릴리프 밸브
④ 리듀싱 밸브

14. 그림의 유압 기호가 나타내는 것은?

① 릴리프 밸브　② 감압 밸브
③ 순차 밸브　④ 무부하 밸브

15. 단동 실린더의 기호 표시로 맞는 것은?

16. 그림과 같은 실린더의 명칭은?

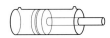

① 단동 실린더　　② 단동 다단실린더
③ 복동 실린더　　④ 복동 다단실린더

17. 복동 실린더 양 로드형을 나타내는 유압 기호는?

① 　　②

③ 　　④

18. 체크 밸브를 나타낸 것은?

19. 그림의 유압 기호는 무엇을 표시하는가?

① 스톱 밸브
② 무부하 밸브
③ 고압우선형 셔틀밸브
④ 저압우선형 셔틀밸브

20. 그림의 유압 기호는 무엇을 표시하는가?

① 복동 가변식 전자 액추에이터
② 회전형 전기 액추에이터
③ 단동 가변식 전자 액추에이터
④ 직접 파일럿 조작 액추에이터

21. 그림의 공·유압 기호는 무엇을 표시하는가?

① 전자·공기압 파일럿
② 전자·유압 파일럿
③ 유압 2단 파일럿
④ 유압가변 파일럿

22. 유압·공기압 도면기호 중 그림이 나타내는 것은?

① 유압 파일럿(외부)
② 공기압 파일럿(외부)
③ 유압 파일럿(내부)
④ 공기압 파일럿(내부)

23. 방향전환밸브의 조작방식에서 단동 솔레노이드 기호는?

①　　　　　　②

③　　　　　　④

해설 ①은 솔레노이드 조작방식, ②는 간접 조작방식, ③은 레버 조작방식, ④는 기계 조작방식이다.

24. 그림의 유압 기호에서 "A" 부분이 나타내는 것은?

① 오일 냉각기
② 스트레이너
③ 가변용량 유압 펌프
④ 가변용량 유압 모터

25. 그림의 유압 기호가 나타내는 것은?

① 유압 밸브　　　② 차단 밸브
③ 오일 탱크　　　④ 유압 실린더

26. 그림의 유압 기호는 무엇을 표시하는가?

① 유압 실린더　　② 어큐뮬레이터
③ 오일 탱크　　　④ 유압 실린더 로드

27. 유압 도면기호에서 여과기의 기호 표시는?

③ ▶━　　　　④ ⬭

28. 공·유압 기호 중 그림이 나타내는 것은?

① 유압 동력원　　② 공기압 동력원
③ 전동기　　　　④ 원동기

29. 유압 압력계의 기호는?

① ✳　　　　② PF
③ MV　　　　④ ⊘

30. 그림에서 드레인 배출기의 기호 표시로 맞는 것은?

① ◯　　　　② ⊡
③ ◇　　　　④ ↗

31. 유압 도면기호에서 압력스위치를 나타내는 것은?

③ ⬭　　　　④ ┈◦╲◦w

32. 유압장치에서 정용량형 유압펌프의 기호는?

　　④ ┈▷╱▫

33. 유압장치에서 유량계의 기호 표시로 맞는 것은?

　　② ⦶

　　④ ━◯━

34. 유압장치의 계통 내에 슬러지 등이 생겼을 때 이것을 용해하여 깨끗이 하는 작업은?

① 서징　　　　② 코킹
③ 플러싱　　　④ 트램핑

해설　플러싱이란 유압계통의 오일장치 내에 슬러지 등이 생겼을 때 이것을 용해하여 장치 내를 깨끗이 하는 작업이다.

정답　25 ③　26 ②　27 ①　28 ①　29 ④　30 ③　31 ④　32 ②　33 ①　34 ③

로더
운전기능사

제6편

건설기계관리법규

제1장 건설기계관리법

제 1 장 건설기계관리법

1-1 건설기계관리법의 목적

건설기계의 등록·검사·형식승인 및 건설기계사업과 건설기계 조종사 면허 등에 관한 사항을 정하여 건설기계를 효율적으로 관리하고 건설기계의 안전도를 확보하여 건설 공사의 기계화를 촉진함을 목적으로 한다.

1-2 건설기계 사업

건설기계 사업에는 대여업, 정비업, 매매업, 폐기업 등이 있으며, 건설기계 사업을 영위하고자 하는 자는 시·도지사에게 등록하여야 한다.

1-3 건설기계의 신규 등록

(1) 건설기계를 등록할 때 필요한 서류
① 건설기계의 출처를 증명하는 서류(건설기계 제작증, 수입면장, 매수증서)
② 건설기계의 소유자임을 증명하는 서류
③ 건설기계 제원표
④ 자동차손해배상보장법에 따른 보험 또는 공제의 가입을 증명하는 서류

(2) 건설기계 등록신청
건설기계를 취득한 날부터 2월(60일) 이내에 소유자의 주소지 또는 건설기계 사용본거지를 관할하는 시·도지사에게 하여야 한다.

1-4 등록사항 변경신고

건설기계 등록사항에 변경이 있을 때(전시·사변 기타 이에 준하는 비상사태 및 상속 시의 경우는 제외)에는 등록사항의 변경신고를 변경이 있는 날부터 30일 이내에 하여야 한다.

1-5 건설기계 조종사 면허

(1) 건설기계 조종사 면허

건설기계 조종사 면허를 받으려는 사람은 국가기술자격법에 따른 해당 분야의 기술자 격을 취득하고 국·공립병원, 시·도지사가 지정하는 의료기관의 적성검사에 합격하여 야 한다.

(2) 건설기계 조종사 면허의 결격사유

① 18세 미만인 사람
② 건설기계 조종상의 위험과 장해를 일으킬 수 있는 정신질환자 또는 뇌전증환자
③ 앞을 보지 못하는 사람, 듣지 못하는 사람
④ 마약, 대마, 향정신성 의약품 또는 알코올 중독자

(3) 자동차 제1종 대형면허로 조종할 수 있는 건설기계

덤프트럭, 아스팔트살포기, 노상안정기, 콘크리트믹서트럭, 콘크리트펌프, 천공기(트 럭적재식을 말한다.), 특수건설기계 중 국토교통부장관이 지정하는 건설기계이다.

(4) 건설기계 조종사 면허를 반납하여야 하는 사유

① 건설기계 면허가 취소된 때
② 건설기계 면허의 효력이 정지된 때
③ 면허증의 재교부를 받은 후 잃어버린 면허증을 발견한 때

(5) 건설기계 면허 적성검사 기준

① 두 눈을 동시에 뜨고 잰 시력이 0.7 이상일 것(교정시력을 포함)
② 두 눈의 시력이 각각 0.3 이상일 것(교정시력을 포함)
③ 55데시벨(보청기를 사용하는 사람은 40데시벨)의 소리를 들을 수 있고, 언어 분별

력이 80% 이상일 것

④ 시각은 150도 이상일 것

⑤ 마약 · 알코올 중독의 사유에 해당되지 아니할 것

1-6 등록번호표

(1) 등록번호표에 표시되는 사항

건설기계 등록번호표에 표시되는 사항은 기종, 등록관청, 등록번호, 용도 등이다.

(2) 등록번호표의 색칠

① **자가용** : 녹색 판에 흰색문자

② **영업용** : 주황색 판에 흰색문자

③ **관용** : 흰색 판에 검은색 문자

④ **임시운행 번호표** : 흰색 페인트 판에 검은색 문자

(3) 건설기계 등록번호

① **자가용** : 1001~4999

② **영업용** : 5001~8999

③ **관용** : 9001~9999

1-7 건설기계 임시운행 사유

① 등록신청을 하기 위하여 건설기계를 등록지로 운행하는 경우

② 신규 등록검사 및 확인검사를 받기 위하여 건설기계를 검사장소로 운행하는 경우

③ 수출을 하기 위하여 건설기계를 선적지로 운행하는 경우

④ 수출을 하기 위하여 등록말소한 건설기계를 점검 · 정비의 목적으로 운행하는 경우

⑤ 신개발 건설기계를 시험 · 연구의 목적으로 운행하는 경우

⑥ 판매 또는 전시를 위하여 건설기계를 일시적으로 운행하는 경우

1-8 건설기계 검사

우리나라에서 건설기계에 대한 정기검사를 실시하는 검사업무 대행기관은 대한건설기계 안전관리원이다.

(1) 건설기계 검사의 종류

① **신규등록검사** : 건설기계를 신규로 등록할 때 실시하는 검사이다.
② **정기검사** : 건설공사용 건설기계로서 3년의 범위에서 국토교통부령으로 정하는 검사유효기간이 끝난 후에 계속하여 운행하려는 경우에 실시하는 검사와 대기환경보전법 및 소음 · 진동관리법에 따른 운행차의 정기검사이다.
③ **구조변경 검사** : 건설기계의 주요 구조를 변경 또는 개조한 때 실시하는 검사이다.
④ **수시검사** : 성능이 불량하거나 사고가 자주 발생하는 건설기계의 안전성 등을 점검하기 위하여 수시로 실시하는 검사와 건설기계 소유자의 신청을 받아 실시하는 검사이다.

(2) 정기검사 신청기간 및 검사기간 산정

① 정기검사를 받고자 하는 자는 검사유효기간 만료일 전후 각각 30일 이내에 신청한다.
② 건설기계 정기검사 신청기간 내에 정기검사를 받은 경우 다음 정기검사 유효기간의 산정은 종전 검사유효기간 만료일의 다음 날부터 기산한다.
③ 정기검사 유효기간을 1개월 경과한 후에 정기검사를 받은 경우 다음 정기검사 유효기간 산정 기산일은 검사를 받은 날의 다음 날부터이다.

(3) 정기검사 최고

정기검사를 받지 아니한 건설기계의 소유자에 대하여는 정기검사의 유효기간이 만료된 날부터 3개월 이내에 국토교통부령이 정하는 바에 따라 10일 이내의 기한을 정하여 정기검사를 받을 것을 최고하여야 한다.

(4) 검사소에서 검사를 받아야 하는 건설기계

덤프트럭, 콘크리트믹서트럭, 콘크리트펌프(트럭적재식), 아스팔트살포기, 트럭지게차(국토교통부장관이 정하는 특수건설기계인 트럭지게차를 말한다)

(5) 당해 건설기계가 위치한 장소에서 검사하는(출장검사) 경우

① 도서지역에 있는 경우

② 자체중량이 40ton을 초과하거나 축중이 10ton을 초과하는 경우
③ 너비가 2.5m를 초과하는 경우
④ 최고속도가 시간당 35km 미만인 경우

(6) 정비명령

정비명령은 검사에 불합격한 해당 건설기계 소유자에게 하며, 정비명령 기간은 6개월 이내이다.

1-9 건설기계의 구조변경을 할 수 없는 경우

① 건설기계의 기종변경
② 육상작업용 건설기계의 규격을 증가시키기 위한 구조변경
③ 육상작업용 건설기계의 적재함 용량을 증가시키기 위한 구조변경

1-10 건설기계 사후관리

① 건설기계를 판매한 날부터 12개월 동안 무상으로 건설기계의 정비 및 정비에 필요한 부품을 공급하여야 한다.
② 12개월 이내에 건설기계의 주행거리가 20,000km(원동기 및 차동장치의 경우에는 40,000km)를 초과하거나 가동시간이 2,000시간을 초과한 때에는 12개월이 경과한 것으로 본다.

1-11 건설기계 조종사 면허취소 사유 및 면허정지 기간

(1) 면허취소 사유

① 거짓이나 그 밖의 부정한 방법으로 건설기계 조종사 면허를 받은 경우
② 건설기계 조종사의 효력정지 기간 중 건설기계를 조종한 경우
③ 건설기계 조종사 면허의 결격사유에 해당하게 된 경우
④ 건설기계의 조종 중 고의 또는 과실로 중대한 사고를 일으킨 경우
 ㉮ 고의로 인명피해(사망·중상·경상 등)를 입힌 경우

㈏ 과실로 3명 이상을 사망하게 한 경우

㈐ 과실로 7명 이상에게 중상을 입힌 경우

㈑ 과실로 19명 이상에게 경상을 입힌 경우

(2) 면허정지 기간

① 인명피해를 입힌 경우

㈎ 사망 1명마다 : 면허효력정지 45일

㈏ 중상 1명마다 : 면허효력정지 15일

㈐ 경상 1명마다 : 면허효력정지 5일

② 건설기계 조종 중 고의 또는 과실로 가스공급시설을 손괴하거나 가스공급시설의 기능에 장애를 입혀 가스의 공급을 방해한 경우 : 면허효력정지 180일

③ 술에 취한 상태(혈중 알코올 농도 0.05% 이상 0.1% 미만)에서 건설기계를 조종한 경우 : 면허효력정지 60일

1-12 벌칙

(1) 2년 이하의 징역 또는 2천만 원 이하의 벌금

① 등록되지 아니한 건설기계를 사용하거나 운행한 자

② 등록이 말소된 건설기계를 사용하거나 운행한 자

③ 시·도지사의 지정을 받지 아니하고 등록번호표를 제작하거나 등록번호를 새긴 자

(2) 1년 이하의 징역 또는 1천만 원 이하의 벌금

① 건설기계 조종사 면허를 받지 아니하고 건설기계를 조종한 자

② 건설기계 조종사 면허가 취소되거나 건설기계 조종사 면허의 효력정지처분을 받은 후에도 건설기계를 계속하여 조종한 자

③ 건설기계를 도로나 타인의 토지에 버려 둔 자

(3) 100만 원 이하의 벌금

① 등록번호를 지워 없애거나 그 식별을 곤란하게 한 자

② 구조변경검사 또는 수시검사를 받지 아니한 자

③ 정비명령을 이행하지 아니한 자

④ 형식승인, 형식변경승인 또는 확인검사를 받지 아니하고 건설기계의 제작 등을 한 자

⑤ 사후관리에 관한 명령을 이행하지 아니한 자

1-13 특별표지판 부착대상 건설기계

① 길이가 16.7m 이상인 경우
② 너비가 2.5m 이상인 경우
③ 최소회전 반경이 12m 이상인 경우
④ 높이가 4m 이상인 경우
⑤ 총중량이 40톤 이상인 경우
⑥ 축하중이 10톤 이상인 경우

1-14 건설기계의 좌석안전띠 및 조명장치

(1) 안전띠

① 30km/h 이상의 속도를 낼 수 있는 타이어식 건설기계에는 좌석안전띠를 설치해야 한다.
② 안전띠는 사용자가 쉽게 잠그고 풀 수 있는 구조이어야 한다.
③ 안전띠는 「산업표준화법」 제15조에 따라 인증을 받은 제품이어야 한다.

(2) 조명장치

최고속도 15km/h 미만 타이어식 건설기계에 갖추어야 하는 조명장치는 전조등, 후부 반사기, 제동등이다.

로더
운전기능사

출제 예상 문제

01. 건설기계관리법의 입법목적에 해당되지 않는 것은?

① 건설기계의 효율적인 관리를 하기 위함이다.

② 건설기계 안전도 확보를 위함이다.

③ 건설기계의 규제 및 통제를 하기 위함이다.

④ 건설공사의 기계화를 촉진하기 위함이다.

해설 건설기계관리법의 목적은 건설기계를 효율적으로 관리하고 건설기계의 안전도를 확보하여 건설공사의 기계화를 촉진함을 목적으로 한다.

02. 건설기계관리법령상 건설기계의 정의를 가장 올바르게 한 것은?

① 건설공사에 사용할 수 있는 기계로서 대통령령이 정하는 것

② 건설현장에서 운행하는 장비로서 대통령령이 정하는 것

③ 건설공사에 사용할 수 있는 기계로서 국토교통부령이 정하는 것

④ 건설현장에서 운행하는 장비로서 국토교통부령이 정하는 것

해설 건설기계라 함은 건설공사에 사용할 수 있는 기계로서 대통령령으로 정한 것이며, 건설기계의 종류는 27종(26종 및 특수건설기계)이 있다.

03. 건설기계관리법에서 정의한 건설기계 형식을 가장 잘 나타낸 것은?

① 엔진구조 및 성능을 말한다.

② 구조·규격 및 성능 등에 관하여 일정하게 정한 것을 말한다.

③ 성능 및 용량을 말한다.

④ 형식 및 규격을 말한다.

해설 건설기계 형식이란 구조·규격 및 성능 등에 관하여 일정하게 정한 것이다.

04. 건설기계의 범위에 속하지 않는 것은?

① 전동식 솔리드타이어를 부착한 것 중 도로가 아닌 장소에서만 운행하는 지게차

② 노상안정장치를 가진 자주식인 노상안정기

③ 정지장치를 가진 자주식인 모터그레이더

④ 공기토출량이 매분당 2.83세제곱미터 이상의 이동식인 공기압축기

해설 지게차의 건설기계 범위는 타이어식으로 들어올림 장치를 가진 것. 다만, 전동식으로 솔리드타이어를 부착한 것을 제외한다.

05. 건설기계관리법상 건설기계의 등록신청은 누구에게 하여야 하는가?

① 사용본거지를 관할하는 읍·면장

② 사용본거지를 관할하는 검사대행자

③ 사용본거지를 관할하는 시·도지사

④ 사용본거지를 관할하는 경찰서장

해설 건설기계 등록신청은 소유자의 주소지 또는 건설기계 사용본거지를 관할하는 시·도지사에게 한다.

06. 건설기계관리법상 건설기계의 소유자는 건설기계를 취득한 날부터 얼마 이내에 건설기계 등록신청을 해야 하는가?

① 2월 이내   ② 3월 이내
③ 6월 이내   ④ 1년 이내

해설 건설기계 등록신청은 건설기계를 취득한 날로부터 2월(60일) 이내에 하여야 한다.

07. 건설기계의 등록 전에 임시운행 사유에 해당되지 않는 것은?

① 수출을 하기 위하여 건설기계를 선적지로 운행하는 경우
② 등록신청을 하기 위하여 건설기계를 등록지로 운행하는 경우
③ 건설기계 구입 전 이상 유무를 확인하기 위해 1일간 예비운행을 하는 경우
④ 신개발 건설기계를 시험·연구의 목적으로 운행하는 경우

해설 임시운행 사유
㉠ 등록신청을 하기 위하여 건설기계를 등록지로 운행하는 경우
㉡ 신규 등록검사 및 확인검사를 받기 위하여 건설기계를 검사장소로 운행하는 경우
㉢ 수출을 하기 위하여 건설기계를 선적지로 운행하는 경우
㉣ 신개발 건설기계를 시험·연구의 목적으로 운행하는 경우
㉤ 판매 또는 전시를 위하여 건설기계를 일시적으로 운행하는 경우

08. 신개발 건설기계의 시험·연구목적 운행을 제외한 건설기계의 임시운행 기간은 며칠 이내인가?

① 5일   ② 10일   ③ 15일   ④ 20일

해설 신개발 건설기계의 시험·연구목적 운행을 제외한 건설기계의 임시운행 기간은 15일 이내이다.

09. 건설기계의 소유자는 건설기계등록사항에 변경이 있을 때(전시·사변 기타 이에 준하는 비상사태 및 상속 시의 경우는 제외)에는 등록사항의 변경신고를 변경이 있는 날부터 며칠 이내에 하여야 하는가?

① 10일   ② 15일   ③ 20일   ④ 30일

해설 건설기계등록사항에 변경이 있을 때(전시·사변 기타 이에 준하는 비상사태 및 상속 시의 경우는 제외)에는 등록사항의 변경신고를 변경이 있는 날부터 30일 이내에 시·도지사에게 하여야 한다.

10. 건설기계 등록사항의 변경 또는 등록이전신고 대상이 아닌 것은?

① 소유자 변경
② 소유자의 주소지 변경
③ 건설기계 소재지 변동
④ 건설기계의 사용본거지 변경

해설 등록이전신고 대상 : 소유자 변경, 소유자의 주소지 변경, 건설기계의 사용본거지 변경

11. 건설기계에서 등록의 경정은 어느 때 하는가?

① 등록을 행한 후에 그 등록에 관하여 착오 또는 누락이 있음을 발견한 때
② 등록을 행한 후에 소유권이 이전되었을 때
③ 등록을 행한 후에 등록지가 이전되었을 때
④ 등록을 행한 후에 소재지가 변동되었을 때

해설 등록의 경정은 등록을 행한 후에 그 등록에

관하여 착오 또는 누락이 있음을 발견한 때 한다.

12. 건설기계 등록 · 검사증이 헐어서 못쓰게 된 경우 어떻게 하여야 되는가?

① 신규등록 신청　② 등록말소 신청
③ 정기검사 신청　④ 재교부 신청

해설 건설기계 등록 · 검사증이 헐어서 못쓰게 된 경우에는 재교부 신청을 한다.

13. 소유자의 신청이나 시 · 도지사의 직권으로 건설기계의 등록을 말소할 수 있는 경우가 아닌 것은?

① 건설기계를 수출하는 경우
② 건설기계를 도난당한 경우
③ 건설기계 정기검사에 불합격된 경우
④ 건설기계의 차대가 등록 시의 차대와 다른 경우

해설 정기검사에 불합격된 경우에는 정비명령을 받아야 한다.

14. 건설기계를 도난당한 때 등록말소사유 확인서로 적당한 것은?

① 신출신용장
② 경찰서장이 발생한 도난신고 접수확인원
③ 주민등록등본
④ 봉인 및 번호판

15. 건설기계 소유자는 건설기계를 도난당한 날로부터 얼마 이내에 등록말소를 신청해야 하는가?

① 30일 이내　② 2월 이내
③ 3월 이내　④ 6월 이내

해설 건설기계를 도난당한 경우에는 도난당한 날부터 2개월 이내에 등록말소를 신청하여야 한다.

16. 시 · 도지사가 저당권이 등록된 건설기계를 말소할 때 미리 그 뜻을 건설기계의 소유자 및 이해관계인에게 통보한 후 몇 개월이 지나지 않으면 등록을 말소할 수 없는가?

① 3개월　② 1개월
③ 12개월　④ 6개월

해설 시 · 도지사가 저당권이 등록된 건설기계를 말소할 때 미리 그 뜻을 건설기계의 소유자 및 이해관계인에게 통보한 후 3개월이 지나지 않으면 등록을 말소할 수 없다.

17. 시 · 도지사는 건설기계 등록원부를 건설기계의 등록을 말소한 날부터 몇 년간 보존하여야 하는가?

① 1년　② 3년　③ 5년　④ 10년

해설 건설기계 등록원부는 건설기계의 등록을 말소한 날부터 10년간 보존하여야 한다.

18. 건설기계관리법령상 건설기계 사업의 종류가 아닌 것은?

① 건설기계매매업　② 건설기계제작업
③ 건설기계폐기업　④ 건설기계대여업

해설 건설기계 사업의 종류에는 매매업, 대여업, 폐기업, 정비업이 있다.

19. 건설기계의 폐기인수증명서는 누가 교부하는가?

① 시 · 도지사　② 국토교통부장관
③ 시장 · 군수　④ 건설기계폐기업자

해설 건설기계의 폐기인수증명서는 폐기업자가 교부한다.

정답 12 ④　13 ③　14 ②　15 ②　16 ①　17 ④　18 ②　19 ④

20. 건설기계대여업의 등록 시 필요 없는 서류는?

① 주기장시설보유확인서

② 건설기계 소유사실을 증명하는 서류

③ 사무실의 소유권 또는 사용권이 있음을 증명하는 서류

④ 모든 종업원의 신원증명서

해설 건설기계대여업을 등록하고자 할 경우에는 주기장시설보유확인서, 건설기계 소유사실을 증명하는 서류, 사무실의 소유권 또는 사용권이 있음을 증명하는 서류 등이 필요하다.

21. 건설기계 매매업의 등록을 하고자 하는 자의 구비서류로 맞는 것은?

① 건설기계 매매업 등록필증

② 건설기계보험증서

③ 건설기계등록증

④ 5천만 원 이상의 하자보증금예치증서 또는 보증보험증서

해설 매매업의 등록을 하고자 하는 자의 구비서류
㉠ 사무실의 소유권 또는 사용권이 있음을 증명하는 서류
㉡ 주기장소재지를 관할하는 시장·군수·구청장이 발급한 주기장시설보유확인서
㉢ 5천만 원 이상의 하자보증금예치증서 또는 보증보험증서

22. 건설기계를 조종할 때 적용받는 법령에 대한 설명으로 가장 적합한 것은?

① 건설기계관리법에 대한 적용만 받는다.

② 건설기계관리법 이외에 도로상을 운행할 때에는 도로교통법 중 일부를 적용받는다.

③ 건설기계관리법 및 자동차 관리법의 전체 적용을 받는다.

④ 도로교통법에 대한 적용만 받는다.

해설 건설기계를 조종할 때에는 건설기계관리법 이외에 도로상을 운행할 때에는 도로교통법 중 일부를 적용 받는다.

23. 건설기계 조종사 면허에 대한 설명 중 틀린 것은?

① 건설기계를 조종하려는 사람은 시·도지사에게 건설기계 조종사 면허를 받아야 한다.

② 건설기계 조종사 면허는 국토교통부령으로 정하는 바에 따라 건설기계의 종류별로 받아야 한다.

③ 건설기계 조종사 면허를 받으려는 사람은 국가기술자격법에 따른 해당 분야의 기술자격을 취득하고 적성검사에 합격하여야 한다.

④ 건설기계 조종사 면허증의 발급, 적성검사의 기준, 그 밖에 건설기계 조종사 면허에 필요한 사항은 대통령령으로 정한다.

해설 건설기계 조종사 면허증의 발급, 적성검사의 기준, 그 밖에 건설기계 조종사 면허에 필요한 사항은 국토교통부령으로 정한다.

24. 건설기계 조종사에 관한 설명 중 틀린 것은?

① 건설기계 조종사 면허의 효력정지 기간 중 건설기계를 조종한 때에는 시·도지사는 건설기계 조종사 면허를 취소하여야 한다.

② 건설기계 조종사 면허가 취소된 경우에는 그 사유가 발생한 날로부터 30일 이내에 주소지를 관할하는 시·도지사에게 그 면허증을 반납하여야 한다.

③ 해당 건설기계 조종의 국가기술자격소지자가 건설기계 조종사 면허를 받지 않고 건설기계를 조종한 때에는 무면허이다.

④ 면허효력이 정지된 때에는 건설기계 조종사 면허증을 반납하여야 한다.

해설 건설기계 조종사 면허가 취소되었을 경우 그 사유가 발생한 날로부터 10일 이내에 면허증을 반납해야 한다.

25. 건설기계 조종사 면허의 결격사유에 해당되지 않는 것은?

① 마약 · 대마 · 향정신성 의약품 또는 알코올 중독자

② 정신질환자 또는 뇌전증환자

③ 파산자로서 복권되지 않은 사람

④ 18세 미만인 사람

26. 건설기계 조종사 면허증 발급신청 시 첨부하는 서류와 가장 거리가 먼 것은?

① 신체검사서

② 국가기술자격수첩

③ 주민등록표 등본

④ 소형건설기계 조종교육 이수증

해설 면허증 발급신청할 때 첨부하는 서류

㉠ 신체검사서

㉡ 소형건설기계 조종교육 이수증

㉢ 건설기계 조종사 면허증(건설기계 조종사 면허를 받은 자가 면허의 종류를 추가하고자 하는 때에 한한다)

㉣ 6개월 이내에 촬영한 탈모상반신 사진 2매

㉤ 국가기술자격증 정보(소형건설기계 조종사 면허증을 발급신청하는 경우는 제외한다)

㉥ 자동차운전면허 정보(3톤 미만의 지게차를 조종하려는 경우에 한정한다)

27. 건설기계 조종사의 국적변경이 있는 경우에는 그 사실이 발생한 날로부터 며칠 이내에 신고하여야 하는가?

① 2주 이내

② 10일 이내

③ 20일 이내

④ 30일 이내

해설 건설기계 조종사는 성명, 주민등록번호 및 국적의 변경이 있는 경우에는 그 사실이 발생한 날부터 30일 이내에 주소지를 관할하는 시 · 도지사에게 제출하여야 한다.

28. 도로교통법상 규정한 운전면허를 받아 조종할 수 있는 건설기계가 아닌 것은?

① 굴삭기

② 덤프트럭

③ 콘크리트펌프

④ 콘크리트믹서트럭

해설 제1종 대형 자동차 운전면허로 조종할 수 있는 건설기계는 덤프트럭, 아스팔트살포기, 노상안정기, 콘크리트믹서트럭, 콘크리트펌프, 트럭적재식 천공기이다.

29. 건설기계관리법상 소형건설기계에 포함되지 않는 것은?

① 3톤 미만의 굴삭기

② 5톤 미만의 불도저

③ 기중기

④ 공기압축기

해설 **소형건설기계의 종류** : 3톤 미만의 굴삭기, 3톤 미만의 로더, 3톤 미만의 지게차, 5톤 미만의 로더, 5톤 미만의 불도저, 콘크리트펌프(이동식으로 한정.) 5톤 미만의 천공기(트럭적재식은 제외), 공기압축기, 쇄석기 및 준설선, 3톤 미만의 타워크레인

30. 해당 건설기계 운전의 국가기술자격소지자가 건설기계 조종 시 면허를 받지 않고 건설기계를 조종할 경우는?

① 무면허이다.
② 사고 발생 시에만 무면허이다.
③ 도로주행만 하지 않으면 괜찮다.
④ 면허를 가진 것으로 본다.

해설 해당 건설기계 운전의 국가기술자격소지자가 건설기계 조종 시 면허를 받지 않고 건설기계를 조종할 경우는 무면허이다.

31. 건설기계조종사의 적성검사 기준으로 가장 거리가 먼 것은?

① 두 눈을 동시에 뜨고 잰 시력이 0.7 이상이고, 두 눈의 시력이 각각 0.3 이상일 것
② 시각은 150° 이상일 것
③ 언어분별력이 80% 이상일 것
④ 교정시력의 경우는 시력이 2.0 이상일 것

해설 두 눈을 동시에 뜨고 잰 시력(교정시력을 포함한다. 이하 이 호에서 같다)이 0.7 이상이고 두 눈의 시력이 각각 0.3 이상일 것

32. 건설기계 조종사 면허를 취소하거나 정지시킬 수 있는 사유에 해당하지 않는 것은?

① 면허증을 타인에게 대여한 때
② 조종 중 과실로 중대한 사고를 일으킨 때
③ 면허를 부정한 방법으로 취득하였음이 밝혀졌을 때
④ 여행을 목적으로 1개월 이상 해외로 출국하였을 때

33. 건설기계 조종사 면허증의 반납사유에 해당하지 않는 것은?

① 면허가 취소된 때
② 면허의 효력이 정지된 때
③ 건설기계 조종을 하지 않을 때
④ 면허증의 재교부를 받은 후 잃어버린 면허증을 발견한 때

해설 면허가 취소된 때, 면허의 효력이 정지된 때, 면허증의 재교부를 받은 후 잃어버린 면허증을 발견한 때 등의 사유가 발생한 경우에는 10일 이내 시·도지사에게 반납한다.

34. 건설기계소유자에게 등록번호표 제작명령을 할 수 있는 기관의 장은?

① 국토교통부장관
② 행정안전부장관
③ 경찰청장
④ 시·도지사

해설 등록번호표 제작명령은 시·도지사가 한다.

35. 건설기계 등록번호표에 표시되지 않는 것은?

① 등록번호   ② 연식
③ 등록관청   ④ 기종

해설 건설기계 등록번호표에는 기종, 등록관청, 등록번호, 용도 등이 표시된다.

36. 건설기계 등록번호표에 대한 설명으로 틀린 것은?

① 굴삭기일 경우 기종별 기호표시는 02로 한다.
② 재질은 철판 또는 알루미늄판이 사용된다.
③ 모든 번호표의 규격은 동일하다.

정답 30 ① 　31 ④ 　32 ④ 　33 ③ 　34 ④ 　35 ② 　36 ③

④ 번호표에 표시되는 문자 및 외곽선은 1.5mm 튀어나와야 한다.

해설 **등록번호표**
㉠ 덤프트럭, 아스팔트살포기, 노상안정기, 콘크리트믹서트럭, 콘크리트펌프, 천공기(트럭적재식)의 번호표 재질은 알루미늄이다.
㉡ 덤프트럭, 콘크리트믹서트럭, 콘크리트펌프, 타워크레인의 번호표 규격은 가로 600mm, 세로 280mm이다.
㉢ 그 밖의 건설기계 번호표 규격은 가로 400mm, 세로 220mm이다.

37. 건설기계 등록번호표의 색칠 기준으로 틀린 것은?

① 자가용 : 녹색 판에 흰색문자
② 영업용 : 주황색 판에 흰색문자
③ 관용 : 흰색 판에 검은색문자
④ 수입용 : 적색 판에 흰색문자

해설 **등록번호표의 색칠 기준**
㉠ 자가용 : 녹색 판에 흰색문자
㉡ 영업용 : 주황색 판에 흰색문자
㉢ 관용 : 백색 판에 검은색문자
㉣ 임시운행 번호표 : 흰색 페인트 판에 검은색문자

38. 건설기계 등록번호표 중 영업용에 해당하는 것은?

① 5001~8999　② 6001~8999
③ 9001~9999　④ 1001~4999

해설 ㉠ 자가용 : 1001~4999
㉡ 영업용 : 5001~8999
㉢ 관용 : 9001~9999

39. 건설기계 등록번호표의 봉인이 떨어졌을 경우에 조치 방법으로 올바른 것은?

① 운전자가 즉시 수리한다.

② 관할 시·도지사에게 봉인을 신청한다.
③ 관할 검사소에 봉인을 신청한다.
④ 가까운 카센터에서 신속하게 봉인한다.

해설 건설기계 등록번호표의 봉인이 떨어졌을 경우에는 관할 시·도지사에게 봉인을 신청한다.

40. 다음 중 영업용 기중기를 나타내는 등록번호표는?

① 서울 07-6091　② 인천 04-9589
③ 세종 03-2536　④ 부산 08-5895

41. 건설기계 등록지를 변경한 때는 등록번호표를 시·도지사에게 며칠 이내에 반납하여야 하는가?

① 10일 이내　② 15일 이내
③ 20일 이내　④ 30일 이내

해설 건설기계 등록번호표는 10일 이내에 시·도지사에게 반납하여야 한다.

42. 우리나라에서 건설기계에 대한 정기검사를 실시하는 검사업무 대행기관은?

① 건설기계 정비업 협회
② 자동차 정비업 협회
③ 대한건설기계 안전관리원
④ 건설기계 협회

해설 우리나라에서 건설기계에 대한 정기검사를 실시하는 검사업무 대행기관은 대한건설기계 안전관리원이다.

43. 건설기계 검사의 종류가 아닌 것은?

① 예비검사　② 신규등록검사
③ 정기검사　④ 구조변경검사

해설 건설기계 검사의 종류에는 신규등록검사, 정기검사, 구조변경검사, 수시검사가 있다.

44. 건설기계관리법령상 건설기계를 검사유효기간이 끝난 후에 계속 운행하고자 할 때는 어느 검사를 받아야 하는가?

① 계속검사 　　　② 신규등록검사
③ 수시검사 　　　④ 정기검사

해설 정기검사 : 건설공사용 건설기계로서 3년의 범위에서 국토교통부령으로 정하는 검사유효기간이 끝난 후에 계속하여 운행하려는 경우에 실시하는 검사와 대기환경보전법 및 소음·진동관리법에 따른 운행차의 정기검사

45. 성능이 불량하거나 사고가 자주 발생하는 건설기계의 안전성 등을 점검하기 위하여 실시하는 검사와 건설기계 소유자의 신청을 받아 실시하는 검사는?

① 예비검사 　　　② 구조변경검사
③ 수시검사 　　　④ 정기검사

해설 수시검사 : 성능이 불량하거나 사고가 자주 발생하는 건설기계의 안전성 등을 점검하기 위하여 수시로 실시하는 검사와 건설기계 소유자의 신청을 받아 실시하는 검사

46. 정기검사대상 건설기계의 정기검사 신청 기간으로 옳은 것은?

① 건설기계의 정기검사 유효기간 만료일 전후 45일 이내에 신청한다.
② 건설기계의 정기검사 유효기간 만료일 전후 각각 30일 이내에 신청한다.
③ 건설기계의 정기검사 유효기간 만료일 전 90일 이내에 신청한다.
④ 건설기계의 정기검사 유효기간 만료일 후 60일 이내에 신청한다.

해설 정기검사대상 건설기계의 정기검사 신청기간은 건설기계의 정기검사 유효기간 만료일 전후 각각 30일 이내에 신청한다.

47. 건설기계의 정기검사 신청기간 내에 정기검사를 받은 경우, 다음 정기검사 유효기간의 산정 방법으로 옳은 것은?

① 정기검사를 받은 날부터 기산한다.
② 정기검사를 받은 날의 다음 날부터 기산한다.
③ 종전 검사유효기간 만료일의 다음 날부터 기산한다.
④ 종전 검사유효기간 만료일부터 기산한다.

해설 건설기계 정기검사 신청기간 내에 정기검사를 받은 경우, 다음 정기검사 유효기간의 산정은 종전 검사유효기간 만료일의 다음 날부터 기산한다.

48. 정기검사 유효기간을 1개월 경과한 후에 정기검사를 받은 경우 다음 정기검사 유효기간 산정 기산일은?

① 검사를 받은 날의 다음 날부터
② 검사를 신청한 날부터
③ 종전 검사유효기간 만료일의 다음 날부터
④ 종전 검사신청기간 만료일의 다음 날부터

해설 정기검사 유효기간을 1개월 경과한 후에 정기검사를 받은 경우 다음 정기검사 유효기간 산정 기산일은 검사를 받은 날의 다음 날부터이다.

49. 건설기계의 검사를 연장 받을 수 있는 기간을 잘못 설명한 것은?

① 해외임대를 위하여 일시 반출된 경우 : 반출기간 이내
② 압류된 건설기계의 경우 : 압류기간 이내

③ 건설기계 대여업을 휴지한 경우 : 사업의 개시신고를 하는 때까지

④ 장기간 수리가 필요한 경우 : 소유자가 원하는 기간

50. 건설기계의 정기검사 연기 사유에 해당되지 않는 것은?

① 건설기계의 도난

② 7일 이내의 건설기계 정비

③ 건설기계의 사고 발생

④ 천재지변

해설 정기검사 연기 사유 : 천재지변, 건설기계의 도난, 사고 발생, 압류, 1월 이상에 걸친 정비, 그 밖의 부득이한 사유로 검사신청기간 내에 검사를 신청할 수 없는 경우

51. 다음 중 (㉮), (㉯) 안에 들어갈 말은?

> 시 · 도지사는 정기검사를 받지 아니한 건설기계의 소유자에게 유효기간이 끝난 날부터 (㉮) 이내에 국토교통부령으로 정하는 바에 따라 (㉯) 이내의 기한을 정하여 정기검사를 받을 것을 최고하여야 한다.

① ㉮ 1개월, ㉯ 3일

② ㉮ 3개월, ㉯ 10일

③ ㉮ 6개월, ㉯ 30일

④ ㉮ 12개월, ㉯ 60일

해설 시 · 도지사는 정기검사를 받지 아니한 건설기계의 소유자에게 유효기간이 끝난 날부터 3개월 이내에 국토교통부령으로 정하는 바에 따라 10일 이내의 기한을 정하여 정기검사를 받을 것을 최고하여야 한다.

52. 검사소 이외의 장소에서 출장검사를 받을 수 있는 건설기계에 해당하는 것은?

① 덤프트럭

② 콘크리트믹서트럭

③ 아스팔트살포기

④ 타이어형굴삭기

해설 검사소에서 검사를 받아야 하는 건설기계는 덤프트럭, 콘크리트믹서트럭, 트럭적재식 콘크리트펌프, 아스팔트살포기 등이다.

53. 건설기계의 출장검사가 허용되는 경우가 아닌 것은?

① 도서지역에 있는 건설기계

② 너비가 2.0미터를 초과하는 건설기계

③ 최고속도가 시간당 35킬로미터 미만인 건설기계

④ 자체중량이 40톤을 초과하거나 축중이 10톤을 초과하는 건설기계

해설 출장검사를 받을 수 있는 경우

㉠ 도서지역에 있는 경우

㉡ 자체중량이 40ton 이상 또는 축중이 10ton 이상인 경우

㉢ 너비가 2.5m 이상인 경우

㉣ 최고속도가 시간당 35km 미만인 경우

54. 건설기계관리법령상 정기검사 유효기간이 3년인 건설기계는?

① 덤프트럭

② 콘크리트믹서트럭

③ 트럭적재식 콘크리트펌프

④ 무한궤도식 굴삭기

해설 무한궤도식 굴삭기의 정기검사 유효기간은 3년이다.

55. 타이어형 굴삭기의 정기검사 유효기간으로 옳은 것은?

① 3년   ② 4년   ③ 1년   ④ 2년

해설 타이어형 굴삭기의 정기검사 유효기간은 1년이다.

56. 건설기계의 정기검사 유효기간이 1년이 되는 것은 신규등록일로부터 몇 년 이상 경과되었을 때인가?

① 5년   ② 10년   ③ 15년   ④ 20년

해설 건설기계의 정기검사 유효기간이 1년이 되는 것은 신규등록일로부터 20년 이상 경과되었을 때이다.

57. 건설기계 정기검사를 연기하는 경우 그 연장기간은 몇 월 이내로 하여야 하는가?

① 1월 이내   ② 2월 이내
③ 3월 이내   ④ 6월 이내

해설 정기검사를 연기하는 경우 그 연장기간은 6개월 이내로 한다.

58. 건설기계의 정비명령은 누구에게 하여야 하는가?

① 해당 건설기계 운전자
② 해당 건설기계 검사업자
③ 해당 건설기계 정비업자
④ 해당 건설기계 소유자

해설 정비명령은 검사에 불합격한 해당 건설기계 소유자에게 한다.

59. 정기검사에 불합격한 건설기계의 정비명령 기간으로 옳은 것은?

① 3개월 이내   ② 4개월 이내
③ 5개월 이내   ④ 6개월 이내

해설 정비명령 기간은 6개월 이내이다.

60. 건설기계의 제동장치에 대한 정기검사를 면제받고자 하는 경우 첨부하여야 하는 서류는?

① 건설기계 매매업 신고서
② 건설기계 대여업 신고서
③ 건설기계 제동장치 정비확인서
④ 건설기계 폐기업 신고서

해설 제동장치의 정기검사를 면제받고자 하는 경우에는 건설기계 제동장치 정비확인서를 첨부하여야 한다.

61. 건설기계의 제동장치에 대한 정기검사를 면제받기 위한 건설기계 제동장치정비확인서를 발행받을 수 있는 곳은?

① 건설기계대여회사
② 건설기계정비업자
③ 건설기계부품업자
④ 건설기계매매업자

해설 제동장치정비 확인서는 건설기계정비업자가 발행한다.

62. 건설기계관리법령상 건설기계의 구조를 변경할 수 있는 범위에 해당되는 것은?

① 원동기의 형식변경
② 건설기계의 기종변경
③ 육상작업용 건설기계의 규격을 증가시키기 위한 구조변경
④ 육상작업용 건설기계의 적재함 용량을 증가시키기 위한 구조변경

해설 건설기계의 구조변경을 할 수 없는 경우
㉠ 건설기계의 기종변경
㉡ 육상작업용 건설기계의 규격을 증가시키기 위한 구조변경

정답 55 ③   56 ④   57 ④   58 ④   59 ④   60 ③   61 ②   62 ①

ⓒ 육상작업용 건설기계의 적재함 용량을 증가시키기 위한 구조변경

63. 건설기계정비업의 업종구분에 해당하지 않는 것은?

① 종합건설기계정비업
② 부분건설기계정비업
③ 전문건설기계정비업
④ 특수건설기계정비업

해설 건설기계정비업의 구분에는 종합건설기계정비업, 부분건설기계정비업, 전문건설기계정비업 등이 있다.

64. 건설기계소유자가 건설기계의 정비를 요청하여 그 정비가 완료된 후 장기간 해당 건설기계를 찾아가지 아니하는 경우, 정비사업자가 할 수 있는 조치사항은?

① 건설기계를 말소시킬 수 있다.
② 건설기계의 보관·관리에 드는 비용을 받을 수 있다.
③ 건설기계의 폐기인수증을 발부할 수 있다.
④ 과태료를 부과할 수 있다.

해설 건설기계소유자가 정비업소에 건설기계 정비를 의뢰한 후 정비업자로부터 정비완료통보를 받고 5일 이내에 찾아가지 않을 때 보관·관리비용을 지불하여야 한다.

65. 건설기계의 형식에 관한 승인을 얻거나 그 형식을 신고한 자의 사후관리 사항으로 틀린 것은?

① 사후관리 기간 내일지라도 취급설명서에 따라 관리하지 아니함으로 인하여 발생한 고장 또는 하자는 유상으로 정비하거나 부품을 공급할 수 있다.
② 건설기계를 판매한 날부터 12개월 동안 무상으로 건설기계의 정비 및 정비에 필요한 부품을 공급하여야 한다.
③ 주행거리가 2만 킬로미터를 초과하거나 가동시간이 2천 시간을 초과하여도 12개월 이내면 무상으로 사후관리하여야 한다.
④ 사후관리 기간 내일지라도 정기적으로 교체하여야 하는 부품 또는 소모성 부품에 대하여는 유상으로 공급할 수 있다.

해설 12개월 이내에 건설기계의 주행거리가 20,000km(원동기 및 차동장치의 경우에는 40,000km)를 초과하거나 가동시간이 2,000시간을 초과한 때에는 12개월이 경과한 것으로 본다.

66. 건설기계운전 면허의 효력정지 사유가 발생한 경우, 건설기계관리법상 효력정지 기간으로 옳은 것은?

① 1년 이내　　② 6월 이내
③ 5년 이내　　④ 3년 이내

해설 건설기계운전 면허의 효력정지 사유가 발생한 경우, 건설기계관리법상 효력정지 기간은 1년 이내이다.

67. 건설기계의 조종 중에 고의 또는 과실로 가스공급시설을 손괴할 경우 조종사 면허의 처분기준은?

① 면허효력정지 10일
② 면허효력정지 15일
③ 면허효력정지 25일
④ 면허효력정지 180일

해설 건설기계를 조종 중에 고의 또는 과실로 가스공급시설을 손괴한 경우 면허효력정지 180일이다.

정답　63 ④　64 ②　65 ③　66 ①　67 ④

68. 건설기계 운전자가 조종 중 고의로 인명피해를 입히는 사고를 일으켰을 때 면허의 처분기준은?

① 면허취소
② 면허효력정지 30일
③ 면허효력정지 20일
④ 면허효력정지 10일

해설 **인명 피해에 따른 면허취소 사유**
㉠ 고의로 인명피해(사망·중상·경상 등)를 입힌 경우
㉡ 과실로 3명 이상을 사망하게 한 경우
㉢ 과실로 7명 이상에게 중상을 입힌 경우
㉣ 과실로 19명 이상에게 경상을 입힌 경우

69. 건설기계 조종 중에 과실로 사망 1명의 인명피해를 입힌 때 조종사면허 처분기준은?

① 면허취소
② 면허효력정지 60일
③ 면허효력정지 45일
④ 면허효력정지 30일

해설 **인명 피해에 따른 면허정지 기간**
㉠ 사망 1명마다 : 면허효력정지 45일
㉡ 중상 1명마다 : 면허효력정지 15일
㉢ 경상 1명마다 : 면허효력정지 5일

70. 등록되지 아니한 건설기계를 사용하거나 운행한 자에 대한 벌칙은?

① 50원 이하의 벌금
② 100원 이하의 벌금
③ 1년 이하의 징역 또는 100원 이하의 벌금
④ 2년 이하의 징역 또는 2천만 원 이하의 벌금

해설 미등록 건설기계를 사용하거나 등록이 말소된

건설기계를 운행하면 2년 이하의 징역 또는 2천만 원 이하의 벌금

71. 건설기계 조종사 면허를 받지 아니하고 건설기계를 조종한 자에 대한 벌칙 기준은?

① 2년 이하의 징역 또는 1천만 원 이하의 벌금
② 1년 이하의 징역 또는 1천만 원 이하의 벌금
③ 200만 원 이하의 벌금
④ 100만 원 이하의 벌금

해설 건설기계 조종사 면허를 받지 아니하고 건설기계를 조종한 자는 1년 이하의 징역 또는 1천만 원 이하의 벌금

72. 건설기계 조종사 면허가 취소된 상태로 건설기계를 계속하여 조종한 자에 대한 벌칙은?

① 2년 이하의 징역 또는 1000만 원 이하의 벌금
② 1년 이하의 징역 또는 1000만 원 이하의 벌금
③ 200만 원 이하의 벌금
④ 100만 원 이하의 벌금

해설 건설기계 조종사 면허가 취소되거나 건설기계 조종사 면허의 효력정지처분을 받은 후에도 건설기계를 계속하여 조종한 자는 1년 이하의 징역 또는 1천만 원 이하의 벌금

73. 건설기계관리법령상 건설기계의 소유자가 건설기계를 도로나 타인의 토지에 계속 버려 두어 방치한 자에 대해 적용하는 벌칙은?

① 1000만 원 이하의 벌금
② 2000만 원 이하의 벌금

③ 1년 이하의 징역 또는 1천만 원 이하의 벌금

④ 2년 이하의 징역 또는 2천만 원 이하의 벌금

해설 건설기계를 도로나 타인의 토지에 버려 둔 자는 1년 이하의 징역 또는 1000만 원 이하의 벌금

74. 폐기요청을 받은 건설기계를 폐기하지 아니하거나 등록번호표를 폐기하지 아니한 자에 대한 벌칙은?

① 2년 이하의 징역 또는 2천만 원 이하의 벌금

② 1년 이하의 징역 또는 1천만 원 이하의 벌금

③ 2백만 원 이하의 벌금

④ 1백만 원 이하의 벌금

해설 폐기요청을 받은 건설기계를 폐기하지 아니하거나 등록번호표를 폐기하지 아니한 자는 1년 이하의 징역 또는 1천만 원 이하의 벌금

75. 건설기계관리법령상 구조변경검사를 받지 아니한 자에 대한 처벌은?

① 100만 원 이하의 벌금

② 150만 원 이하의 벌금

③ 200만 원 이하의 벌금

④ 250만 원 이하의 벌금

해설 구조변경검사 또는 수시검사를 받지 아니한 자는 100만 원 이하의 벌금

76. 건설기계관리법상 건설기계가 국토교통부장관이 실시하는 검사에 불합격하여 정비명령을 받았음에도 불구하고, 건설기계 소유자가 이 명령을 이행하지 않았을 때의 벌칙은?

① 500만 원 이하의 벌금

② 1000만 원 이하의 벌금

③ 300만 원 이하의 벌금

④ 100만 원 이하의 벌금

해설 정비명령을 이행하지 아니한 자는 100만 원 이하의 벌금

77. 건설기계관리법령상 국토교통부령으로 정하는 바에 따라 등록번호표를 부착 및 봉인하지 않은 건설기계를 운행하여서는 아니 된다. 이를 1차 위반했을 경우의 과태료는? (단, 임시번호표를 부착한 경우는 제외한다.)

① 5만 원 　　　　② 10만 원

③ 50만 원 　　　　④ 100만 원

해설 등록번호표를 부착 및 봉인하지 아니한 건설기계를 운행한 자는 100만 원 이하의 과태료

78. 건설기계를 주택가 주변에 세워 두어 교통소통을 방해하거나 소음 등으로 주민의 생활환경을 침해한 자에 대한 벌칙은?

① 200만 원 이하의 벌금

② 100만 원 이하의 벌금

③ 100만 원 이하의 과태료

④ 50만 원 이하의 과태료

해설 주택가 주변에 세워 두어 교통소통을 방해하거나 소음 등으로 주민의 생활환경을 침해한 자는 50만 원 이하의 과태료

79. 정기검사 신청기간 만료일부터 30일을 초과하여 건설기계 정기검사를 받은 경우의 과태료는 얼마인가?

① 1만 원 ② 2만 원 ③ 3만 원 ④ 5만 원

해설 정기검사 신청기간 만료일부터 30일을 초과하여 건설기계 정기검사를 받은 경우의 과태료는 2만 원

정답 74 ② 　 75 ① 　 76 ④ 　 77 ④ 　 78 ④ 　 79 ②

80. 건설기계 등록번호표를 가리거나 훼손하여 알아보기 곤란하게 한 자 또는 그러한 건설기계를 운행한 자에게 부과하는 과태료로 옳은 것은?

① 50만 원 이하

② 100만 원 이하

③ 300만 원 이하

④ 1000만 원 이하

해설 등록번호표를 가리거나 훼손하여 알아보기 곤란하게 한 자 또는 그러한 건설기계를 운행한 자는 100만 원 이하의 과태료

81. 과태료 처분에 대하여 불복이 있는 자는 그 처분의 고지를 받은 날로부터 며칠 이내에 이의를 제기하여야 하는가?

① 5일 ② 10일 ③ 20일 ④ 30일

해설 과태료 처분에 대하여 불복이 있는 자는 그 처분의 고지를 받은 날로부터 30일 이내에 이의를 제기하여야 한다.

82. 대형건설기계의 특별표지 중 경고표지판 부착 위치는?

① 작업인부가 쉽게 볼 수 있는 곳

② 조종실 내부의 조종사가 보기 쉬운 곳

③ 교통경찰이 쉽게 볼 수 있는 곳

④ 특별 번호판 옆

해설 경고표지판은 조종실 내부의 조종사가 보기 쉬운 곳에 부착한다.

83. 건설기계관리법령상 특별표지판을 부착하여야 할 건설기계의 범위에 해당하지 않는 것은?

① 높이가 4미터를 초과하는 건설기계

② 길이가 10미터를 초과하는 건설기계

③ 총중량이 40톤을 초과하는 건설기계

④ 최소회전반경이 12미터를 초과하는 건설기계

해설 특별표지판 부착대상 건설기계 : 길이가 16.7m 이상인 경우, 너비가 2.5m 이상인 경우, 최소회전반경이 12m 이상인 경우, 높이가 4m 이상인 경우, 총중량이 40톤 이상인 경우, 축하중이 10톤 이상인 경우

84. 타이어식 굴삭기의 최고속도가 최소 몇 km/h 이상일 경우에 조종석 안전띠를 갖추어야 하는가?

① 30km/h ② 40km/h

③ 50km/h ④ 60km/h

해설 30km/h 이상의 속도를 낼 수 있는 타이어식 건설기계에는 좌석안전띠를 설치해야 한다.

85. 건설기계관리법에 따라 최고주행속도 15km/h 미만의 타이어식 건설기계가 필히 갖추어야 할 조명장치가 아닌 것은?

① 전조등

② 후부반사기

③ 비상점멸 표시등

④ 제동등

해설 최고속도 15km/h 미만 타이어식 건설기계에 갖추어야 하는 조명장치는 전조등, 후부반사기, 제동등이다.

86. 건설기계 운전중량 산정 시 조종사 1명의 체중으로 맞는 것은?

① 50kg ② 55kg

③ 60kg ④ 65kg

해설 운전중량을 산정할 때 조종사 1명의 체중은 65kg으로 한다.

로더
운전기능사

제 **7** 편

안전관리

제1장 **산업안전일반**

제2장 **기계 · 기기 및 공구에 관한 사항**

제3장 **작업상의 안전**

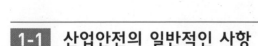

산업안전일반

1-1 산업안전의 일반적인 사항

(1) 산업안전의 일반적인 사항

① 안전제일의 이념은 인명 보호, 즉 인간 존중이다.

② 안전의 3요소에는 관리적 요소, 기술적 요소, 교육적 요소가 있다.

③ 재해예방의 4원칙은 예방가능의 원칙, 손실우연의 원칙, 원인계기의 원칙, 대책선정의 원칙이다.

④ 사고 발생이 많이 일어나는 순서는 불안전 행위 → 불안전 조건 → 불가항력이다.

⑤ 사고예방원리 5단계 순서는 조직 → 사실의 발견 → 평가 분석 → 시정책의 선정 → 시정책의 적용이다.

(2) 재해율

① **도수율** : 근로시간 100만 시간당 발생하는 사고건수이다.

② **강도율** : 근로시간 1,000시간당의 재해에 의한 노동손실 일수이다.

③ **연천인율** : 1년 동안 1,000명의 근로자가 작업할 때 발생하는 사상자의 비율이다.

1-2 산업재해

(1) 산업재해의 정의

근로자가 업무에 관계되는 건설물 · 설비 · 원재료 · 가스 · 증기 · 분진 등에 의하거나 작업 또는 그 밖의 업무로 인하여 사망 또는 부상하거나 질병에 걸리게 되는 것이다.

(2) 산업재해 부상의 종류

① **무상해 사고** : 응급처치 이하의 상처로 작업에 종사하면서 치료를 받는 상해정도

② **응급조치 상해** : 1일 미만의 치료를 받고 다음부터 정상작업에 임할 수 있는 상해정도

③ **경상해** : 부상으로 1일 이상 14일 이하의 노동손실을 가져온 상해정도

④ **중상해** : 부상으로 2주 이상의 노동손실을 가져온 상해정도

1-3 안전 · 보건표지의 종류

(1) 금지표지

금지표지는 바탕은 흰색, 기본모형은 빨간색, 관련부호 및 그림은 검정색이다.

(2) 경고표지

경고표지는 노란색 바탕에 기본모형은 검은색, 관련부호와 그림은 검정색이다.

(3) 지시표지

지시표지는 청색 원형바탕에 백색으로 보호구 사용을 지시한다.

(4) 안내표지

안내표지는 녹색바탕에 백색으로 안내대상을 지시한다.

1-4 방호장치의 종류

(1) 격리형 방호장치

작업점 이외에 직접 사람이 접촉하여 말려들거나 다칠 위험이 있는 장소를 덮어씌우는 방호장치이다.

(2) 덮개형 방호조치

V-벨트나 평벨트 또는 기어가 회전하면서 접선방향으로 물려 들어가는 장소에 많이 설치한다.

(3) 접근 반응형 방호장치

작업자의 신체부위가 위험한계 또는 그 인접한 거리로 들어오면 이를 감지하여 그 즉시 동작하던 기계를 정지시키거나 스위치가 꺼지도록 하는 방호장치이다.

1-5 화재

(1) 화재의 정의

① 어떤 물질이 산소와 결합하여 연소하면서 열을 방출시키는 산화반응이다.

② 화재가 발생하기 위해서는 가연성 물질, 산소, 점화원이 반드시 필요하다.

(2) 화재의 분류

① A급 화재 : 나무, 석탄 등 연소 후 재를 남기는 일반적인 화재

② B급 화재 : 휘발유, 벤젠 등 유류화재

③ C급 화재 : 전기화재

④ D급 화재 : 금속화재

(3) 화재예방 조치

① 가연성 물질을 인화 장소에 두지 않는다.

② 유류 취급 장소에는 소화기나 모래를 준비한다.

③ 흡연은 정해진 장소에서만 한다.

④ 화기는 정해진 장소에서만 취급한다.

⑤ 인화성 액체의 취급은 폭발한계의 범위를 초과한 농도로 한다.

⑥ 배관 또는 기기에서 가연성 증기의 누출여부를 철저히 점검한다.

⑦ 방화 장치는 위급상황에 대비하여 눈에 잘 띄는 곳에 설치한다.

(4) 소화방법

① A급 화재 : 초기에는 포말소화기, 강화액 소화기, 분말소화기를 사용하여 진화, 불길이 확산되면 물을 사용한다.

② B급 화재 : 포말소화기, 이산화탄소 소화기, 분말소화기를 사용한다.

③ C급 화재 : 이산화탄소 소화기, 할론가스, 분말소화기를 사용하며, 포말소화기를 사용해서는 안 된다.

④ D급 화재 : 금속나트륨 등의 화재로서 일반적으로 건조사를 이용한 질식효과로 소화한다.

⑤ 소화기를 사용하여 소화 작업을 할 경우에는 바람을 등지고 위쪽에서 아래쪽을 향해 실시한다.

로더
운전기능사 | # 출제 예상 문제

01. 안전제일에서 가장 먼저 선행되어야 하는 이념으로 옳은 것은?

① 생산성 향상　② 재산 보호
③ 신뢰성 향상　④ 인명 보호

해설 안전제일의 이념은 인간 존중, 즉 인명 보호이다.

02. 하인리히의 사고예방원리 5단계를 순서대로 나열한 것은?

① 조직 → 사실의 발견 → 평가 분석 → 시정책의 선정 → 시정책의 적용
② 시정책의 적용 → 조직 → 사실의 발견 → 평가 분석 → 시정책의 선정
③ 사실의 발견 → 평가 분석 → 시정책의 선정 → 시정책의 적용 → 조직
④ 시정책의 선정 → 시정책의 적용 → 조직 → 사실의 발견 → 평가 분석

해설 사고예방 원리 5단계 순서 : 조직 → 사실의 발견 → 평가 분석 → 시정책의 선정 → 시정책의 적용

03. 인간공학적 안전설정으로 페일 세이프에 관한 설명 중 가장 적절한 것은?

① 안전도 검사 방법을 말한다.
② 안전통제의 실패로 인하여 원상복귀가 가장 쉬운 사고의 결과를 말한다.
③ 안전사고 예방을 할 수 없는 물리적 불안전 조건과 불안전 인간의 행동을 말한다.
④ 인간 또는 기계에 과오나 동작상의 실패가 있어도 안전사고를 발생시키지 않도록 하는 통제책을 말한다.

해설 페일 세이프(fail safe)란 인간 또는 기계에 과오나 동작상의 실패가 있어도 안전사고를 발생시키지 않도록 하는 통제방책이다.

04. 산업안전보건법상 산업재해의 정의로 옳은 것은?

① 고의로 물적 시설을 파손한 것을 말한다.
② 운전 중 본인의 부주의로 교통사고가 발생된 것을 말한다.
③ 일상 활동에서 발생하는 사고로서 인적 피해에 해당하는 부분을 말한다.
④ 근로자가 업무에 관계되는 건설물 · 설비 · 원재료 · 가스 · 증기 · 분진 등에 의하거나 작업 또는 그 밖의 업무로 인하여 사망 또는 부상하거나 질병에 걸리게 되는 것을 말한다.

해설 산업재해란 근로자가 업무에 관계되는 건설물 · 설비 · 원재료 · 가스 · 증기 · 분진 등에 의하거나 작업 또는 그 밖의 업무로 인하여 사망 또는 부상하거나 질병에 걸리게 되는 것을 말한다.

05. 산업재해의 분류에서 사람이 평면상으로 넘어졌을 때(미끄러짐 포함)를 말하는 것은?

① 낙하　② 충돌　③ 전도　④ 추락

해설 전도란 사람이 평면상으로 넘어졌을 때(미끄러짐 포함)를 말한다.

정답 01 ④　02 ①　03 ④　04 ④　05 ③

06. 재해 유형에서 중량물을 들어 올리거나 내릴 때 손 또는 발이 취급 중량물과 물체에 끼어 발생하는 것은?

① 전도　② 낙하　③ 감전　④ 협착

해설　협착(압상)이란 취급하는 중량물과 지면, 건축물 등에 손·발이 끼여 발생하는 재해이다.

07. ILO(국제노동기구)의 구분에 의한 근로 불능 상해의 종류 중 응급조치 상해는 며칠간 치료를 받은 다음부터 정상작업에 임할 수 있는 정도의 상해를 의미하는가?

① 1일 미만　② 3~5일
③ 10일 미만　④ 2주 미만

해설　응급조치 상해란 1일 미만의 치료를 받고 다음부터 정상작업에 임할 수 있는 정도의 상해이다.

08. 산업재해의 통상적인 분류 중 통계적 분류에 대한 설명으로 틀린 것은?

① 사망 : 업무로 인해서 목숨을 잃게 되는 경우
② 중경상 : 부상으로 인하여 30일 이상의 노동 상실을 가져온 상해정도
③ 경상해 : 부상으로 1일 이상 14일 이하의 노동 상실을 가져온 상해정도
④ 무상해 사고 : 응급처치 이하의 상처로 작업에 종사하면서 치료를 받는 상해정도

해설　**상해의 분류**
㉠ 무상해 : 응급처치 이하의 상처로 작업에 종사하면서 치료를 받는 상해정도
㉡ 경상해 : 부상으로 1일 이상 14일 이하의 노동손실을 가져온 상해정도

㉢ 중상해 : 부상으로 인하여 2주 이상의 노동손실을 가져온 상해정도

09. 산업안전에서 근로자가 안전하게 작업을 할 수 있는 세부작업 행동지침을 무엇이라고 하는가?

① 안전수칙　　② 안전표지
③ 작업지시　　④ 작업수칙

해설　안전수칙이란 근로자가 안전하게 작업을 할 수 있는 세부작업 행동지침이다.

10. 다음 중 재해 발생 원인이 아닌 것은?

① 잘못된 작업 방법
② 관리감독 소홀
③ 방호장치의 기능 제거
④ 작업 장치 회전반경 내 출입금지

11. 재해의 복합 발생요인이 아닌 것은?

① 환경의 결함　　② 사람의 결함
③ 품질의 결함　　④ 시설의 결함

해설　재해의 복합 발생요인은 환경의 결함, 사람의 결함, 시설의 결함 등이다.

12. 사고를 많이 발생시키는 원인 순서로 나열한 것은?

① 불안전 행위 > 불안전 조건 > 불가항력
② 불안전 조건 > 불안전 행위 > 불가항력
③ 불안전 행위 > 불가항력 > 불안전 조건
④ 불가항력 > 불안전 조건 > 불안전 행위

해설　사고를 많이 발생시키는 원인 순서는 불안전 행위>불안전 조건>불가항력이다.

13. 불안전한 조명, 불안전한 환경, 방호장치의 결함으로 인하여 오는 산업재해 요인은?

① 지적 요인　　② 신체적 요인

③ 물적 요인　　④ 정신적 요인

해설 물적 요인이란 불안전한 조명, 불안전한 환경, 방호장치의 결함 등으로 인하여 발생하는 산업재해이다.

14. 산업재해 발생원인 중 직접원인에 해당되는 것은?

① 불안전한 행동　② 인간의 결함

③ 유전적 요소　　④ 사회적 환경

해설 산업재해의 직접원인은 근로자의 불안전한 행동에 의한 것이다.

15. 재해의 원인 중 생리적인 원인에 해당되는 것은?

① 작업자의 피로

② 작업복의 부적당

③ 안전장치의 불량

④ 안전수칙의 미준수

해설 생리적인 원인은 작업자의 피로이다.

16. 현장에서 작업자가 작업 안전상 꼭 알아두어야 할 사항은?

① 장비의 가격

② 종업원의 작업환경

③ 종업원의 기술정도

④ 안전규칙 및 수칙

17. 산업공장에서 재해의 발생을 줄이기 위한 방법으로 틀린 것은?

① 폐기물은 정해진 위치에 모아 둔다.

② 공구는 소정의 장소에 보관한다.

③ 소화기 근처에 물건을 적재한다.

④ 통로나 창문 등에 물건을 세워 놓아서

는 안 된다.

18. 안전관리의 근본 목적으로 가장 적합한 것은?

① 생산의 경제적 운용

② 근로자의 생명 및 신체 보호

③ 생산과정의 시스템화

④ 생산량 증대

해설 안전관리의 근본 목적은 근로자의 생명 및 신체 보호이다.

19. 안전수칙을 지킴으로써 발생될 수 있는 효과로 가장 거리가 먼 것은?

① 기업의 신뢰도를 높여 준다.

② 기업의 이직률이 감소된다.

③ 기업의 투자경비가 늘어난다.

④ 상하 동료 간의 인간관계가 개선된다.

해설 안전수칙을 지킴으로써 발생할 수 있는 효과 : 기업의 신뢰도를 높여 주고, 기업의 이직률이 감소되며, 상하 동료 간의 인간관계가 개선된다.

20. 안전을 위하여 눈으로 보고 손으로 가리키고, 입으로 복창하여 귀로 듣고, 머리로 종합적인 판단을 하는 지적확인의 특성은?

① 의식을 강화한다.

② 지식수준을 높인다.

③ 안전태도를 형성한다.

④ 육체적 기능 수준을 높인다.

해설 안전을 위하여 눈으로 보고 손으로 가리키고, 입으로 복창하여 귀로 듣고, 머리로 종합적인 판단을 하는 지적확인의 특성은 의식강화이다.

21. 작업환경 개선 방법으로 가장 거리가 먼 것은?

① 채광을 좋게 한다.
② 부품을 신품으로 모두 교환한다.
③ 조명을 밝게 한다.
④ 소음을 줄인다.

해설 작업환경 개선 방법 : 채광을 좋게 할 것, 조명을 밝게 할 것, 통풍이 잘되도록 할 것, 소음을 줄일 것

22. 산업재해 조사의 목적에 대한 설명으로 가장 적절한 것은?

① 적절한 예방대책을 수립하기 위하여
② 작업능률 향상과 근로기강 확립을 위하여
③ 재해 발생에 대한 통계를 작성하기 위하여
④ 재해를 유발한 자의 책임을 추궁하기 위하여

해설 산업재해 조사의 목적은 적절한 예방대책을 수립하기 위함이다.

23. 일반적인 재해조사 방법으로 적절하지 않은 것은?

① 현장의 물리적 흔적을 수집한다.
② 재해조사는 사고 종결 후에 실시한다.
③ 재해현장은 사진 등으로 촬영하여 보관하고 기록한다.
④ 목격자, 현장 책임자 등 많은 사람들에게 사고 시의 상황을 듣는다.

24. 산업재해 방지대책을 수립하기 위하여 위험요인을 발견하는 방법으로 가장 적합한 것은?

① 안전점검

② 재해사후 조치
③ 경영층 참여와 안진조직 진단
④ 안전대책 회의

25. 점검주기에 따른 안전점검의 종류에 해당되지 않는 것은?

① 수시점검   ② 정기점검
③ 특별점검   ④ 구조점검

해설 안전점검의 종류에는 일상점검, 정기점검, 수시점검, 특별점검 등이 있다.

26. 작업장 안전을 위해 작업장의 시설을 정기적으로 안전점검을 하여야 하는데 그 대상이 아닌 것은?

① 설비의 노후화 속도가 빠른 것
② 노후화의 결과로 위험성이 큰 것
③ 작업자가 출퇴근 시 사용하는 것
④ 변조에 현저한 위험을 수반하는 것

27. 동력기계장치의 표준 방호덮개 설치 목적이 아닌 것은?

① 동력전달장치와 신체의 접촉 방지
② 주유나 검사의 편리성
③ 방음이나 집진
④ 가공물 등의 낙하에 의한 위험 방지

해설 방호덮개 설치 목적 : 동력전달장치(기어, 벨트)와 신체의 접촉 방지, 방음이나 집진, 가공물 등의 낙하에 의한 위험 방지

28. 작업점 이외에 직접 사람이 접촉하여 말려들거나 다칠 위험이 있는 장소를 덮어 씌우는 방호장치는?

① 격리형 방호장치
② 위치 제한형 방호장치

③ 포집형 방호장치

④ 접근 거부형 방호장치

해설 **격리형 방호장치** : 작업점 이외에 직접 사람이 접촉하여 말려들거나 다칠 위험이 있는 장소를 덮어씌우는 방호장치

29. V벨트나 평벨트 또는 기어가 회전하면서 접선방향으로 물리는 장소에 설치되는 방호장치는?

① 위치제한 방호장치

② 접근 반응형 방호장치

③ 덮개형 방호장치

④ 격리형 방호장치

해설 **덮개형 방호조치** : V벨트나 평벨트 또는 기어가 회전하면서 접선방향으로 물려 들어가는 장소에 많이 설치한다.

30. 작업자의 신체부위가 위험한계 또는 그 인접한 거리로 들어오면 이를 감지하여 그 즉시 동작하던 기계를 정지시키거나 스위치가 꺼지도록 하는 방호장치법은?

① 격리형 방호장치

② 접근 반응형 방호장치

③ 위치 제한형 방호장치

④ 포집형 방호장치

해설 **접근 반응형 방호장치** : 작업자의 신체부위가 위험한계 또는 그 인접한 거리로 들어오면 이를 감지하여 그 즉시 동작하던 기계를 정지시키거나 스위치가 꺼지도록 하는 방호장치이다.

31. 리프트(lift)의 방호장치가 아닌 것은?

① 해지장치

② 출입문 인터록

③ 권과 방지장치

④ 과부하 방지장치

해설 **리프트의 방호장치** : 출입문 인터록, 권과 방지장치, 과부하 방지장치, 비상정지장치, 조작반에 잠금장치 설치

32. 방호장치 및 방호조치에 대한 설명으로 틀린 것은?

① 충전회로 인근에서 차량, 기계장치 등의 작업이 있는 경우 충전부로부터 3m 이상 이격시킨다.

② 지반 붕괴의 위험이 있는 경우 흙막이 지보공 및 방호망을 설치해야 한다.

③ 발파작업 시 피난장소는 좌우측을 견고하게 방호한다.

④ 직접 접촉이 가능한 벨트에는 덮개를 설치해야 한다.

해설 발파작업을 할 때 피난장소는 앞쪽을 견고하게 방호한다.

33. 일반적인 보호구의 구비조건으로 맞지 않는 것은?

① 착용이 간편할 것

② 햇볕에 잘 열화될 것

③ 재료의 품질이 양호할 것

④ 위험유해 요소에 대한 방호성능이 충분할 것

34. 안전한 작업을 위해 보안경을 착용하여야 하는 작업은?

① 엔진오일 보충 및 냉각수 점검 작업

② 제동등 작동 점검 시

③ 건설기계의 하체점검 작업

④ 전기저항 측정 및 배선 점검 작업

해설 건설기계의 하체를 점검할 때에는 보안경을 착용하여야 한다.

35. 안전 보호구가 아닌 것은?

① 안전모   ② 안전화

③ 안전 가드레일   ④ 안전장갑

해설 안전 가드레일은 안전시설이다.

36. 다음 중 보안경을 착용하는 이유로 틀린 것은?

① 유해약물의 침입을 막기 위하여

② 떨어지는 중량물을 피하기 위하여

③ 비산되는 칩에 의한 부상을 막기 위하여

④ 유해광선으로부터 눈을 보호하기 위하여

해설 보안경을 착용하는 이유 : 유해약물이 눈에 침입하는 것을 막기 위하여, 비산되는 칩에 의한 눈의 부상을 막기 위하여, 유해광선으로부터 눈을 보호하기 위하여

37. 아크용접에서 눈을 보호하기 위한 보안경 선택으로 맞는 것은?

① 도수 안경   ② 방진 안경

③ 차광용 안경   ④ 실험실용 안경

38. 사용구분에 따른 차광 보안경의 종류에 해당하지 않는 것은?

① 자외선용   ② 적외선용

③ 용접용   ④ 비산방지용

해설 차광 보안경의 종류 : 자외선용, 적외선용, 용접용, 복합용

39. 시력을 교정하고 비산물로부터 눈을 보호하기 위한 보안경은?

① 고글형 보안경

② 도수렌즈 보안경

③ 유리 보안경

④ 플라스틱 보안경

해설 도수렌즈 보안경은 시력을 교정하고 비산물로

부터 눈을 보호하기 위한 보안경이다.

40. 안전모에 대한 설명으로 바르지 못한 것은?

① 알맞은 규격으로 성능시험에 합격품이어야 한다.

② 구멍을 뚫어서 통풍이 잘되게 하여 착용한다.

③ 각종 위험으로부터 보호할 수 있는 종류의 안전모를 선택해야 한다.

④ 가볍고 성능이 우수하며 머리에 꼭 맞고 충격흡수성이 좋아야 한다.

해설 안전모에 구멍을 뚫어서는 안 된다.

41. 먼지가 많은 장소에서 착용하여야 하는 마스크는?

① 방독 마스크   ② 산소 마스크

③ 방진 마스크   ④ 일반 마스크

해설 분진(먼지)이 발생하는 장소에서는 방진 마스크를 착용하여야 한다.

42. 산소결핍의 우려가 있는 장소에서 착용하여야 하는 마스크의 종류는?

① 방독 마스크   ② 방진 마스크

③ 송기 마스크   ④ 가스 마스크

해설 산소결핍의 우려가 있는 장소에서는 송기(송풍) 마스크를 착용하여야 한다.

43. 감전되거나 전기화상을 입을 위험이 있는 곳에서 작업 시 작업자가 착용해야 할 것은?

① 구명구   ② 보호구

③ 구명조끼   ④ 비상벨

해설 감전되거나 전기 화상을 입을 위험이 있는 작업장에서는 보호구를 착용하여야 한다.

정답   35 ③   36 ②   37 ③   38 ④   39 ②   40 ②   41 ③   42 ③   43 ②

44. 중량물 운반 작업 시 착용하여야 할 안전화로 가장 적절한 것은?

① 중 작업용　　② 보통 작업용
③ 경 작업용　　④ 절연용

해설 중량물 운반 작업을 할 때에는 중 작업용 안전화를 착용하여야 한다.

45. 안전관리상 장갑을 끼고 작업할 경우 위험할 수 있는 것은?

① 드릴작업　　② 줄 작업
③ 용접작업　　④ 판금작업

46. 전기기기에 의한 감전 사고를 막기 위하여 필요한 설비로 가장 중요한 것은?

① 접지설비
② 방폭등 설비
③ 고압계 설비
④ 대지전위 상승설비

해설 전기 기기에 의한 감전 사고를 막기 위해서는 접지설비를 하여야 한다.

47. 전기 감전위험이 생기는 경우로 가장 거리가 먼 것은?

① 몸에 땀이 배어 있을 때
② 옷이 비에 젖어 있을 때
③ 앞치마를 하지 않았을 때
④ 발밑에 물이 있을 때

48. 감전재해 사고 발생 시 취해야 할 행동으로 틀린 것은?

① 설비의 전기 공급원 스위치를 내린다.
② 피해자 구출 후 상태가 심할 경우 인공호흡 등 응급조치를 한 후 작업을 직접 마무리하도록 도와준다.

③ 전원을 끄지 못했을 때는 고무장갑이나 고무장화를 착용하고 피해자를 구출한다.
④ 피해자가 지닌 금속체가 전선 등에 접촉되었는가를 확인한다.

49. 작업장에서 작업복을 착용하는 이유로 가장 옳은 것은?

① 작업장의 질서를 확립시키기 위해서
② 작업자의 직책과 직급을 알리기 위해서
③ 재해로부터 작업자의 몸을 보호하기 위해서
④ 작업자의 복장통일을 위해서

해설 작업복을 착용하는 이유는 재해로부터 작업자의 몸을 보호하기 위함이다.

50. 작업복에 대한 설명으로 적합하지 않은 것은?

① 작업복은 몸에 알맞고 동작이 편해야 한다.
② 착용자의 연령, 성별 등에 관계없이 일률적인 스타일을 선정해야 한다.
③ 작업복은 항상 깨끗한 상태로 입어야 한다.
④ 주머니가 너무 많지 않고, 소매가 단정한 것이 좋다.

51. 납산배터리 액체를 취급하는 데 가장 적합한 것은?

① 고무로 만든 옷
② 가죽으로 만든 옷
③ 무명으로 만든 옷
④ 화학섬유로 만든 옷

해설 납산배터리 액체(전해액)를 취급할 경우에는 고무로 만든 옷을 착용하여야 한다.

정답 **44** ①　**45** ①　**46** ①　**47** ③　**48** ②　**49** ③　**50** ②　**51** ①

52. 〈보기〉에서 작업자의 올바른 안전자세로 모두 짝지어진 것은?

> ┌ 보기 ┐
> ㉮ 자신의 안전과 타인의 안전을 고려한다.
> ㉯ 작업에 임해서는 아무런 생각 없이 작업한다.
> ㉰ 작업장 환경 조성을 위해 노력한다.
> ㉱ 작업 안전사항을 준수한다.

① ㉮, ㉯, ㉰   ② ㉮, ㉰, ㉱
③ ㉮, ㉯, ㉱   ④ ㉮, ㉯, ㉰, ㉱

53. 유해한 작업환경요소가 아닌 것은?

① 화재나 폭발의 원인이 되는 환경
② 신선한 공기가 공급되도록 하는 환풍장치 등의 설비
③ 소화기와 호흡기를 통하여 흡수되어 건강장애를 일으키는 물질
④ 피부나 눈에 접촉하여 자극을 주는 물질

54. 안전표시 중 응급치료소, 응급처치용 장비를 표시하는 데 사용하는 색채는?

① 황색과 흑색   ② 적색
③ 흑색과 백색   ④ 녹색

해설 응급치료소, 응급처치용 장비를 표시하는 데 사용하는 색채는 녹색이다.

55. 산업안전보건법령상 안전 · 보건표지에서 색채와 용도가 잘못 짝지어진 것은?

① 파란색 : 지시
② 녹색 : 안내
③ 노란색 : 위험
④ 빨간색 : 금지, 경고

해설 노란색 : 주의(충돌, 추락, 전도 및 그 밖의 비슷한 사고의 방지를 위해 물리적 위험성을 표시)

56. 사고로 인하여 위급한 환자가 발생하였다. 의사의 치료를 받기 전까지 응급처치를 실시할 때 응급처치 실시자의 준수사항으로 가장 거리가 먼 것은?

① 사고현장 조사를 실시한다.
② 원칙적으로 의약품의 사용은 피한다.
③ 의식 확인이 불가능하여도 생사를 임의로 판정하지 않는다.
④ 정확한 방법으로 응급처치를 한 후 반드시 의사의 치료를 받도록 한다.

57. 안전적인 측면에서 병 속에 들어 있는 약품을 냄새로 알아보고자 할 때 가장 좋은 방법은?

① 내용물을 조금 쏟아서 확인한다.
② 손바람을 이용하여 확인한다.
③ 숟가락으로 약간 떠내어 냄새를 직접 맡아 본다.
④ 종이로 적셔서 알아본다.

58. 다음 〈보기〉는 재해 발생 시 조치요령이다. 조치순서로 가장 적합하게 이루어진 것은?

> ┌ 보기 ┐
> ㉮ 운전 정지
> ㉯ 관련된 또 다른 재해 방지
> ㉰ 피해자 구조
> ㉱ 응급처치

① ㉮ → ㉯ → ㉰ → ㉱
② ㉰ → ㉯ → ㉱ → ㉮
③ ㉰ → ㉱ → ㉮ → ㉯

④ ㉮ → ㉰ → ㉱ → ㉯

해설 재해가 발생하였을 때 조치순서는 운전 정지 → 피해자 구조 → 응급처치 → 2차 재해 방지이다.

59. 안전·보건표지의 구분에 해당하지 않는 것은?

① 금지표지   ② 성능표지

③ 지시표지   ④ 안내표지

해설 안전표지의 종류 : 금지표지, 경고표지, 지시표지, 안내표지

60. 안전·보건표지의 종류별 용도·사용 장소·형태 및 색채에서 바탕은 흰색, 기본모형은 빨간색, 관련부호 및 그림은 검정색으로 된 표지는?

① 보조표지   ② 지시표지

③ 주의표지   ④ 금지표지

해설 금지표지 : 바탕은 흰색, 기본모형은 빨간색, 관련부호 및 그림은 검정색이다.

61. 그림과 같은 안전 표지판이 나타내는 것은?

① 비상구

② 출입금지

③ 인화성 물질경고

④ 보안경 착용

62. 산업안전 보건표지에서 그림이 나타내는 것은?

① 비상구 없음 표지

② 방사선위험 표지

③ 탑승금지 표지

④ 보행금지 표지

63. 안전·보건표지의 종류와 형태에서 그림의 표지로 맞는 것은?

① 차량통행금지   ② 사용금지

③ 탑승금지   ④ 물체이동금지

64. 안전·보건표지의 종류와 형태에서 그림의 안전표지판이 나타내는 것은?

① 보행금지   ② 작업금지

③ 출입금지   ④ 사용금지

65. 안전·보건표지의 종류와 형태에서 그림과 같은 표지는?

① 인화성 물질경고

② 금연

③ 화기금지

④ 산화성 물질경고

66. 안전·보건표지의 종류와 형태에서 그림의 안전표지판이 나타내는 것은?

① 사용금지   ② 탑승금지

③ 보행금지   ④ 물체이동금지

정답 59 ②   60 ④   61 ②   62 ④   63 ①   64 ④   65 ③   66 ④

67. 산업안전보건표지의 종류에서 경고표시에 해당되지 않는 것은?

① 방독면착용   ② 인화성물질경고
③ 폭발물경고   ④ 저온경고

68. 산업안전보건법령상 안전 · 보건표지의 종류 중 그림에 해당하는 것은?

① 산화성 물질경고
② 인화성 물질경고
③ 폭발성 물질경고
④ 급성독성 물질경고

69. 산업안전보건표지에서 그림이 표시하는 것으로 맞는 것은?

① 독극물 경고   ② 폭발물 경고
③ 고압전기 경고   ④ 낙하물 경고

70. 안전 · 보건표지의 종류와 형태에서 그림의 안전표지판이 나타내는 것은?

① 폭발물경고   ② 매달린 물체경고
③ 몸균형상실경고   ④ 방화성 물질경고

71. 안전 · 보건표지의 종류와 형태에서 그림의 안전표지판이 사용되는 곳은?

① 폭발성의 물질이 있는 장소
② 발전소나 고전압이 흐르는 장소
③ 방사능 물질이 있는 장소
④ 레이저 광선에 노출될 우려가 있는 장소

72. 보안경 착용, 방독 마스크 착용, 방진 마스크 착용, 안전모자 착용, 귀마개 착용 등을 나타내는 표지의 종류는?

① 금지표지   ② 지시표지
③ 안내표지   ④ 경고표지

73. 그림은 안전표지의 어떠한 내용을 나타내는가?

① 지시표지   ② 금지표지
③ 경고표지   ④ 안내표지

74. 안전 · 보건표지의 종류와 형태에서 그림의 표지로 맞는 것은?

① 안전복 착용   ② 안전모 착용
③ 보안면 착용   ④ 출입금지

75. 안전 · 보건표지의 종류와 형태에서 그림의 표지로 맞는 것은?

① 보행금지   ② 몸균형상실경고
③ 안전복착용   ④ 방독마스크착용

76. 안전·보건표지에서 안내표지의 바탕색은?

① 백색 ② 적색 ③ 녹색 ④ 흑색

해설 안내표지는 녹색바탕에 백색으로 안내대상을 지시하는 표지판이다.

77. 안전표지의 종류 중 안내표지에 속하지 않는 것은?

① 녹십자 표지 ② 응급구호 표지
③ 비상구 ④ 출입금지

78. 안전·보건표지의 종류와 형태에서 그림의 표지로 맞는 것은?

① 비상구 ② 안전제일표지
③ 응급구호표지 ④ 들것표지

79. 그림과 같은 안전표지판이 나타내는 것은?

① 비상구 ② 출입금지
③ 보안경 착용 ④ 인화성물질 경고

80. 화재에 대한 설명으로 틀린 것은?

① 화재가 발생하기 위해서는 가연성 물질, 산소, 발화원이 반드시 필요하다.
② 가연성 가스에 의한 화재를 D급 화재라 한다.
③ 전기에너지가 발화원이 되는 화재를 C급 화재라 한다.
④ 화재는 어떤 물질이 산소와 결합하여

연소하면서 열을 방출시키는 산화반응을 말한다.

해설 유류(기름) 및 가연성 가스에 의한 화재를 B급 화재라 한다.

81. 화재 발생 시 연소조건이 아닌 것은?

① 산소(공기) ② 점화원
③ 발화시기 ④ 가연성 물질

해설 화재가 발생하기 위해서는 가연성 물질, 산소, 점화원(발화원)이 반드시 필요하다.

82. 안전적 측면에서 인화점이 낮은 연료의 내용으로 맞는 것은?

① 화재 발생 부분에서 안전하다.
② 화재 발생 위험이 있다.
③ 연소상태의 불량 원인이 된다.
④ 압력 저하 요인이 발생한다.

해설 인화점이 낮은 연료는 화재 발생 위험이 있다.

83. 연소조건에 대한 설명으로 틀린 것은?

① 산화되기 쉬운 것일수록 타기 쉽다.
② 열전도율이 적은 것일수록 타기 쉽다.
③ 발열량이 적은 것일수록 타기 쉽다.
④ 산소와의 접촉면이 클수록 타기 쉽다.

해설 산화되기 쉬운 것일수록, 열전도율이 적은 것일수록, 발열량이 많은 것일수록, 산소와의 접촉면이 클수록 타기 쉽다.

84. 자연발화성 및 금속성 물질이 아닌 것은?

① 탄소 ② 나트륨
③ 칼륨 ④ 알킬나트륨

해설 자연발화성 및 금속성 물질에는 나트륨, 칼륨, 알킬나트륨이 있다.

85. 자연발화가 일어나기 쉬운 조건으로 틀린 것은?

① 발열량이 클 때
② 주위온도가 높을 때
③ 착화점이 낮을 때
④ 표면적이 작을 때

해설 자연발화는 발열량이 클 때, 주위온도가 높을 때, 착화점이 낮을 때, 고온다습한 환경일 때 발생하기 쉽다.

86. 가스 및 인화성 액체에 의한 화재예방조치 방법으로 틀린 것은?

① 가연성 가스는 대기 중에 자주 방출시킬 것
② 인화성 액체의 취급은 폭발한계의 범위를 초과한 농도로 할 것
③ 배관 또는 기기에서 가연성 증기의 누출여부를 철저히 점검할 것
④ 화재를 진화하기 위한 방화 장치는 위급상황 시 눈에 잘 띄는 곳에 설치할 것

87. 소화설비 선택 시 고려하여야 할 사항이 아닌 것은?

① 작업의 성질　② 작업자의 성격
③ 화재의 성질　④ 작업장의 환경

88. 목재, 종이, 석탄 등 일반 가연물의 화재는 어떤 화재로 분류하는가?

① A급 화재　② B급 화재
③ C급 화재　④ D급 화재

해설 A급 화재 : 나무, 석탄 등 연소 후 재를 남기는 일반적인 화재

89. 화재의 분류기준에서 휘발유(액상 또는 기체상의 연료성 화재)로 인해 발생한 화재는?

① A급 화재　② B급 화재
③ C급 화재　④ D급 화재

해설 B급 화재 : 휘발유, 벤젠 등 유류화재

90. 유류화재 시 소화 방법으로 부적절한 것은?

① 모래를 뿌린다.
② 다량을 물을 부어 끈다.
③ ABC소화기를 사용한다.
④ B급 화재소화기를 사용한다.

91. 작업장에서 휘발유 화재가 일어났을 경우 가장 적합한 소화 방법은?

① 물 호스의 사용
② 불의 확대를 막는 덮개의 사용
③ 소다 소화기의 사용
④ 탄산가스 소화기의 사용

해설 유류화재에는 탄산가스(이산화탄소) 소화기를 사용한다.

92. 전기시설과 관련된 화재로 분류되는 것은?

① A급 화재　② B급 화재
③ C급 화재　④ D급 화재

해설 C급 화재 : 전기화재

93. 전기화재 시 가장 좋은 소화기는?

① 포말소화기
② 이산화탄소 소화기
③ 중조산식 소화기
④ 산 · 알칼리 소화기

해설 전기화재에는 이산화탄소 소화기를 사용한다.

94. 전기설비 화재 시 가장 적합하지 않은 소화기는?

① 포말소화기
② 이산화탄소 소화기
③ 무상강화액 소화기
④ 할로겐화합물 소화기

해설 전기화재의 소화에 포말소화기는 사용해서는 안 된다.

95. 금속나트륨이나 금속칼륨 화재의 소화재로서 가장 적합한 것은?

① 물
② 포소화기
③ 건조사
④ 이산화탄소 소화기

해설 금속화재 : 금속나트륨 등의 화재로서 일반적으로 건조사를 이용한 질식효과로 소화한다.

96. 소화 작업의 기본요소가 아닌 것은?

① 가연물질을 제거하면 된다.
② 산소를 차단하면 된다.
③ 점화원을 제거시키면 된다.
④ 연료를 기화시키면 된다.

97. 화재 발생 시 초기진화를 위해 소화기를 사용하고자 할 때, 다음 〈보기〉에서 소화기 사용 방법에 따른 순서로 맞는 것은?

─| 보기 |─
㉮ 안전핀을 뽑는다.
㉯ 안전핀 걸림 장치를 제거한다.
㉰ 손잡이를 움켜잡아 분사한다.
㉱ 노즐을 불이 있는 곳으로 향하게 한다.

① ㉮ → ㉯ → ㉰ → ㉱
② ㉰ → ㉮ → ㉯ → ㉱
③ ㉱ → ㉯ → ㉰ → ㉮
④ ㉯ → ㉮ → ㉱ → ㉰

해설 소화기 사용 순서 : 안전핀 걸림 장치를 제거한다. → 안전핀을 뽑는다. → 노즐을 불이 있는 곳으로 향하게 한다. → 손잡이를 움켜잡아 분사한다.

98. 화재 발생 시 소화기를 사용하여 소화 작업을 할 때 올바른 방법은?

① 바람을 안고 우측에서 좌측을 향해 실시한다.
② 바람을 등지고 좌측에서 우측을 향해 실시한다.
③ 바람을 안고 아래쪽에서 위쪽을 향해 실시한다.
④ 바람을 등지고 위쪽에서 아래쪽을 향해 실시한다.

해설 소화기를 사용하여 소화 작업을 할 경우에는 바람을 등지고 위쪽에서 아래쪽을 향해 실시한다.

99. 전기화재에 적합하며 화재 때 화점에 분사하는 소화기로 산소를 차단하는 소화기는?

① 포말소화기
② 이산화탄소 소화기
③ 분말소화기
④ 증발소화기

해설 이산화탄소 소화기는 유류, 전기화재에 모두 적용 가능하나, 산소 차단(질식작용)에 의해 화염을 진화하기 때문에 실내에서 사용할 때는 특히 주의를 기울여야 한다.

100. 건설기계에 비치할 가장 적합한 종류의 소화기는?

① A급 화재소화기

② 포말B소화기

③ ABC소화기

④ 포말소화기

해설 건설기계에 비치할 가장 적합한 종류의 소화기는 A(일반화재)B(유류화재)C(전기화재)소화기이다.

101. 화재 및 폭발의 우려가 있는 가스 발생 장치 작업장에서 지켜야 할 사항으로 맞지 않는 것은?

① 불연성 재료의 사용 금지

② 화기의 사용 금지

③ 인화성 물질 사용 금지

④ 점화의 원인이 될 수 있는 기계 사용 금지

102. 화재 발생으로 부득이 화염이 있는 곳을 통과할 때의 요령으로 틀린 것은?

① 몸을 낮게 엎드려서 통과한다.

② 물수건으로 입을 막고 통과한다.

③ 머리카락, 얼굴, 발, 손 등을 불과 닿지 않게 한다.

④ 뜨거운 김은 입으로 마시면서 통과한다.

103. 소화하기 힘든 정도로 화재가 진행된 현장에서 제일 먼저 취하여야 할 조치로 가장 올바른 것은?

① 소화기 사용

② 화재 신고

③ 인명 구조

④ 경찰서에 신고

104. 소화방식의 종류 중 주된 작용이 질식 소화에 해당하는 것은?

① 강화액

② 호스방수

③ 에어–폼

④ 스프링클러

105. 소화 작업 시 행동 요령으로 틀린 것은?

① 카바이드 및 유류에는 물을 뿌린다.

② 가스밸브를 잠그고 전기 스위치를 끈다.

③ 전선에 물을 뿌릴 때는 송전 여부를 확인한다.

④ 화재가 일어나면 화재 경보를 한다.

해설 카바이드 및 유류에는 물을 뿌리면 더 위험하다.

106. 화상을 입었을 때 응급조치로 가장 적합한 것은?

① 옥도정기를 바른다.

② 메틸알코올에 담근다.

③ 아연화연고를 바르고 붕대를 감는다.

④ 찬물에 담갔다가 아연화연고를 바른다.

해설 화상을 입었을 때에는 찬물에 담갔다가 아연화연고를 바른다.

기계 · 기기 및 공구에 관한 사항

2-1 수공구 안전사항

(1) 수공구를 사용할 때의 주의사항

① 사용하기 전에 이상 유무를 확인한다.
② 작업자는 필요한 보호구를 착용한다.
③ 사용 전에 공구에 묻은 기름 등은 닦아 낸다.
④ 사용 후에는 정해진 장소에 보관한다.
⑤ 공구를 던져서 전달해서는 안 된다.

(2) 렌치(wrench)를 사용할 때의 주의사항

① 볼트 및 너트에 맞는 것을 사용한다.
② 렌치를 몸 안쪽으로 잡아당겨 움직이도록 한다.
③ 힘의 전달을 크게 하기 위하여 파이프 등을 끼워서 사용해서는 안 된다.
④ 렌치를 해머로 두들겨서 사용하지 않는다.

(3) 토크렌치(torque wrench)

볼트 · 너트 등을 조일 때 조이는 힘을 측정(조임력을 규정 값에 정확히 맞도록)하기 위하여 사용한다.

(4) 드라이버(driver)를 사용할 때의 주의사항

① 크기는 손잡이를 제외한 길이로 표시한다.
② 날 끝의 홈의 폭과 길이가 같은 것을 사용한다.
③ 작은 크기의 부품이라도 경우 바이스(vise)에 고정시키고 작업한다..
④ 전기 작업을 할 때에는 절연된 손잡이를 사용한다.
⑤ 정 대용으로 드라이버를 사용해서는 안 된다.

(5) 해머(hammer)를 사용할 때의 주의사항

① 녹슨 것을 때릴 때에는 반드시 보안경을 쓴다.
② 기름이 묻은 손이나 장갑을 끼고 작업하지 않는다.
③ 작게 시작하여 차차 큰 행정으로 작업한다.

2-2 드릴작업을 할 때의 주의사항

① 구멍을 거의 뚫었을 때 일감 자체가 회전하기 쉽다.
② 드릴의 탈·부착은 회전이 멈춘 다음 행한다.
③ 장갑을 끼고 작업해서는 안 된다.
④ 드릴작업을 하고자 할 때 재료 밑의 받침은 나무판을 이용한다.

2-3 그라인더(연삭숫돌) 작업을 할 때의 주의사항

① 반드시 보호안경을 착용하여야 한다.
② 안전커버를 떼고서 작업해서는 안 된다.
③ 숫돌작업은 측면에 서서 숫돌의 정면을 이용하여 연삭한다.

2-4 산소용접 작업을 할 때의 유의사항

① 반드시 소화기를 준비한다.
② 아세틸렌 밸브를 열어 점화한 후 산소밸브를 연다.
③ 점화는 성냥불로 직접 하지 않는다.
④ 산소통의 메인밸브가 얼었을 때 40~60℃ 이하의 물로 녹인다.

로더
운전기능사 | # 출제 예상 문제

01. 기계의 보수점검 시 운전 상태에서 해야 하는 작업은?

① 체인의 장력상태 확인
② 베어링의 급유상태 확인
③ 벨트의 장력상태 확인
④ 클러치의 작동상태 확인

해설 클러치의 작동상태를 확인할 때에는 운전 상태에서 하여야 한다.

02. 기계 및 기계장치를 불안전하게 취급할 수 있는 등 사고가 발생하는 원인과 가장 거리가 것은?

① 기계 및 기계장치가 너무 넓은 장소에 설치되어 있을 때
② 정리정돈 및 조명장치가 잘되어 있지 않을 때
③ 적합한 공구를 사용하지 않을 때
④ 안전장치 및 보호 장치가 잘되어 있지 않을 때

03. 기계시설의 안전 유의사항에 맞지 않는 것은?

① 회전 부분(기어, 벨트, 체인) 등은 위험하므로 반드시 커버를 씌워 둔다.
② 발전기, 용접기, 엔진 등 장비는 한곳에 모아서 배치한다.
③ 작업장의 통로는 근로자가 안전하게 다닐 수 있도록 정리정돈을 한다.
④ 작업장의 바닥은 보행에 지장을 주지 않도록 청결하게 유지한다.

해설 발전기, 용접기, 엔진 등 소음이 나는 장비는 분산시켜 배치한다.

04. 동력공구 사용 시 주의사항으로 틀린 것은?

① 보호구는 안 해도 무방하다.
② 에어 그라인더는 회전수에 유의한다.
③ 규정 공기압력을 유지한다.
④ 압축공기 중의 수분을 제거하여 준다.

05. 안전사항으로 틀린 것은?

① 전선의 연결부는 되도록 저항을 적게 해야 한다.
② 전기장치는 반드시 접지하여야 한다.
③ 퓨즈교체 시에는 기준보다 용량이 큰 것을 사용한다.
④ 계측기는 최대 측정범위를 초과하지 않도록 해야 한다.

06. 원목처럼 길이가 긴 화물을 외줄 달기 슬링용구를 사용하여 물건을 안전하게 달아 올리는 방법으로 가장 거리가 먼 것은?

① 화물의 중량이 많이 걸리는 방향을 아래쪽으로 향하게 들어올린다.
② 제한용량 이상을 달지 않는다.
③ 수평으로 달아 올린다.
④ 신호에 따라 움직인다.

해설 물건을 달아 올릴 때에는 반드시 수직으로 달아 올려야 한다.

정답 **01** ④ **02** ① **03** ② **04** ① **05** ③ **06** ③

07. 지렛대 사용 시 주의사항이 아닌 것은?

① 손잡이가 미끄럽지 않을 것
② 화물 중량과 크기에 적합한 것
③ 화물 접촉면을 미끄럽게 할 것
④ 둥글고 미끄러지기 쉬운 지렛대는 사용하지 말 것

08. 무거운 물체를 인양하기 위하여 체인블록을 사용할 때 안전상 가장 적절한 것은?

① 체인이 느슨한 상태에서 급격히 잡아당기면 재해가 발생할 수 있으므로 안전을 확인할 수 있는 시간적 여유를 가지고 작입한다.
② 무조건 굵은 체인을 사용하여야 한다.
③ 내릴 때는 하중 부담을 줄이기 위해 최대한 빠른 속도로 실시한다.
④ 이동 시는 무조건 최대거리 코스로 빠른 시간 내에 이동시켜야 한다.

해설 체인블록을 사용할 때에는 체인이 느슨한 상태에서 급격히 잡아당기면 재해가 발생할 수 있으므로 안전을 확인할 수 있는 시간적 여유를 가지고 작업한다.

09. 공기(air)기구 사용 작업에서 적당치 않은 것은?

① 공기기구의 섭동 부위에 윤활유를 주유하면 안 된다.
② 규정에 맞는 토크를 유지하면서 작업한다.
③ 공기를 공급하는 고무호스가 꺾이지 않도록 한다.
④ 공기기구의 반동으로 생길 수 있는 사고를 미연에 방지한다.

해설 공기기구의 섭동(미끄럼 운동) 부위에는 윤활유를 주유하여야 한다.

10. 수공구 사용 시 안전수칙으로 바르지 못한 것은?

① 톱 작업은 밀 때 절삭되게 작업한다.
② 줄 작업으로 생긴 쇳가루는 브러시로 털어 낸다.
③ 해머작업은 미끄러짐을 방지하기 위해서 반드시 면장갑을 끼고 작업한다.
④ 조정렌치는 조정조가 있는 부분에 힘을 받지 않게 하여 사용한다.

해설 해머작업을 할 때 장갑을 껴서는 안 된다.

11. 일반 공구사용에 있어 안전관리에 적합하지 않은 것은?

① 작업특성에 맞는 공구를 선택하여 사용할 것
② 공구는 사용 전에 점검하여 불안전한 공구는 사용하지 말 것
③ 작업 진행 중 옆 사람에서 공구를 줄 때는 가볍게 던져 줄 것
④ 손이나 공구에 기름이 묻었을 때에는 완전히 닦은 후 사용할 것

12. 공구사용 시 주의해야 할 사항으로 틀린 것은?

① 해머 작업 시 보호안경을 쓸 것
② 주위 환경에 주의해서 작업할 것
③ 손이나 공구에 기름을 바른 다음 작업할 것
④ 강한 충격을 가하지 않을 것

해설 손이나 공구에 기름이 묻은 때에는 미끄럽기 때문에 반드시 닦아 내고 작업하여야 한다.

13. 작업장에 필요한 수공구의 보관 방법으로 적합하지 않은 것은?

① 공구함을 준비하여 종류와 크기별로 보
관한다.

② 사용한 공구는 파손된 부분 등의 점검
후 보관한다.

③ 사용한 수공구는 녹슬지 않도록 손잡이
부분에 오일을 발라 보관하도록 한다.

④ 날이 있거나 뾰족한 물건은 위험하므로
뚜껑을 씌워 둔다.

해설 사용한 수공구에 오일이 묻은 경우에는 깨끗
이 닦은 후 보관하여야 한다.

14. 볼트·너트를 조일 때 사용하는 공구가
아닌 것은?

① 소켓렌치　　② 복스렌치
③ 파이프렌치　④ 토크렌치

15. 수공구인 렌치를 사용할 때 지켜야 할 안
전사항으로 옳은 것은?

① 볼트를 풀 때는 지렛대 원리를 이용하
여, 렌치를 밀어서 힘이 받도록 한다.

② 볼트를 조일 때는 렌치를 해머로 쳐서
조이면 강하게 조일 수 있다.

③ 렌치작업 시 큰 힘으로 조일 경우 연장
대를 끼워서 작업한다.

④ 볼트를 풀 때는 렌치 손잡이를 당길 때
힘을 받도록 한다.

해설 수공구로 볼트 및 너트를 풀거나 조일 때에는
렌치 손잡이를 당길 때 힘을 받도록 한다.

16. 스패너 사용 시 주의사항으로 잘못된 것
은?

① 스패너의 입이 폭과 맞는 것을 사용한다.

② 필요 시 두 개를 이어서 사용할 수 있다.

③ 스패너를 너트에 정확하게 장착하여 사
용한다.

④ 스패너의 입이 변형된 것은 폐기한다.

해설 스패너를 사용할 때 2개를 이어서 사용해서는
안 된다.

17. 렌치의 사용이 적합하지 않은 것은?

① 둥근 파이프를 죌 때 파이프렌치를 사
용하였다.

② 렌치는 적당한 힘으로 볼트, 너트를 죄
고 풀어야 한다.

③ 오픈렌치는 연료파이프의 피팅 작업에
사용해서는 안 된다.

④ 토크렌치의 용도는 볼트나 너트를 규정
토크로 조일 때만 사용한다.

18. 6각 볼트·너트를 조이고 풀 때 가장 적
합한 공구는?

① 바이스　　　② 플라이어
③ 드라이버　　④ 복스렌치

19. 복스렌치가 오픈엔드렌치보다 비교적 많
이 사용되는 이유로 옳은 것은?

① 두 개를 한 번에 조일 수 있다.

② 마모율이 적고 가격이 저렴하다.

③ 다양한 볼트, 너트의 크기를 사용할 수
있다.

④ 볼트와 너트 주위를 감싸 힘의 균형 때
문에 미끄러지지 않는다.

해설 복스렌치가 오픈엔드렌치보다 비교적 많이 사
용되는 이유는 볼트와 너트 주위를 감싸 힘의
균형 때문에 미끄러지지 않기 때문이다.

20. 볼트나 너트를 조일 때, 가장 많은 힘을 가하여 조일 수 있는 공구는?

① 조정렌치 ② 소켓렌치
③ 조합렌치 ④ 오픈렌치

해설 소켓렌치는 볼트나 너트를 조일 때, 가장 많은 힘을 가하여 조일 수 있다.

21. 해머 작업의 안전수칙으로 가장 거리가 먼 것은?

① 해머를 사용할 때 자루 부분을 확인할 것
② 공동으로 해머작업 시는 호흡을 맞출 것
③ 열처리된 장비의 부품은 강하므로 힘껏 때릴 것
④ 장갑을 끼고 해머작업을 하지 말 것

해설 열처리된 재료(담금질한 재료)는 해머로 타격해서는 안 된다.

22. 드라이버 사용 시 주의할 점으로 틀린 것은?

① 규격에 맞는 드라이버를 사용한다.
② 드라이버는 지렛대 대신으로 사용하지 않는다.
③ 클립(clip)이 있는 드라이버는 옷에 걸고 다녀도 무방하다.
④ 잘 풀리지 않는 나사는 플라이어를 이용하여 강제로 뺀다.

23. 줄 작업 시 주의사항으로 틀린 것은?

① 줄은 반드시 자루를 끼워서 사용한다.
② 줄은 반드시 바이스 등에 올려놓아야 한다.
③ 줄은 부러지기 쉬우므로 절대로 두드리거나 충격을 주어서는 안 된다.
④ 줄은 사용하기 전에 균열 유무를 충분히 점검하여야 한다.

24. 정 작업 시 안전수칙으로 부적합한 것은?

① 담금질한 재료를 정으로 쳐서는 안 된다.
② 기름을 깨끗이 닦은 후에 사용한다.
③ 머리가 벗겨진 것은 사용하지 않는다.
④ 차광안경을 착용한다.

해설 정(chisel) 작업을 할 때에는 보안경을 착용하여야 한다.

25. 마이크로미터를 보관하는 방법으로 틀린 것은?

① 습기가 없는 곳에 보관한다.
② 직사광선에 노출되지 않도록 한다.
③ 앤빌과 스핀들을 밀착시켜 둔다.
④ 측정 부분이 손상되지 않도록 보관함에 보관한다.

해설 마이크로미터를 보관할 때 앤빌과 스핀들을 밀착시켜서는 안 된다.

26. 드릴 작업 시 주의사항으로 틀린 것은?

① 작업이 끝나면 드릴을 척에서 빼놓는다.
② 칩을 털어 낼 때는 칩 털이를 사용한다.
③ 공작물은 움직이지 않게 고정한다.
④ 드릴이 움직일 때는 칩을 손으로 치운다.

27. 드릴 작업에서 드릴링 할 때 공작물과 드릴이 함께 회전하기 쉬운 때는?

① 드릴 핸들에 약간의 힘을 주었을 때
② 구멍 뚫기 작업이 거의 끝날 때
③ 작업이 처음 시작될 때
④ 구멍을 중간쯤 뚫었을 때

정답 20 ② 21 ③ 22 ④ 23 ② 24 ④ 25 ③ 26 ④ 27 ②

해설 드릴링 할 때 공작물과 드릴이 함께 회전하기 쉬운 때는 구멍 뚫기 작업이 거의 끝날 때이다.

28. 연삭기에서 연삭 칩의 비산을 막기 위한 안전방호 장치는?

① 안전덮개
② 광전식 안전 방호장치
③ 급정지 장치
④ 양수조작식 방호장치

해설 연삭기에는 연삭 칩의 비산을 막기 위하여 안 전덮개를 부착하여야 한다.

29. 연삭 작업 시 주의사항으로 틀린 것은?

① 숫돌 측면을 사용하지 않는다.
② 작업은 반드시 보안경을 쓰고 작업한다.
③ 연삭작업은 숫돌차의 정면에 서서 작업 한다.
④ 연삭숫돌에 일감을 세게 눌러 작업하지 않는다.

해설 연삭 작업은 숫돌차의 측면에 서서 작업한다.

30. 전등의 스위치가 옥내에 있으면 안 되는 것은?

① 카바이드 저장소
② 건설기계 차고
③ 공구창고
④ 절삭유 저장소

해설 카바이드에서는 아세틸렌가스가 발생하므로 전등 스위치가 옥내에 있으면 안 된다.

31. 산소가스 용기의 도색으로 맞는 것은?

① 녹색
② 노란색
③ 흰색
④ 갈색

해설 산소용기의 도색은 녹색이다.

32. 용접기에서 사용되는 아세틸렌 도관은 어떤 색으로 구별하는가?

① 흑색
② 청색
③ 녹색
④ 적색

해설 용접기에서 사용하는 아세틸렌 도관의 색은 적색이다.

33. 가스누설 검사에 가장 좋고 안전한 것은?

① 아세톤
② 성냥불
③ 순수한 물
④ 비눗물

34. 산소–아세틸렌 가스용접에 의해 발생되는 재해가 아닌 것은?

① 폭발
② 화재
③ 가스점화
④ 감전

35. 아세틸렌 용접장치의 방호장치는?

① 덮개
② 제동장치
③ 안전기
④ 자동전력방지기

해설 아세틸렌 용접장치의 방호장치는 안전기이다.

36. 산소–아세틸렌 사용 시 안전수칙으로 잘 못된 것은?

① 산소는 산소병에 35℃ 150기압으로 충 전한다.
② 아세틸렌가스의 사용압력은 15기압으 로 제한한다.
③ 산소통의 메인밸브가 얼면 60℃ 이하 의 물로 녹인다.
④ 산소의 누출은 비눗물로 확인한다.

해설 아세틸렌가스의 사용압력은 1기압으로 제한 한다.

37. 가스용접 시 사용하는 봄베의 안전수칙으로 틀린 것은?

① 봄베를 넘어뜨리지 않는다.

② 봄베를 던지지 않는다.

③ 산소 봄베는 40℃ 이하에서 보관한다.

④ 봄베 몸통에는 녹슬지 않도록 그리스를 바른다.

해설 봄베 몸통에 그리스 등의 오일을 바르면 폭발할 우려가 있다.

38. 가연성 가스 저장실의 안전사항으로 옳은 것은?

① 기름걸레를 가스통 사이에 끼워 충격을 적게 한다.

② 휴대용 전등을 사용한다.

③ 담뱃불을 가지고 출입한다.

④ 조명은 백열등으로 하고 실내에 스위치를 설치한다.

39. 교류아크용접기의 감전방지용 방호장치에 해당하는 것은?

① 2차 권선장치

② 자동전격방지기

③ 전류조절장치

④ 전자계전기

해설 교류아크용접기에 설치하는 방호장치는 자동전격방지기이다.

40. 전기용접의 아크 빛으로 인해 눈이 혈안이 되고 눈이 붓는 경우가 있다. 이럴 때 응급조치 사항으로 가장 적절한 것은?

① 안약을 넣고 계속 작업한다.

② 눈을 잠시 감고 안정을 취한다.

③ 소금물로 눈을 세정한 후 작업한다.

④ 냉습포를 눈 위에 올려놓고 안정을 취한다.

해설 아크 빛으로 인해 눈이 혈안이 되고 눈이 붓는 경우에는 냉습포를 눈 위에 올려놓고 안정을 취한다.

41. 전기용접 아크광선에 대한 설명 중 틀린 것은?

① 전기용접 아크에는 다량의 자외선이 포함되어 있다.

② 전기용접 아크를 볼 때에는 헬멧이나 실드를 사용하여야 한다.

③ 전기용접 아크 빛에 의해 눈이 따가울 때에는 따뜻한 물로 눈을 닦는다.

④ 전기용접 아크 빛이 직접 눈으로 들어오면 전광성 안염 등의 눈병이 발생한다.

42. 차체에 용접 시 주의사항이 아닌 것은?

① 용접부위에 인화될 물질이 없나 확인한 후 용접한다.

② 유리 등에 불똥이 튀어 흔적이 생기지 않도록 보호막을 씌운다.

③ 전기용접 시 접지선을 스프링에 연결한다.

④ 전기용접 시 필히 차체의 배터리 접지선을 제거한다.

제 3 장

작업상의 안전

3-1 작업장의 안전수칙

① 작업복과 안전장구를 반드시 착용한다.
② 공구에 기름이 묻은 경우에는 닦아내고 사용한다.
③ 기계의 청소나 손질은 운전을 정지시킨 후 실시한다.
④ 작업 중 입은 부상은 즉시 응급조치를 하고 보고한다.
⑤ 전원 콘센트 및 스위치 등에 물을 뿌리지 않는다.
⑥ 기름걸레나 인화물질은 철제 상자에 보관한다.

3-2 운반 작업을 할 때의 안전사항

① 힘센 사람과 약한 사람과의 균형을 잡는다.
② 중량물을 들어 올릴 때는 체인블록이나 호이스트를 이용한다.
③ 명령과 지시는 한 사람이 하도록 하고, 양손으로는 물건을 받친다.
④ 약하고 가벼운 것은 위에, 무거운 것을 밑에 쌓는다.
⑤ 드럼통과 LPG 봄베는 굴려서 운반해서는 안 된다.

3-3 벨트에 관한 안전사항

① 재해가 가장 많이 발생하는 것이 벨트이다.
② 벨트를 걸거나 벗길 때에는 정지한 상태에서 실시한다.
③ 벨트의 회전을 정지할 때에 손으로 잡아서는 안 된다.
④ 벨트가 풀리에 감겨 돌아가는 부분은 커버나 덮개를 설치한다.
⑤ 벨트의 이음쇠는 돌기가 없는 구조로 한다.

출제 예상 문제

01. 양중기에 해당되지 않는 것은?

① 곤돌라   ② 크레인

③ 리프트   ④ 지게차

해설 양중기의 종류에는 이동식 크레인, 크레인, 승강기, 리프트, 곤돌라가 있다.

02. 운반작업 시 지켜야 할 사항으로 옳은 것은?

① 운반작업은 장비를 사용하기보다는 가능한 많은 인력을 동원하여 하는 것이 좋다.

② 인력으로 운반 시 무리한 자세로 장시간 취급하지 않는다.

③ 인력으로 운반 시 보조기구를 사용하되 몸에서 멀리 떨어지게 하고, 가슴 위치에서 하중이 걸리게 한다.

④ 통로 및 인도에 가까운 곳에서는 빠른 속도로 벗어나는 것이 좋다.

03. 공장에서 엔진 등 중량물을 이동하려고 한다. 가장 좋은 방법은?

① 여러 사람이 들고 조용히 움직인다.

② 로프로 묶어 인력으로 당긴다.

③ 체인블록이나 호이스트를 사용한다.

④ 지렛대를 이용하여 움직인다.

해설 중량물을 이동하려고 할 때에는 체인블록이나 호이스트를 사용한다.

04. 무거운 짐을 이동할 때의 설명으로 틀린 것은?

① 힘겨우면 기계를 이용한다.

② 2인 이상이 작업할 때는 힘센 사람과 약한 사람과의 균형을 잡는다.

③ 지렛대를 이용한다.

④ 기름이 묻은 장갑을 끼고 한다.

05. 중량물 운반에 대한 설명으로 틀린 것은?

① 무거운 물건을 운반할 경우 주위사람에게 인지하게 한다.

② 흔들리는 중량물은 사람이 붙잡아서 이동한다.

③ 규정용량을 초과하여 운반하지 않는다.

④ 무거운 물건을 상승시킨 채 오랫동안 방치하지 않는다.

06. 작업 중 기계에 손이 끼어 들어가는 안전사고가 발생했을 경우 우선적으로 해야 할 것은?

① 신고부터 한다.

② 응급처치를 한다.

③ 기계의 전원을 끈다.

④ 신경 쓰지 않고 계속 작업한다.

07. 위험한 작업을 할 때 작업자에게 필요한 조치로 가장 적절한 것은?

① 작업이 끝난 후 즉시 알려 주어야 한다.

② 공청회를 통해 알려 주어야 한다.

③ 작업 전 미리 작업자에게 이를 알려 주어야 한다.

④ 작업하고 있을 때 작업자에게 알려 주어야 한다.

08. 작업장에 대한 안전관리상 설명으로 틀린 것은?

① 공장바닥은 폐유를 뿌려, 먼지가 일어나지 않도록 한다.
② 작업대 사이 또는 기계 사이의 통로는 안전을 위한 일정한 너비가 필요하다.
③ 항상 청결하게 유지한다.
④ 전원 콘센트 및 스위치 등에 물을 뿌리지 않는다.

해설 공장바닥에 물이나 폐유 등을 뿌려서는 안 된다.

09. 안전작업 사항으로 잘못된 것은?

① 전기장치는 접지를 하고 이동식 전기기구는 방호장치를 설치한다.
② 엔진에서 배출되는 일산화탄소에 대비한 통풍장치를 한다.
③ 주요장비 등은 조작자를 지정하여 아무나 조작하지 않도록 한다.
④ 담뱃불은 발화력이 약하므로 제한장소 없이 흡연해도 무방하다.

10. 공장 내 안전수칙으로 옳은 것은?

① 기름걸레나 인화물질은 철제 상자에 보관한다.
② 공구나 부속품을 닦을 때에는 휘발유를 사용한다.
③ 차량이 잭에 의해 올려져 있을 때는 직원 이외는 차내 출입을 삼간다.
④ 높은 곳에서 작업 시 훅을 놓치지 않게 잘 잡고, 체인블록을 이용한다.

11. 작업장 정리정돈에 대한 설명으로 틀린 것은?

① 사용이 끝난 공구는 즉시 정리한다.
② 공구 및 재료는 일정한 장소에 보관한다.
③ 폐자재는 지정된 장소에 보관한다.
④ 통로 한쪽에 물건을 보관한다.

12. 작업 시 준수해야 할 안전사항으로 틀린 것은?

① 대형물건의 기중작업 시 신호 확인을 철저히 할 것
② 자리를 비울 때 장비 작동은 자동으로 할 것
③ 정전 시에는 반드시 전원을 차단할 것
④ 고장 중인 기계에는 표시를 해 둘 것

해설 자리를 비울 때 장비 작동을 정지시켜야 한다.

13. 작업장에서 전기가 예고 없이 정전되었을 경우 전기로 작동하던 기계·기구의 조치 방법으로 가장 적합하지 않은 것은?

① 즉시 스위치를 끈다.
② 전기가 들어오는 것을 알기 위해 스위치를 켜 둔다.
③ 퓨즈의 단락 유·무를 검사한다.
④ 안전을 위해 작업장을 정리해 놓는다.

14. 기계의 회전 부분(기어, 벨트, 체인)에 덮개를 설치하는 이유는?

① 좋은 품질의 제품을 얻기 위하여
② 회전 부분의 속도를 높이기 위하여
③ 제품의 제작과정을 숨기기 위하여
④ 회전 부분과 신체의 접촉을 방지하기 위하여

15. 전장품을 안전하게 보호하는 퓨즈의 사용법으로 틀린 것은?

① 퓨즈가 없으면 임시로 철사를 감아서 사용한다.

② 회로에 맞는 전류 용량의 퓨즈를 사용한다.

③ 오래되어 산화된 퓨즈는 미리 교환한다.

④ 과열되어 끊어진 퓨즈는 과열된 원인을 먼저 수리한다.

16. 작업장의 사다리식 통로를 설치하는 관련법상 틀린 것은?

① 사다리식 통로의 길이가 10m 이상인 때에는 접이식으로 설치할 것

② 발판의 간격은 일정하게 할 것

③ 사다리가 넘어지거나 미끄러지는 것을 방지하기 위한 조치를 할 것

④ 견고한 구조로 할 것

해설 사다리식 통로의 길이가 10m 이상인 때에는 5m 이내마다 계단참을 설치할 것

17. 정비작업 시 안전에 가장 위배되는 것은?

① 깨끗하고 먼지가 없는 작업환경을 조정한다.

② 회전 부분에 옷이나 손이 닿지 않도록 한다.

③ 연료를 채운 상태에서 연료통을 용접한다.

④ 가연성 물질을 취급 시 소화기를 준비한다.

해설 연료탱크는 폭발의 우려가 있으므로 용접을 해서는 안 된다.

18. 밀폐된 공간에서 엔진을 가동할 때 가장 주의하여야 할 사항은?

① 소음으로 인한 추락

② 배출가스 중독

③ 진동으로 인한 직업병

④ 작업시간

해설 밀폐된 공간에서 엔진을 가동할 때 배출가스 중독에 주의하여야 한다.

19. 세척 작업 중 알칼리 또는 산성 세척유가 눈에 들어갔을 경우 가장 먼저 조치하여야 하는 응급처치는?

① 수돗물로 씻어 낸다.

② 눈을 크게 뜨고 바람 부는 쪽을 향해 눈물을 흘린다.

③ 알칼리성 세척유가 눈에 들어가면 붕산수를 구입하여 중화시킨다.

④ 산성 세척유가 눈에 들어가면 병원으로 후송하여 알칼리성으로 중화시킨다.

해설 세척유가 눈에 들어갔을 경우에는 가장 먼저 수돗물로 씻어 낸다.

20. 유지보수 작업의 안전에 대한 설명 중 잘못된 것은?

① 기계는 분해하기 쉬워야 한다.

② 보전용 통로는 없어도 가능하다.

③ 기계의 부품은 교환이 용이해야 한다.

④ 작업 조건에 맞는 기계가 되어야 한다.

해설 유지보수 작업을 할 때 반드시 보전용 통로가 있어야 한다.

21. 벨트 전동장치에 내재된 위험적 요소로 의미가 다른 것은?

① 트랩(trap)

② 충격(impact)

③ 접촉(contact)

④ 말림(entanglement)

해설 벨트 전동장치에 내재된 위험적 요소 : 트랩
(끼임), 접촉, 말림

22. 사고로 인한 재해가 가장 많이 발생할 수
있는 것은?

① 벨트와 풀리　　② 종감속기어
③ 차동기어장치　　④ 변속기

해설 사고로 인한 재해가 가장 많이 발생할 수 있
는 것은 벨트와 풀리이다.

23. 풀리에 벨트를 걸거나 벗길 때 안전하게
하기 위한 작동상태는?

① 중속인 상태　　② 역회전 상태
③ 정지한 상태　　④ 고속인 상태

해설 풀리에 벨트를 걸거나 벗길 때에는 정지된 상
태에서 하여야 한다.

24. 벨트 취급 시 안전에 대한 주의사항으로
틀린 것은?

① 벨트에 기름이 묻지 않도록 한다.
② 벨트의 적당한 유격을 유지하도록 한다.
③ 벨트 교환 시 회전을 완전히 멈춘 상태
에서 한다.
④ 벨트의 회전을 정지시킬 때 손으로 잡
아 정지시킨다.

해설 벨트의 회전을 정지시킬 때 손으로 잡아서는
안 된다.

25. 동력전달장치를 다루는 데 필요한 안전
수칙으로 틀린 것은?

① 커플링은 키 나사가 돌출되지 않도록
사용한다.
② 풀리가 회전 중일 때 벨트를 걸지 않도
록 한다.
③ 벨트의 장력은 정지 중일 때 확인하지

않도록 한다.
④ 회전 중인 기어에는 손을 대지 않도록
한다.

해설 벨트의 장력은 반드시 회전이 정지된 상태에
서 점검하도록 한다.

26. 건설기계 작업 시 주의사항으로 틀린 것
은?

① 운전석을 떠날 경우에는 기관을 정지시
킨다.
② 작업 시에는 항상 사람의 접근에 특별
히 주의한다.
③ 주행 시는 가능한 한 평탄한 지면으로
주행한다.
④ 후진 시는 후진 후 사람 및 장애물 등
을 확인한다.

27. 유압장치 작동 시 안전 및 유의사항으로
틀린 것은?

① 규정의 오일을 사용한다.
② 냉간 시에는 난기운전 후 작업한다.
③ 작동 중 이상소음이 생기면 작업을 중
단한다.
④ 오일이 부족하면 종류가 다른 오일이라
도 보충한다.

해설 오일이 부족할 때 종류가 다른 오일을 보충하
면 열화가 발생한다.

28. 작업장에서 공동 작업으로 물건을 들어
이동할 때 잘못된 것은?

① 힘의 균형을 유지하여 이동할 것
② 불안전한 물건은 드는 방법에 주의할 것
③ 보조를 맞추어 들도록 할 것
④ 운반도중 상대방에게 무리하게 힘을 가
할 것

정답 22 ① 　23 ③ 　24 ④ 　25 ③ 　26 ④ 　27 ④ 　28 ④

모의고사

모의고사 1

01. 건설기계 조종사의 국적변경이 있는 경우에는 그 사실이 발생한 날로부터 며칠 이내에 신고하여야 하는가?

① 15일 이내
② 10일 이내
③ 20일 이내
④ 30일 이내

02. 제1종 대형자동차 면허로 조종할 수 없는 건설기계는?

① 타이어식 기중기
② 노상안정기
③ 아스팔트살포기
④ 콘크리트펌프

03. 건설기계정비업 등록을 하지 아니한 자가 할 수 있는 정비범위가 아닌 것은?

① 오일의 보충
② 창유리 교환
③ 제동장치 수리
④ 트랙의 장력 조정

04. 건설기계를 주택가 주변에 세워 두어 교통소통을 방해하거나 소음 등으로 주민의 생활환경을 침해한 자에 대한 벌칙은?

① 200만 원 이하의 벌금
② 100만 원 이하의 벌금
③ 100만 원 이하의 과태료
④ 50만 원 이하의 과태료

05. 건설기계 운전중량 산정 시 조종사 1명의 체중으로 맞는 것은?

① 50kg
② 55kg
③ 60kg
④ 65kg

06. 건설기계의 수시검사 대상이 아닌 것은?

① 소유자가 수시검사를 신청한 건설기계
② 사고가 자주 발생하는 건설기계
③ 성능이 불량한 건설기계
④ 구조를 변경한 건설기계

07. 음주상태(혈중 알코올 농도 0.05% 이상 0.1% 미만)에서 건설기계를 조종한 자에 대한 면허효력정지 처분기준은?

① 20일
② 30일
③ 40일
④ 60일

08. 건설기계 등록신청에 대한 설명으로 맞는 것은? (단, 전시 · 사변 등 국가비상사태 하의 경우 제외)

① 시 · 군 · 구청장에게 취득한 날로부터 10일 이내 등록신청을 한다.
② 시 · 도지사에게 취득한 날로부터 15일 이내 등록신청을 한다.
③ 시 · 군 · 구청장에게 취득한 날로부터 1개월 이내 등록신청을 한다.
④ 시 · 도지사에게 취득한 날로부터 2개월 이내 등록신청을 한다.

09. 건설기계 소유자는 건설기계를 도난당한 날로부터 얼마 이내에 등록말소를 신청해야 하는가?

① 1개월 이내
② 2개월 이내
③ 3개월 이내
④ 6개월 이내

10. 특별표지판을 부착하지 않아도 되는 건설기계는?

① 최소회전 반경이 13m인 건설기계
② 길이가 17m인 건설기계
③ 너비가 3m인 건설기계
④ 높이가 3m인 건설기계

11. 습식 공기청정기에 대한 설명이 아닌 것은?

① 청정효율은 공기량이 증가할수록 높아지며, 회전속도가 빠르면 효율이 좋아진다.
② 흡입공기는 오일로 적셔진 여과망을 통과시켜 여과시킨다.
③ 공기청정기 케이스 밑에는 일정한 양의 오일이 들어 있다.
④ 공기청정기는 일정시간 사용 후 무조건 신품으로 교환해야 한다.

12. 기관에서 연료펌프로부터 보내진 고압의 연료를 미세한 안개 모양으로 연소실에 분사하는 부품은?

① 분사노즐
② 커먼레일
③ 분사펌프
④ 공급펌프

13. 납산 축전지에서 격리판의 역할은?

① 전해액의 증발을 방지한다.
② 과산화납으로 변화되는 것을 방지한다.
③ 전해액의 화학작용을 방지한다.
④ 음극판과 양극판의 절연성을 높인다.

14. 기관에서 사용되는 일체식 실린더의 특징이 아닌 것은?

① 냉각수 누출 우려가 적다.
② 라이너 형식보다 내마모성이 높다.
③ 부품 수가 적고 중량이 가볍다.
④ 강성 및 강도가 크다.

15. 기동전동기에서 전기자 철심을 여러 층으로 겹쳐서 만드는 이유는?

① 자력선 감소
② 맴돌이 전류 감소
③ 소형 경량화
④ 온도 상승 촉진

16. 디젤기관에 사용되는 연료의 구비조건으로 옳은 것은?

① 점도가 높고 약간의 수분이 섞여 있을 것
② 황의 함유량이 많을 것
③ 착화점이 높을 것
④ 발열량이 클 것

17. 기관의 윤활장치에서 엔진오일의 여과 방식이 아닌 것은?

① 전류식
② 샨트식
③ 합류식
④ 분류식

18. 직류 발전기 구성품이 아닌 것은?

① 로터코일과 실리콘 다이오드
② 전기자 코일과 정류자
③ 계철과 계자철심
④ 계자코일과 브러시

19. 기관 과열의 원인이 아닌 것은?

① 히터 스위치 고장
② 수온조절기의 고장
③ 헐거워진 냉각팬 벨트
④ 물 통로 내의 물때(scale)

20. 전조등 형식 중 내부에 불활성 가스가 들어 있으며, 광도의 변화가 적은 것은?

① 로우 빔 형식
② 하이 빔 형식
③ 실드 빔 형식
④ 세미 실드 빔 형식

21. 유압 모터의 회전속도가 규정 속도보다 느릴 경우, 그 원인이 아닌 것은?

① 유압 펌프의 오일 토출유량 과다
② 각 작동부의 마모 또는 파손
③ 유압유의 유입량 부족
④ 오일의 내부누설

22. 유압유(작동유)의 온도 상승 원인에 해당하지 않는 것은?

① 작동유의 점도가 너무 높을 때
② 유압 모터 내에서 내부마찰이 발생될 때
③ 유압 회로 내의 작동압력이 너무 낮을 때
④ 유압 회로 내에서 공동현상이 발생될 때

23. 유압장치의 장점이 아닌 것은?

① 속도제어가 용이하다.
② 힘의 연속적 제어가 용이하다.
③ 온도의 영향을 많이 받는다.
④ 윤활성, 내마멸성, 방청성이 좋다.

24. 작동유에 수분이 혼입되었을 때 나타나는 현상이 아닌 것은?

① 윤활능력 저하

② 작동유의 열화 촉진
③ 유압기기의 마모 촉진
④ 오일 탱크의 오버플로

25. 유압 회로 내의 압력이 설정압력에 도달하면 펌프에서 토출된 오일을 전부 탱크로 회송시켜 펌프를 무부하로 운전시키는데 사용하는 밸브는?

① 체크 밸브(check valve)
② 시퀀스 밸브(sequence valve)
③ 언로드 밸브(unloader valve)
④ 카운터 밸런스 밸브(counter balance valve)

26. 축압기(accumulator)의 사용목적이 아닌 것은?

① 압력보상
② 유체의 맥동감쇠
③ 유압 회로 내의 압력제어
④ 보조 동력원으로 사용

27. 유압유의 압력에 영향을 주는 요소로 가장 관계가 적은 것은?

① 유압유의 점도
② 관로의 직경
③ 유압유의 흐름량
④ 유압유 탱크 용량

28. 유압 펌프의 종류에 포함되지 않는 것은?

① 기어 펌프
② 진공 펌프
③ 베인 펌프
④ 플런저 펌프

29. 건설기계 작업 중 유압 회로 내의 유압이 상승되지 않을 때의 점검사항으로 적합

하지 않은 것은?

① 오일 탱크의 오일량 점검

② 오일이 누출되었는지 점검

③ 펌프로부터 유압이 발생되는지 점검

④ 자기탐상법에 의한 작업장치의 균열 점검

30. 유압 회로에서 오일을 한쪽 방향으로만 흐르도록 하는 밸브는?

① 릴리프 밸브(relief valve)

② 파일럿 밸브(pilot valve)

③ 체크 밸브(check valve)

④ 오리피스 밸브(orifice valve)

31. 로더장비로 작업할 수 있는 가장 적합한 것은?

① 백호 작업

② 스노 플로 작업

③ 훅 작업

④ 트럭과 호퍼에 토사 적재 작업

32. 무한궤도식 로더의 특징에 대한 설명으로 틀린 것은?

① 비교적 기동성이 떨어진다.

② 접지압이 낮아 습지나 모래지형에서 작업하기 힘들다.

③ 먼 거리 이동 시 트레일러와 같은 운반 장비가 필요하다.

④ 견인력이 크고 트랙 깊이의 수중에서도 작업이 가능하다.

33. 로더 장비에서 적재 방법이 아닌 것은?

① 프런트 엔드형

② 사이드 덤프형

③ 백호 셔블형

④ 허리꺾기형

34. 타이어식 로더의 엔진 시동순서로 맞는 것은?

① 파일럿 컷 오프 스위치 잠금 확인 → 주차 브레이크 위치 확인 → 기어레버 중립 확인 → 시동

② 기어레버 중립 확인 → 파일럿 컷 오프 스위치 잠금 확인 → 주차 브레이크 위치 확인 → 시동

③ 주차 브레이크 위치 확인 → 파일럿 컷 오프 스위치 잠금 확인 → 기어레버 중립 확인 → 시동

④ 주차 브레이크 위치 확인 → 기어레버 중립 확인 → 파일럿 컷 오프 스위치 잠금 확인 → 시동

35. 타이어식 로더에서 기관 시동 후 동력전달과정 설명으로 틀린 것은?

① 바퀴는 구동차축에 설치되며 허브에 링 기어가 고정된다.

② 토크 변환기는 변속기 앞부분에서 동력을 받고 변속기와 함께 알맞은 회전비와 토크비율을 조정한다.

③ 종감속기어는 최종감속을 하고 구동력을 증대한다.

④ 차동기어장치의 차동제한장치는 없고 유성기어장치에 의해 차동제한을 한다.

36. 로더장비에서 자동변속기가 동력전달을 하지 못한다면 그 원인으로 가장 적합한 것은?

① 연속하여 덤프트럭에 토사 상차 작업을 하였다.

② 다판 클러치가 마모되었다.

③ 오일의 압력이 과대하다.

④ 오일이 규정량 이상이다.

37. 로더의 치수(제원)에서 버킷을 최고 올림 상태에서 45° 앞으로 기울인 경우 지면에서 버킷 투스 끝단까지를 무엇이라고 하는가?

① 덤프거리
② 버킷 상승 전높이
③ 덤핑리치
④ 덤프높이

38. 타이어식 로더의 허브에 있는 유성기어 장치 기능에 대한 설명으로 맞는 것은?

① 바퀴 회전을 정지
② 바퀴 회전속도의 감속, 구동력의 감속
③ 바퀴 회전속도의 감속, 구동력의 증가
④ 바퀴 회전속도의 증속, 구동력의 증가

39. 무한궤도식 로더에서 덤핑 크리어런스가 커졌을 때 현상으로 맞는 것은?

① 상승속도가 빨라진다.
② 주행속도가 빨라진다.
③ 버킷을 들어 올리는 높이가 높아진다.
④ 롤링 속도가 빨라진다.

40. 휠 로더의 붐과 버킷레버를 동시에 당기면 작동은?

① 붐만 상승한다.
② 버킷만 오므려진다.
③ 붐은 상승하고 버킷은 오므려진다.
④ 작동이 안 된다.

41. 로더로 토사를 깎기 시작할 때 버킷을 약 몇 도 정도 기울여 깎는 것이 좋은가?

① 5°
② 15°
③45°
④ 65°

42. 로더로 지면 고르기 작업 시 한 번의 고르기를 마친 후 장비를 몇 도 회전시켜서 반복하는 것이 가장 좋은가?

① 25°
② 45°
③ 90°
④ 180°

43. 로더 작업 중 이동할 때 버킷의 높이는 지면에서 약 몇 m 정도로 유지해야 하는가?

① 0.1m
② 0.6m
③ 1.0m
④ 1.5m

44. 로더 장비에서 적재 방법이 아닌 것은?

① I – 방식
② V – 방식
③ T – 방식
④ M – 방식

45. 로더의 작업 방법으로 가장 적절한 것은?

① 버킷이 완전히 복귀된 다음 지면에서 약 0.6m 정도 올려서 주행한다.
② 적재하려는 흙더미 뒤에 트럭을 세워 놓고 로더 작업을 한다.
③ 적재물이나 트럭에 30°의 각도를 유지하면서 접근하도록 한다.
④ 버킷이 트럭 옆 1m 이내에서 방향을 바꾸어 트럭에 적재한다.

46. 로더의 시간당 작업량 증대 방법에 대한 설명 중 옳지 않은 것은?

① 로더의 버킷 용량이 큰 것을 사용한다.
② 굴삭 작업이 수반되지 않을 때에는 무한궤도식 로더를 사용한다.
③ 현장조건에 적합한 적재 방법을 선택한다.

④ 운반기계의 진입, 회전 및 로더의 적재 작업 시에 지장이 없도록 한다.

47. 로더로 퇴적된 토사를 작업하는 방법으로 틀린 것은?

① 토사에 파고들기 어려울 때는 버킷의 투스 부분을 상하로 움직이며 전진한다.

② 버킷이 토사에 충분히 파고들면 전진하면서 붐을 상승시킨다. 이때 버킷을 수평으로 유지하면서 토사를 담는다.

③ 흙을 퍼 실으면서 전진을 하면 하중이 증가하여 타이어가 헛돌기 시작한다. 이때 버킷을 조금 올려서 하중을 줄여준다.

④ 앞바퀴가 들린 상태에서는 구동력이 저하되고, 뒷바퀴 파손의 위험이 크기 때문에 이런 상태로는 작업을 진행하지 않는다.

48. 로더를 사용하여 적재물을 운반할 때의 유의사항으로 옳은 것은?

① 버킷을 1.5m 이상 올려 운행한다.

② 하중을 버킷의 한 곳에 집중시킨다.

③ 고압선 아래에서는 버킷을 최대한 올려 차실을 보호하며 운행한다.

④ 장비가 전방으로 전도되면 즉시 버킷을 하강시켜 균형을 유지하도록 한다.

49. 무한궤도식 로더로 진흙탕이나 수중 작업을 할 때 관련된 사항으로 틀린 것은?

① 작업 전에 기어실과 클러치실 등의 드레인 플러그 조임 상태를 확인한다.

② 습지용 슈를 사용했으면 주행장치의 베어링에 주유하지 않는다.

③ 작업 후에는 세차를 하고 각 베어링에 주유를 한다.

④ 작업 후 기어실과 클러치실의 드레인 플러그를 열어 물의 침입을 확인한다.

50. 로더의 작업 시작 전 점검 및 준비사항이 아닌 것은?

① 운전자 매뉴얼의 숙지

② 공사의 내용 및 절차 파악

③ 엔진오일 교환 및 연료의 보충

④ 작동유 누유와 냉각수 누수 점검

51. 안전작업 사항으로 잘못된 것은?

① 전기장치는 접지를 하고 이동식 전기기구는 방호장치를 설치한다.

② 엔진에서 배출되는 일산화탄소에 대비한 통풍장치를 한다.

③ 담뱃불은 발화력이 약하므로 제한장소 없이 흡연해도 무방하다.

④ 주요 장비 등은 조작자를 지정하여 아무나 조작하지 않도록 한다.

52. 현장에서 작업자가 작업 안전상 꼭 알아두어야 할 사항은?

① 장비의 가격

② 종업원의 작업환경

③ 종업원의 기술정도

④ 안전규칙 및 수칙

53. 전장품을 안전하게 보호하는 퓨즈의 사용법으로 틀린 것은?

① 퓨즈가 없으면 임시로 철사를 감아서 사용한다.

② 회로에 맞는 전류 용량의 퓨즈를 사용한다.

③ 오래되어 산화된 퓨즈는 미리 교환한다.

④ 과열되어 끊어진 퓨즈는 과열된 원인을 먼저 수리한다.

54. 망치(hammer) 작업 시 옳은 것은?

① 망치자루의 가운데 부분을 잡아 놓치지 않도록 할 것

② 손은 다치지 않게 장갑을 착용할 것

③ 타격할 때 처음과 마지막에 힘을 많이 가하지 말 것

④ 열처리된 재료는 반드시 해머 작업을 할 것

55. 유류화재 시 소화용으로 가장 거리가 먼 것은?

① 물　　　　② 소화기

③ 모래　　　④ 흙

56. 산업체에서 안전을 지킴으로써 얻을 수 있는 이점과 가장 거리가 먼 것은?

① 직장의 신뢰도를 높여 준다.

② 직장 상·하 동료 간 인간관계 개선효과도 기대된다.

③ 기업의 투자경비가 늘어난다.

④ 사내 안전수칙이 준수되어 질서 유지가 실현된다.

57. 먼지가 많은 장소에서 착용하여야 하는 마스크는?

① 방독마스크

② 산소마스크

③ 방진마스크

④ 일반마스크

58. 작업장에서 공동 작업으로 물건을 들어 이동할 때 잘못된 것은?

① 힘의 균형을 유지하여 이동할 것

② 불안전한 물건은 드는 방법에 주의할 것

③ 보조를 맞추어 들도록 할 것

④ 운반 도중 상대방에게 무리하게 힘을 가할 것

59. 아크용접에서 눈을 보호하기 위한 보안경 선택으로 맞는 것은?

① 도수 안경

② 차광용 안경

③ 방진 안경

④ 실험실용 안경

60. 정비 작업 시 안전에 가장 위배되는 것은?

① 깨끗하고 먼지가 없는 작업환경을 조성한다.

② 회전 부분에 옷이나 손이 닿지 않도록 한다.

③ 연료를 채운 상태에서 연료통을 용접한다.

④ 가연성 물질 취급 시 소화기를 준비한다.

모의고사 2

01. 반드시 건설기계정비업체에서 정비하여야 하는 것은?

① 오일의 보충
② 배터리의 교환
③ 창유리의 교환
④ 엔진 탈 · 부착 정비

02. 건설기계관리법상 건설기계의 소유자는 건설기계를 취득한 날부터 얼마 이내에 건설기계 등록신청을 해야 하는가?

① 2개월 이내　　② 3개월 이내
③ 6개월 이내　　④ 1년 이내

03. 건설기계의 제동장치에 대한 정기검사를 면제받기 위한 건설기계 제동장치정비 확인서를 발행받을 수 있는 곳은?

① 건설기계대여회사
② 건설기계정비업자
③ 건설기계부품업자
④ 건설기계매매업자

04. 건설기계의 조종 중에 고의 또는 과실로 가스공급시설을 손괴할 경우 조종사면허의 처분기준은?

① 면허효력정지 10일
② 면허효력정지 15일
③ 면허효력정지 25일
④ 면허효력정지 180일

05. 건설기계관리법령상 조종사 면허를 받은 자가 면허의 효력이 정지된 때에는 그 사

유가 발생한 날부터 며칠 이내에 주소지를 관할하는 시장 · 군수 또는 구청장에게 그 면허증을 반납해야 하는가?

① 10일 이내　　② 30일 이내
③ 60일 이내　　④ 100일 이내

06. 건설기계에서 구조변경 및 개조를 할 수 없는 항목은?

① 원동기의 형식변경
② 제동장치의 형식변경
③ 유압장치의 형식변경
④ 적재함의 용량 증가를 위한 구조변경

07. 건설기계 등록신청 시 첨부하지 않아도 되는 서류는?

① 호적등본
② 건설기계 소유자임을 증명하는 서류
③ 건설기계제작증
④ 건설기계제원표

08. 건설기계의 검사를 연장받을 수 있는 기간을 잘못 설명한 것은?

① 해외임대를 위하여 일시 반출된 경우 : 반출기간 이내
② 압류된 건설기계의 경우 : 압류기간 이내
③ 건설기계 대여업을 휴지한 경우 : 사업의 개시신고를 하는 때까지
④ 장기간 수리가 필요한 경우 : 소유자가 원하는 기간

09. 폐기요청을 받은 건설기계를 폐기하지 아니하거나 등록번호표를 폐기하지 아니한 자에 대한 벌칙은?

① 2년 이하의 징역 또는 2천만 원 이하의 벌금
② 1년 이하의 징역 또는 1천만 원 이하의 벌금
③ 2백만 원 이하의 벌금
④ 1백만 원 이하의 벌금

10. 건설기계 등록이 말소되는 사유에 해당하지 않은 것은?

① 건설기계를 폐기한 때
② 건설기계의 구조변경을 했을 때
③ 건설기계가 멸실되었을 때
④ 건설기계를 수출할 때

11. 기관에 사용되는 기동전동기가 회전이 안 되거나 회전력이 약한 원인이 아닌 것은?

① 시동스위치의 접촉이 불량하다.
② 배터리 단자와 터미널의 접촉이 나쁘다.
③ 브러시가 정류자에 잘 밀착되어 있다.
④ 축전지 전압이 낮다.

12. 예열플러그를 빼서 보았더니 심하게 오염되어 있다. 그 원인으로 가장 적합한 것은?

① 불완전 연소 또는 노킹
② 기관의 과열
③ 플러그의 용량 과다
④ 냉각수 부족

13. 교류발전기에서 교류를 직류로 바꾸어 주는 것은?

① 계자코일   ② 슬립링
③ 브러시   ④ 다이오드

14. 기관의 크랭크축 베어링의 구비조건으로 틀린 것은?

① 마찰계수가 클 것
② 내피로성이 클 것
③ 매입성이 있을 것
④ 추종 유동성이 있을 것

15. 전압(voltage)에 대한 설명으로 적당한 것은?

① 자유전자가 도선을 통하여 흐르는 것을 말한다.
② 전기적인 높이, 즉 전기적인 압력을 말한다.
③ 물질에 전류가 흐를 수 있는 정도를 나타낸다.
④ 도체의 저항에 의해 발생되는 열을 나타낸다.

16. 축전지의 구비조건으로 가장 거리가 먼 것은?

① 축전지의 용량이 클 것
② 전기적 절연이 완전할 것
③ 가급적 크고, 다루기 쉬울 것
④ 전해액의 누출 방지가 완전할 것

17. 디젤기관 냉각장치에서 냉각수의 비등점을 높여 주기 위해 설치된 부품으로 알맞은 것은?

① 압력식 캡   ② 냉각핀
③ 보조 탱크   ④ 코어

18. 기관의 오일 펌프 유압이 낮아지는 원인이 아닌 것은?

① 윤활유 점도가 너무 높을 때

② 베어링의 오일간극이 클 때

③ 윤활유의 양이 부족할 때

④ 오일 스트레이너가 막힐 때

19. 디젤기관의 노킹 발생 원인과 가장 거리가 먼 것은?

① 착화기간 중 연료분사량이 많다.

② 분사노즐의 분무상태가 불량하다.

③ 세탄가가 높은 연료를 사용하였다.

④ 기관이 과도하게 냉각되어 있다.

20. 일상점검 내용에 속하지 않는 것은?

① 기관 윤활유량

② 브레이크 오일량

③ 라디에이터 냉각수량

④ 연료분사량

21. 유압 실린더에서 숨 돌리기 현상이 생겼을 때 일어나는 현상이 아닌 것은?

① 작동지연 현상이 생긴다.

② 피스톤 동작이 정지된다.

③ 오일의 공급이 과대해진다.

④ 작동이 불안정하게 된다.

22. 유압장치 내의 압력을 일정하게 유지하고 최고압력을 제한하여 회로를 보호해주는 밸브는?

① 릴리프 밸브 　　② 체크 밸브

③ 제어밸브 　　　④ 로터리 밸브

23. 유압유의 점도에 대한 설명으로 틀린 것은?

① 온도가 상승하면 점도는 낮아진다.

② 점성의 정도를 표시하는 값이다.

③ 점도가 낮아지면 유압이 떨어진다.

④ 점성계수를 밀도로 나눈 값이다.

24. 유압 실린더를 교환 후 우선적으로 시행하여야 할 사항은?

① 엔진을 저속 공회전시킨 후 공기빼기작업을 실시한다.

② 엔진을 고속 공회전시킨 후 공기빼기작업을 실시한다.

③ 유압장치를 최대한 부하상태로 유지한다.

④ 시험 작업을 실시한다.

25. 그림의 유압 기호는 무엇을 표시하는가?

① 가변 유압 모터

② 유압 펌프

③ 가변 토출밸브

④ 가변 흡입밸브

26. 건설기계 유압 회로에서 유압유 온도를 알맞게 유지하기 위해 오일을 냉각하는 부품은?

① 어큐뮬레이터

② 오일 쿨러

③ 방향제어밸브

④ 유압밸브

27. 유압장치의 단점에 대한 설명 중 틀린 것은?

① 관로를 연결하는 곳에서 작동유가 누출될 수 있다.

② 고압 사용으로 인한 위험성이 존재한다.

③ 작동유 누유로 인해 환경오염을 유발할 수 있다.

④ 전기·전자의 조합으로 자동제어가 곤란하다.

28. 유압 모터의 속도를 감속하는 데 사용하는 밸브는?

① 체크 밸브
② 디셀러레이션 밸브
③ 변환 밸브
④ 압력스위치

29. 유압 작동부에서 오일이 새고 있을 때 일반적으로 먼저 점검하여야 하는 것은?

① 밸브(valve)
② 플런저(plunger)
③ 기어(gear)
④ 실(seal)

30. 유압장치의 구성요소가 아닌 것은?

① 제어밸브
② 오일 탱크
③ 유압 펌프
④ 차동장치

31. 로더의 버킷 용도별 분류 중 나무뿌리 뽑기, 제초, 제석 등 지반이 매우 굳은 땅의 굴삭 등에 적합한 버킷은?

① 스켈리턴 버킷
② 사이드 덤프 버킷
③ 래크 블레이드 버킷
④ 암석용 버킷

32. 기계식 스키드 로더로 덤프 작업을 할 때 올바른 버킷 조종법은?

① 페달의 뒷부분을 누른다.
② 페달의 앞부분을 누른다.
③ 레버를 앞으로 민다.
④ 레버를 뒤로 당긴다.

33. 타이어식 로더로 바위가 있는 현장에서 작업할 때 주의사항 중 틀린 것은?

① 슬립이 일어나지 않도록 한다.
② 타이어 공기압력을 높여 준다.
③ 컷 방지용 타이어를 사용한다.
④ 홈이 깊은 타이어를 사용한다.

34. 로더를 사용하여 적재물을 운반할 때의 유의사항으로 옳은 것은?

① 버킷을 1.5m 이상 올려 운행한다.
② 하중을 버킷의 한 곳에 집중시킨다.
③ 고압선 아래에서는 버킷을 최대한 올려 차실을 보호하며 운행한다.
④ 장비가 전방으로 전도되면 즉시 버킷을 하강시켜 균형을 유지하도록 한다.

35. 타이어식 로더의 허브에 있는 유성기어장치 기능에 대한 설명으로 맞는 것은?

① 바퀴 회전을 정지
② 바퀴 회전속도의 감속, 구동력의 감속
③ 바퀴 회전속도의 감속, 구동력의 증가
④ 바퀴 회전속도의 증속, 구동력의 증가

36. 로더의 기관시동 시 유의사항으로 잘못된 것은?

① 붐 및 버킷은 중립위치에 놓는다.
② 연료, 타이어 등을 점검 후 시동을 건다.
③ 각부의 윤활유 누출 상태를 점검 후 시동을 건다.
④ 가속페달을 완전히 밟고 시동스위치를 작동시킨다.

37. 작업장치에 투스를 부착하여 사용하는 건설기계는?

① 로더와 천공기

② 굴삭기와 로더

③ 불도저와 지게차

④ 기중기와 모터그레이더

38. 타이어식 로더의 추진축 구성부품이 아닌 것은?

① 요크　　　　　② 실린더

③ 평형추　　　　④ 센터 베어링

39. 무한궤도식 로더의 특징에 대한 설명으로 틀린 것은?

① 비교적 기동성이 떨어진다.

② 접지압이 낮아 습지나 모래지형에서 작업하기 힘들다.

③ 먼 거리 이동 시 트레일러와 같은 운반장비가 필요하다.

④ 견인력이 크고 트랙 깊이의 수중에서도 작업이 가능하다.

40. 타이어식 로더의 조향방식과 관계가 없는 것은?

① 전륜조향 방식

② 후륜조향 방식

③ 피벗회전 방식

④ 허리꺾기 방식

41. 로더의 치수(제원)에서 버킷을 최고 올림 상태에서 45° 앞으로 기울인 경우 지면에서 버킷 투스 끝단까지를 무엇이라고 하는가?

① 덤프거리　　　② 버킷 상승 전높이

③ 덤핑리치　　　④ 덤프높이

42. 로더 작업의 종료 후, 주차 시 조치사항으로 틀린 것은?

① 주차 브레이크를 작동시킨다.

② 변속기 컨트롤 레버를 중립위치에 놓는다.

③ 버킷을 지면에서 약 40cm를 유지한다.

④ 기관을 정지시키고 반드시 시동키를 뽑는다.

43. 버킷에 표준하중을 적재한 상태에서 지표 기준면에서 최대 높이로 올리는 데 필요한 시간을 무엇이라고 하는가?

① 표준 작동시간　② 덤프시간

③ 기준 시간　　　④ 상승시간

44. 로더로 퇴적 토사를 작업하는 방법으로 틀린 것은?

① 토사에 파고들기 어려울 때는 버킷의 투스 부분을 상하로 움직이며 전진한다.

② 버킷이 토사에 충분히 파고들면 전진하면서 붐을 상승시킨다. 이때 버킷을 수평으로 유지하면서 토사를 담는다.

③ 흙을 퍼 실으면서 전진을 하면 하중이 증가하여 타이어가 헛돌기 시작한다. 이때 버킷을 조금 올려서 하중을 줄여 준다.

④ 앞바퀴가 들린 상태에서는 구동력이 저하되고, 뒷바퀴 파손의 위험이 크기 때문에 이런 상태로는 작업을 진행하지 않는다.

45. 로더의 자동유압 붐 킥 아웃의 기능은?

① 붐이 일정한 높이에 이르면 자동적으로 멈추어 작업능률과 안전성을 기하는 장치

② 버킷 링크를 조정하여 덤프 실린더가 수평이 되게 하는 장치

③ 가끔 침전물이나 물을 뽑아내고 이물질을 걸러 내는 장치

④ 로더의 고속 작동 시 자동적으로 버킷의 수평을 조정하는 장치

46. 로더의 작업 시작 전 점검 및 준비사항이 아닌 것은?

① 운전자 매뉴얼의 숙지

② 공사의 내용 및 절차 파악

③ 엔진오일 교환 및 연료의 보충

④ 작동유 누유와 냉각수 누수 점검

47. 로더로 제방이나 쌓여 있는 흙더미에서 작업할 때 버킷의 날을 지면과 어떻게 유지하는 것이 가장 효과적인가?

① 20° 정도 전경시킨 각

② 30° 정도 전경시킨 각

③ 버킷과 지면이 수평으로 나란하게

④ 90° 직각을 이룬 전경각과 후경을 교차로

48. 타이어식 로더의 엔진 시동순서로 맞는 것은?

① 파일럿 컷 오프 스위치 잠금 확인 → 주차 브레이크 위치 확인 → 기어레버 중립 확인 → 시동

② 기어레버 중립 확인 → 파일럿 컷 오프 스위치 잠금 확인 → 주차 브레이크 위치 확인 → 시동

③ 주차 브레이크 위치 확인 → 파일럿 컷 오프 스위치 잠금 확인 → 기어레버 중립 확인 → 시동

④ 주차 브레이크 위치 확인 → 기어레버 중립 확인 → 파일럿 컷 오프 스위치 잠금 확인 → 시동

49. 로더의 올바른 작업 방법이 아닌 것은?

① 로더를 운전하기 전에 경적을 울려 주의를 환기시킨다.

② 10° 이상의 경사지에서는 작업이 위험하므로 작업하지 않는다.

③ 주행 시 버킷을 지면에서 100〜150cm 정도 위로 올리고 주행한다.

④ 경사지에서 방향전환은 경사가 완만하고 지반이 견고한 위치에서 실시한다.

50. 로더 작업장치에 대한 설명으로 틀린 것은?

① 붐 실린더는 붐의 상승·하강 작용을 해 준다.

② 버킷 실린더는 버킷의 오므림·벌림 작용을 해 준다.

③ 로더의 규격은 표준 버킷의 산적용량(m^3)으로 표시한다.

④ 작업장치를 작동하게 하는 실린더 형식은 주로 단동식이다.

51. 운전자가 작업 전에 장비 점검과 관련된 내용 중 거리가 먼 것은?

① 타이어 및 궤도 차륜상태

② 브레이크 및 클러치의 작동상태

③ 낙석, 낙하물 등의 위험이 예상되는 작업 시 견고한 헤드 가이드 설치상태

④ 정격용량보다 높은 회전으로 수차례 모터를 구동시켜 내구성 상태 점검

52. 작업복에 대한 설명으로 적합하지 않은 것은?

① 작업복은 몸에 알맞고 동작이 편해야 한다.

② 착용자의 연령, 성별 등에 관계없이 일률적인 스타일을 선정해야 한다.

③ 작업복은 항상 깨끗한 상태로 입어야 한다.

④ 주머니가 너무 많지 않고, 소매가 단정한 것이 좋다.

53. 공기(air)기구 사용 작업에서 적당치 않은 것은?

① 공기기구의 섭동 부위에 윤활유를 주유하면 안 된다.

② 규정에 맞는 토크를 유지하면서 작업한다.

③ 공기를 공급하는 고무호스가 꺾이지 않도록 한다.

④ 공기기구의 반동으로 생길 수 있는 사고를 미연에 방지한다.

54. 운반 작업 시 지켜야 할 사항으로 옳은 것은?

① 운반 작업은 장비를 사용하기보다는 가능한 많은 인력을 동원하여 하는 것이 좋다.

② 인력으로 운반 시 무리한 자세로 장시간 취급하지 않는다.

③ 인력으로 운반 시 보조구를 사용하되 몸에서 멀리 떨어지게 하고, 가슴위치에서 하중이 걸리게 한다.

④ 통로 및 인도에 가까운 곳에서는 빠른 속도로 벗어나는 것이 좋다.

55. 산소가스 용기의 도색으로 맞는 것은?

① 녹색

② 노란색

③ 흰색

④ 갈색

56. 원목처럼 길이가 긴 화물을 외줄 달기 슬링 용구를 사용하여 크레인으로 물건을 안전하게 달아 올리는 방법으로 가장 거리가 먼 것은?

① 화물의 중량이 많이 걸리는 방향을 아래쪽으로 향하게 들어 올린다.

② 제한용량 이상을 달지 않는다.

③ 수평으로 달아 올린다.

④ 신호에 따라 움직인다.

57. 산업공장에서 재해의 발생을 줄이기 위한 방법으로 틀린 것은?

① 폐기물은 정해진 위치에 모아 둔다.

② 공구는 소정의 장소에 보관한다.

③ 소화기 근처에 물건을 적재한다.

④ 통로나 창문 등에 물건을 세워 놓아서는 안 된다.

58. 금속나트륨이나 금속칼륨 화재의 소화재로서 가장 적합한 것은?

① 물

② 포말소화기

③ 건조사

④ 이산화탄소 소화기

59. 작업장에 대한 안전관리상 설명으로 틀린 것은?

① 항상 청결하게 유지한다.

② 작업대 사이 또는 기계 사이의 통로는 안전을 위한 일정한 너비가 필요하다.

③ 공장바닥은 폐유를 뿌려, 먼지가 일어나지 않도록 한다.

④ 전원 콘센트 및 스위치 등에 물을 뿌리지 않는다.

60. 사고 원인으로서 작업자의 불안전한 행위는?

① 안전조치 불이행

② 작업장의 환경 불량

③ 물적 위험상태

④ 기계의 결함상태

모의고사 3

01. 건설기계의 정기검사 유효기간이 1년이 되는 것은 신규등록일로부터 몇 년 이상 경과되었을 때인가?

① 5년 ② 10년 ③ 15년 ④ 20년

02. 소유자의 신청이나 시·도지사의 직권으로 건설기계의 등록을 말소할 수 있는 경우가 아닌 것은?

① 건설기계를 수출하는 경우
② 건설기계를 도난당한 경우
③ 건설기계 정기검사에 불합격된 경우
④ 건설기계의 차대가 등록 시의 차대와 다른 경우

03. 건설기계의 정기검사 신청기간 내에 정기검사를 받은 경우, 다음 정기검사 유효기간의 산정 방법으로 옳은 것은?

① 정기검사를 받은 날부터 기산한다.
② 정기검사를 받은 날의 다음 날부터 기산한다.
③ 종전 검사유효기간 만료일부터 기산한다.
④ 종전 검사유효기간 만료일의 다음 날부터 기산한다.

04. 건설기계관리법령상 특별 표지판을 부착하여야 할 건설기계의 범위에 해당하지 않는 것은?

① 높이가 4미터를 초과하는 건설기계
② 길이가 10미터를 초과하는 건설기계
③ 총중량이 40톤을 초과하는 건설기계
④ 최소회전반경이 12미터를 초과하는 건설기계

05. 건설기계 등록사항 변경이 있을 때, 소유자는 건설기계등록사항 변경신고서를 누구에게 제출하여야 하는가?

① 관할검사소장
② 고용노동부장관
③ 행정안전부장관
④ 시·도지사

06. 건설기계관리법령상 구조변경검사를 받지 아니한 자에 대한 처벌은?

① 100만 원 이하의 벌금
② 150만 원 이하의 벌금
③ 200만 원 이하의 벌금
④ 250만 원 이하의 벌금

07. 건설기계관리법령상 건설기계의 구조를 변경할 수 있는 범위에 해당되는 것은?

① 원동기의 형식변경
② 건설기계의 기종변경
③ 육상작업용 건설기계의 규격을 증가시키기 위한 구조변경
④ 육상작업용 건설기계의 적재함 용량을 증가시키기 위한 구조변경

08. 건설기계 조종사의 면허취소사유에 해당되는 것은?

① 고의로 인명피해를 입힌 때
② 과실로 1명 이상을 사망하게 한 때
③ 과실로 3명 이상에게 중상을 입힌 때
④ 과실로 10명 이상에게 경상을 입힌 때

09. 건설기계 조종사 면허를 받지 아니하고 건설기계를 조종한 자에 대한 벌칙 기준은?

① 2년 이하의 징역 또는 1천만 원 이하의 벌금
② 1년 이하의 징역 또는 1천만 원 이하의 벌금
③ 200만 원 이하의 벌금
④ 100만 원 이하의 벌금

10. 건설기계 조종사 면허가 취소되었을 경우 그 사유가 발생한 날부터 며칠 이내에 면허증을 반납하여야 하는가?

① 7일 이내   ② 10일 이내
③ 14일 이내   ④ 30일 이내

11. 실린더와 피스톤 사이에 유막을 형성하여 압축 및 연소가스가 누설되지 않도록 기밀을 유지하는 작용으로 옳은 것은?

① 밀봉작용   ② 감마작용
③ 냉각작용   ④ 방청작용

12. 퓨즈에 대한 설명 중 틀린 것은?

① 퓨즈는 정격용량을 사용한다.
② 퓨즈용량은 A로 표시한다.
③ 퓨즈는 가는 구리선으로 대용된다.
④ 퓨즈는 표면이 산화되면 끊어지기 쉽다.

13. 건설기계운전 작업 후 탱크에 연료를 가득 채워 주는 이유와 가장 관련이 적은 것은?

① 다음의 작업을 준비하기 위해서
② 연료의 기포 방지를 위해서
③ 연료 탱크에 수분이 생기는 것을 방지하기 위해서
④ 연료의 압력을 높이기 위해서

14. 기관의 동력을 전달하는 계통의 순서를 바르게 나타낸 것은?

① 피스톤 → 커넥팅로드 → 클러치 → 크랭크축
② 피스톤 → 클러치 → 크랭크축 → 커넥팅로드
③ 피스톤 → 크랭크축 → 커넥팅로드 → 클러치
④ 피스톤 → 커넥팅로드 → 크랭크축 → 클러치

15. 축전지 내부의 충·방전작용으로 가장 알맞은 것은?

① 화학작용   ② 탄성작용
③ 물리작용   ④ 기계작용

16. 가압식 라디에이터의 장점으로 틀린 것은?

① 방열기를 적게 할 수 있다.
② 냉각수의 비등점을 높일 수 있다.
③ 냉각수의 순환속도가 빠르다.
④ 냉각장치의 효율을 높일 수 있다.

17. 기관에 사용되는 여과장치가 아닌 것은?

① 공기청정기
② 오일 필터
③ 오일 스트레이너
④ 인젝션 타이머

18. 교류발전기의 부품이 아닌 것은?

① 다이오드
② 슬립링
③ 스테이터 코일
④ 전류조정기

19. 4행정 사이클 기관의 행정순서로 맞는 것은?

① 압축 → 동력 → 흡입 → 배기
② 흡입 → 압축 → 동력 → 배기
③ 압축 → 흡입 → 동력 → 배기
④ 흡입 → 동력 → 압축 → 배기

20. 건설기계에 주로 사용되는 기동전동기로 옳은 것은?

① 직류직권 전동기
② 직류분권 전동기
③ 직류복권 전동기
④ 교류 전동기

21. 유압유 관내에 공기가 혼입되었을 때 일어날 수 있는 현상이 아닌 것은?

① 공동현상　　② 기화현상
③ 열화현상　　④ 숨 돌리기 현상

22. 축압기(어큐뮬레이터)의 기능과 관계가 없는 것은?

① 충격압력 흡수
② 유압 에너지 축적
③ 릴리프 밸브 제어
④ 유압펌프 맥동흡수

23. 유압장치 내부에 국부적으로 높은 압력이 발생하여 소음과 진동이 발생하는 현상은?

① 노이즈　　　② 벤트포트
③ 캐비테이션　④ 오리피스

24. 유압장치에서 오일여과기에 걸러지는 오염물질의 발생 원인으로 가장 거리가 먼 것은?

① 유압장치의 조립과정에서 먼지 및 이물질 혼입
② 작동 중인 기관의 내부 마찰에 의하여 생긴 금속가루 혼입
③ 유압장치를 수리하기 위하여 해체하였을 때 외부로부터 이물질 혼입
④ 유압유를 장기간 사용함에 있어 고온·고압 하에서 산화 생성물이 생김

25. 유압유 온도가 과열되었을 때 유압 계통에 미치는 영향으로 틀린 것은?

① 온도 변화에 의해 유압기기가 열 변형되기 쉽다.
② 오일의 점도 저하에 의해 누출되기 쉽다.
③ 유압펌프의 효율이 높아진다.
④ 오일의 열화를 촉진한다.

26. 유압장치에서 일일 점검사항이 아닌 것은?

① 오일 필터의 오염여부 점검
② 오일 탱크의 오일량 점검
③ 호스의 손상여부 점검
④ 이음 부분의 누유 점검

27. 유압장치에 주로 사용하는 펌프형식이 아닌 것은?

① 베인 펌프
② 플런저 펌프
③ 분사 펌프
④ 기어 펌프

28. 유체 에너지를 이용하여 외부에 기계적인 일을 하는 유압기기는?

① 유압 모터
② 근접 스위치
③ 유압 탱크
④ 기동전동기

29. 유압 실린더 등의 중력에 의한 자유낙하를 방지하기 위해 배압을 유지하는 압력 제어밸브는?

① 감압밸브
② 시퀀스 밸브
③ 언로드 밸브
④ 카운터 밸런스 밸브

30. 유압유의 압력을 제어하는 밸브가 아닌 것은?

① 릴리프 밸브
② 체크 밸브
③ 리듀싱 밸브
④ 시퀀스 밸브

31. 로더에 관한 설명으로 옳은 것은?

① 붐 리프트 레버는 전경과 후경의 2가지 위치가 있다.
② 버킷 틸트 레버는 전진과 후진 2가지 위치가 있다.
③ 버킷 레버에는 버킷 벌림양이 적당하도록 미리 설정해 두는 포지션 장치가 있다.
④ 붐 실린더에는 자동적으로 상승의 위치에서 유지위치로 돌아가도록 하는 퀵 아웃 장치가 있다.

32. 로더를 경사지에서 주행할 때 주의해야 할 사항으로 틀린 것은?

① 방향전환을 위해 급선회하지 않는다.
② 주행속도 스위치를 저속으로 하여 서행한다.
③ 불가피한 정차 시 버킷을 지면에 내리고 고임목을 받쳐 준다.
④ 경사지에서의 작업은 위험하므로 작업허용 운전 경사각 30°를 초과하면 안 된다.

33. 로더가 버킷에 토사를 채운 후 후진을 하고나면 덤프트럭이 로더와 토사 더미의 사이에 들어와서 상차하는 방법은?

① 90° 회전법(T형)
② 직진 · 후진법(I형)
③ 비트식 상차법
④ V형 상차법

34. 로더를 트레일러에 상 · 하차하는 방법으로 틀린 것은?

① 언덕을 이용한다.
② 기중기를 이용한다.
③ 상 · 하차대를 이용한다.
④ 타이어를 받침으로 이용한다.

35. 하부구동장치의 점검 및 정비 조치사항으로 적합하지 않은 것은?

① 슈의 마모가 심하면 교환해야 한다.
② 스프로켓에 균열이 있을 시 교환해야 한다.
③ 트랙의 장력이 느슨하면 그리스를 주입하여 조절한다.
④ 트랙의 장력이 너무 팽팽하면 벗겨질 위험이 있기 때문에 조정해야 한다.

36. 타이어의 과다마모를 일으키는 운전 방법이 아닌 것은?

① 부하를 걸지 않은 주행
② 빈번한 급출발과 급제동
③ 과도한 브레이크를 사용
④ 도랑 등 홈이 파인 곳에 타이어 측면이 닿은 상태로 작업

37. 허리꺾기식(차체굴절식) 타이어 로더의 조향장치에 대한 설명으로 올바른 것은?

① 협소한 장소에서의 작업은 어렵다.

② 앞차체가 굴절되어 방향을 전환하여 안정성이 나쁘다.

③ 조행핸들을 작동시키면 뒷바퀴가 방향을 변환하여 선회한다.

④ 뒷바퀴는 선회축이 되고 앞바퀴가 굴절되어 작동하며 회전 반경이 크다.

38. 로더의 토사 깎기 작업 방법으로 잘못된 것은?

① 로더의 무게가 버킷과 함께 작용되도록 한다.

② 깎이는 깊이 조정은 버킷을 복귀시키면서 할 수 있다.

③ 깎이는 깊이 조정은 붐을 조금씩 상승시키면서 할 수 있다.

④ 버킷의 각도를 35°~45°로 깎기 시작하는 것이 좋다.

39. 타이어식 로더의 운전 전 점검사항이 아닌 것은?

① 유압 작동유 레벨 점검

② 타이어 공기압 점검

③ 트랜스미션 오일압력 점검

④ 버킷 투스 상태 점검

40. 로더를 사용하는 작업으로 거리가 먼 것은?

① 적재 작업

② 굴착 작업

③ 송토 작업

④ 브레이커 작업

41. 무한궤도식 로더의 운전특성을 설명한 것 중 틀린 것은?

① 조향은 허기꺾기식이다.

② 레버를 당겨 방향전환을 한다.

③ 기동성이 낮아 장거리 작업에는 불리하다.

④ 견인력이 강력하고 접지압이 낮아 습지 작업이 가능하다.

42. 로더의 일일점검 항목이 아닌 것은?

① 종감속기어 오일량

② 연료 탱크 연료량

③ 엔진 오일량

④ 냉각수량

43. 로더의 전경각은?

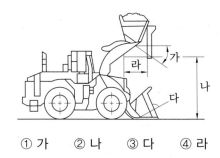

① 가   ② 나   ③ 다   ④ 라

44. 버킷을 조작하는 틸트 레버(tilt lever)의 3가지 위치가 아닌 것은?

① 유지   ② 가속

③ 전경   ④ 후경

45. 로더의 버킷을 상승시켰을 때 버킷 투스 하단과 지면과의 거리를 무엇이라 하는가?

① 덤핑 클리어런스

② 덤핑 리치

③ 전경각

④ 후경각

46. 타이어식 로더의 주차 방법으로 틀린 것은?

① 전기장치를 OFF시킨다.
② 기어 선택레버를 중립(N)위치로 한다.
③ 사이드 브레이크를 체결하고 고임목을 받친다.
④ 버킷을 지면에서 10cm 정도 올린 상태로 둔다.

47. 브레이크 페달을 밟으면 변속 클러치가 떨어져 엔진의 동력이 차축까지 전달되지 않게 하는 것은?

① 브레이크 밸브
② 메인 컨트롤 밸브
③ 프라이어리티 밸브
④ 클러치 컷 오프 밸브

48. 무한궤도식 로더의 장점이 아닌 것은?

① 강력한 견인력을 가지고 있다.
② 출력이 높아 장거리 이동성이 좋다.
③ 노면 상태가 험한 지형에서 이동이 용이하다.
④ 접지면적이 넓어서 습지, 사지에서의 이동이 용이하다.

49. 타이어식 로더에 자동제한 차동기어장치가 있을 때의 장점으로 가장 알맞은 것은?

① 변속이 용이하다.
② 충격이 완화된다.
③ 조향이 원활해진다.
④ 미끄러운 노면에서 운행이 용이하다.

50. 로더의 작업장치에 해당하지 않는 것은?

① 백호 셔블

② 아우트리거
③ 스켈리턴 버킷
④ 사이드 덤프 버킷

51. 중량물 운반 작업 시 착용하여야 할 안전화로 가장 적절한 것은?

① 중 작업용
② 보통 작업용
③ 경 작업용
④ 절연용

52. 작업 시 보안경 착용에 대한 설명으로 틀린 것은?

① 가스용접을 할 때는 보안경을 착용해야 한다.
② 절단하거나 깎는 작업을 할 때는 보안경을 착용해서는 안 된다.
③ 아크용접을 할 때는 보안경을 착용해야 한다.
④ 특수용접을 할 때는 보안경을 착용해야 한다.

53. 작업장에서 작업복을 착용하는 이유로 가장 옳은 것은?

① 작업장의 질서를 확립시키기 위해서
② 작업자의 직책과 직급을 알리기 위해서
③ 재해로부터 작업자의 몸을 보호하기 위해서
④ 작업자의 복장 통일을 위해서

54. 재해 발생 원인이 아닌 것은?

① 잘못된 작업 방법
② 관리감독 소홀
③ 방호장치의 기능 제거
④ 작업 장치 회전반경 내 출입 금지

55. 안전모에 대한 설명으로 바르지 못한 것은?

① 알맞은 규격으로 성능시험에 합격품이어야 한다.

② 구멍을 뚫어서 통풍이 잘되게 하여 착용한다.

③ 각종 위험으로부터 보호할 수 있는 종류의 안전모를 선택해야 한다.

④ 가볍고 성능이 우수하며 머리에 꼭 맞고 충격흡수성이 좋아야 한다.

56. 안전수칙을 지킴으로 발생될 수 있는 효과로 가장 거리가 먼 것은?

① 기업의 신뢰도를 높여 준다.

② 기업의 이직률이 감소된다.

③ 기업의 투자경비가 늘어난다.

④ 상하 동료 간의 인간관계가 개선된다.

57. 구동벨트를 점검할 때 기관의 상태는?

① 공회전 상태

② 급가속 상태

③ 정지 상태

④ 급감속 상태

58. 공구 및 장비 사용에 대한 설명으로 틀린 것은?

① 공구는 사용 후 공구상자에 넣어 보관한다.

② 볼트와 너트는 가능한 소켓렌치로 작업한다.

③ 토크렌치는 볼트와 너트를 푸는 데 사용한다.

④ 마이크로미터를 보관할 때는 직사광선에 노출시키지 않는다.

59. 안전하게 공구를 취급하는 방법으로 적합하지 않은 것은?

① 공구를 사용한 후 제자리에 정리하여 둔다.

② 끝부분이 예리한 공구 등을 주머니에 넣고 작업을 하여서는 안 된다.

③ 공구를 사용 전에 손잡이에 묻은 기름 등은 닦아 내어야 한다.

④ 숙달이 되면 옆 작업자에게 공구를 던져서 전달하여 작업능률을 올린다.

60. 사고를 일으킬 수 있는 직접적인 재해의 원인은?

① 기술적 원인

② 교육적 원인

③ 작업관리의 원인

④ 불안전한 행동의 원인

로더
운전기능사

모의고사 정답 및 해설

모의고사 1

01 ④

건설기계 조종사는 성명, 주민등록번호 및 국적의 변경이 있는 경우에는 그 사실이 발생한 날부터 30일 이내에 기재사항변경신고서를 주소지를 관할하는 시·도지사에게 제출하여야 한다.

02 ①

제1종 대형 운전면허로 조종할 수 있는 건설기계는 덤프트럭, 아스팔트살포기, 노상안정기, 콘크리트믹서트럭, 콘크리트펌프, 트럭적재식 천공기 등이다.

03 ③

04 ④

건설기계를 주택가 주변에 세워 두어 교통소통을 방해하거나 소음 등으로 주민의 생활환경을 침해한 자에 대한 벌칙은 50만 원 이하의 과태료

05 ④

운전중량을 산정할 때 조종사 1명의 체중은 65kg으로 한다.

06 ④

수시검사는 성능이 불량하거나 사고가 자주 발생하는 건설기계의 안전성 등을 점검하기 위하여 수시로 실시하는 검사와 건설기계 소유자의 신청을 받아 실시하는 검사이다.

07 ④

술에 취한 상태(혈중 알코올 농도 0.05% 이상 0.1% 미만)에서 건설기계를 조종한 경우 면허효력정지 60일이다.

08 ④

건설기계 등록신청은 취득한 날로부터 2개월 이내 소유자의 주소지 또는 건설기계 사용본거지를 관할하는 시·도지사에게 한다.

09 ②

건설기계를 도난당한 경우에는 도난당한 날부터 2개월 이내에 등록말소를 신청하여야 한다.

10 ④

특별표지판 부착대상 건설기계 : 길이가 16.7m 이상인 경우, 너비가 2.5m 이상인 경우, 최소회전반경이 12m 이상인 경우, 높이가 4m 이상인 경우, 총중량이 40톤 이상인 경우, 축하중이 10톤 이상인 경우

11 ④

습식 공기청정기의 엘리먼트는 스틸 울(steel wool)이므로 세척하여 다시 사용한다.

12 ①

분사노즐은 분사펌프에 보내 준 고압의 연료를 연소실에 안개 모양으로 분사하는 부품이다.

13 ④

격리판은 음극판과 양극판의 단락을 방지한다. 즉 절연성을 높인다.

14 ②

일체식 실린더는 강성 및 강도가 크고 냉각수 누출 우려가 적으며, 부품 수가 적고 중량이 가볍다.

15 ②

전기자 철심을 두께 0.35~1.0mm의 얇은 철판을

각각 절연하여 겹쳐 만든 이유는 자력선을 잘 통과시키고, 맴돌이 전류를 감소시키기 위함이다.

16 ④
디젤기관 연료(경유)의 구비조건 : 자연발화점이 낮을 것(착화가 용이할 것), 카본의 발생이 적고, 황(S)의 함유량이 적을 것, 세탄가가 높고, 발열량이 클 것, 적당한 점도를 지니며, 온도변화에 따른 점도변화가 적을 것, 연소속도가 빠를 것

17 ③
기관오일의 여과 방식에는 분류식, 샨트식, 전류식이 있다.

18 ①
직류 발전기는 전기자 코일과 정류자, 계철과 계자철심, 계자코일과 브러시 등으로 구성된다.

19 ①
기관 과열 원인 : 수온조절기의 고장, 헐거워진 냉각팬 벨트, 물 통로 내의 물때, 냉각수 부족

20 ③
실드 빔 형식 전조등 : 반사경에 필라멘트를 붙이고 여기에 렌즈를 녹여 붙인 후 내부에 불활성 가스를 넣어 그 자체가 1개의 전구가 되도록 한 것이다.

21 ①
유압 펌프의 오일 토출유량이 과다하면 유압 모터의 회전속도가 빨라진다.

22 ③
유압 회로 내의 작동압력이 너무 높을 때 열이 발생한다.

23 ③
유압장치는 온도의 영향을 많이 받는 단점이 있다.

24 ④
오일 탱크에서 오버플로(over flow, 흘러넘침)가 발생하는 경우는 공기가 혼입된 경우이다.

25 ③
언로드(무부하) 밸브는 유압 회로 내의 압력이 설정압력에 도달하면 펌프에서 토출된 오일을 전부 탱크로 회송시켜 펌프를 무부하로 운전시키는 데 사용한다.

26 ③
어큐뮬레이터(축압기)의 용도 : 압력보상, 체적변화 보상, 유압 에너지 축적, 유압회로 보호, 맥동 감쇠, 충격압력 흡수, 일정압력 유지, 보조 동력원으로 사용 등

27 ④
압력에 영향을 주는 요소는 유체의 흐름량, 유체의 점도, 관로직경의 크기이다.

28 ②
유압 펌프의 종류에는 기어 펌프, 베인 펌프, 피스톤(플런저) 펌프, 나사 펌프, 트로코이드 펌프 등이 있다.

29 ④
유압 상승이 되지 않을 경우 점검사항 : 유압 펌프로부터 유압이 발생되는지 점검, 오일 탱크의 오일량 점검, 릴리프 밸브의 고장인지 점검, 오일이 누출되었는지 점검

30 ③
체크 밸브(check valve)는 역류를 방지하고, 회로 내의 잔류압력을 유지시키며, 오일의 흐름이 한쪽 방향으로만 가능하게 한다.

31 ④
로더는 트럭과 호퍼에 토사 적재 작업에 적합하다.

32 ②
무한궤도형은 접지압이 낮아 습지나 모래지형에서 작업하기 용이하다.

33 ④
로더의 적재 방법에는 프런트 엔드형, 사이드 덤프형, 백호 셔블형, 오버헤드형 등이 있다.

34 ④

타이어식 로더의 엔진 시동순서 : 주차 브레이크 위치 확인 → 기어레버 중립 확인 → 파일럿 컷오프 스위치 잠금 확인 → 시동

35 ④

타이어식 로더의 동력전달장치의 구조

㉠ 차동기어장치의 동력이 차축을 통하여 유성기어장치로 전달되며 유성기어장치는 동력을 감속하여 바퀴로 전달한다.

㉡ 종감속기어는 각 바퀴에 부착된 유성기어장치를 사용한다.

㉢ 유성기어장치는 선 기어, 유성기어, 링 기어 등으로 되어 있으며 선 기어는 차축 끝에 설치되어 유성기어를 회전시키고, 유성기어는 링 기어를 회전시킨다.

㉣ 바퀴는 링 기어로부터 동력을 받아서 회전한다.

36 ②

다판 클러치가 마모되면 자동변속기가 동력전달을 하지 못한다.

37 ④

덤프높이 : 버킷을 최고 올림 상태에서 45° 앞으로 기울인 경우 지면에서 버킷 투스 끝단까지이다.

38 ③

허브에 있는 유성기어장치 기능은 바퀴 회전속도의 감속, 구동력의 증가이다.

39 ③

덤핑 크리어런스가 커지면 버킷을 들어 올리는 높이가 높아진다.

40 ③

붐과 버킷레버를 동시에 당기면 붐은 상승하고 버킷은 오므려진다.

41 ①

버킷의 각도는 5°로 깎기 시작하는 것이 좋다.

42 ②

로더로 지면 고르기 작업을 할 때 한 번의 고르기를 마친 후 장비를 45° 회전시켜서 반복하는 것이 가장 좋다.

43 ②

트럭이나 쌓여 있는 흙 쪽으로 이동할 때에는 버킷을 지면에서 약 0.6~0.9m 정도 위로 하는 것이 좋다.

44 ④

로더의 상차 방법에는 직진·후진법(I형), 90° 회전법(T형), V형 상차법(V형), L형 등이 있다.

45 ①

로더의 작업 방법

㉠ 버킷을 완전히 복귀시킨 후 버킷을 지면에서 60~90cm 정도 올린 후 주행한다.

㉡ 토사를 상차할 때 로더는 덤프트럭과 토사 더미 사이에 45°를 유지하면서 작업한다.

㉢ 덤프트럭에 토사를 상차하려고 로더가 방향을 바꿀 때에는 버킷과 트럭과 옆의 거리는 3.0~3.7m 정도가 좋다.

㉣ 토사를 상차할 때 덤프트럭은 토사더미 가장자리에 90°로 세워 둔다.

46 ②

굴삭 작업이 수반되지 않을 때에는 타이어형 로더를 사용한다.

47 ②

버킷이 토사에 충분히 파고들면 전진하면서 붐을 상승시키고, 이때 버킷을 오므리면서 토사를 담는다.

48 ④

49 ②

진흙탕이나 수중 작업을 할 때에는 작업 종료 후 주행장치를 세척하고 그리스를 주유한다.

50 ③

51 ③

52 ④

53 ①

54 ③

55 ①

56 ③

57 ③
분진(먼지)이 발생하는 장소에서는 방진마스크를 착용하여야 한다.

58 ④

59 ②

60 ③
연료 탱크는 폭발의 우려가 있으므로 용접을 해서는 안 된다.

모의고사 2

---

01 ④

02 ①
건설기계 등록신청은 건설기계를 취득한 날로부터 2개월(60일) 이내 하여야 한다.

03 ②
건설기계 제동장치정비 확인서는 건설기계정비업자가 발행한다.

04 ④
건설기계를 조종 중에 고의 또는 과실로 가스공급시설을 손괴한 경우 면허효력정지 180일이다.

05 ①
건설기계 조종사 면허가 취소되었을 경우 그 사유가 발생한 날로부터 10일 이내에 면허증을 반납해야 한다.

06 ④
건설기계의 구조변경을 할 수 없는 경우
㉠ 건설기계의 기종변경
㉡ 육상작업용 건설기계의 규격을 증가시키기 위한 구조변경
㉢ 육상작업용 건설기계의 적재함 용량을 증가시키기 위한 구조변경

07 ①
건설기계를 등록할 때 필요한 서류 : 건설기계제작증(국내에서 제작한 건설기계의 경우), 수입면장 기타 수입 사실을 증명하는 서류(수입한 건설기계의 경우), 매수증서(관청으로부터 매수한 건설기계의 경우), 건설기계의 소유자임을 증명하는 서류, 건설기계제원표, 자동차손해배상보장법에 따른 보험 또는 공제의 가입을 증명하는 서류

08 ④

09 ②
폐기요청을 받은 건설기계를 폐기하지 아니하거나 등록번호표를 폐기하지 아니한 자의 벌칙은 1년 이하의 징역 또는 1천만 원 이하의 벌금에 처한다.

10 ②
건설기계의 구조변경을 했을 때에는 구조변경검사를 받는다.

11 ③
브러시 스프링 장력이 약해 정류자의 밀착이 불량할 때 기동전동기가 회전하지 못하거나 회전력이 약해진다.

12 ①

예열플러그가 심하게 오염되는 경우는 불완전 연소 또는 노킹이 발생하였기 때문이다.

13 ④

교류발전기 다이오드의 역할은 교류를 정류하고, 역류를 방지한다.

14 ①

크랭크축 베어링의 구비조건 : 하중 부담능력 및 매입성이 있을 것, 내부식성 및 내피로성이 있을 것, 마찰계수가 적고, 추종 유동성이 있을 것, 길들임성이 좋을 것

15 ②

16 ③

축전지의 구비조건 : 소형 · 경량이고, 수명이 길 것, 심한 진동에 견딜 수 있어야 하며, 다루기 쉬울 것, 용량이 크고, 가격이 쌀 것, 전기적 절연이 완전할 것, 전해액의 누출 방지가 완전할 것

17 ①

냉각장치 내의 비등점(비점)을 높이고, 냉각범위를 넓히기 위하여 압력식 캡을 사용한다.

18 ①

윤활유 점도가 너무 높으면 유압이 높아진다.

19 ③

세탄가가 낮은 연료를 사용하면 노킹이 발생한다.

20 ④

21 ③

숨 돌리기 현상은 유압유의 공급이 부족할 때 발생한다.

22 ①

릴리프 밸브는 유압장치 내의 압력을 일정하게 유지하고, 최고압력을 제한하며 회로를 보호하며, 과부하 방지와 유압기기의 보호를 위하여 최고압력을 규제한다.

23 ④

유압유의 점도 : 점성의 정도를 나타내는 척도이며, 온도가 상승하면 점도는 저하하고, 온도가 내려가면 점도는 높아진다. 점도가 낮아지면 유압이 낮아지고, 높으면 유압은 높아진다.

24 ①

유압 실린더를 교환한 후에는 엔진을 저속 공회전시킨 다음 공기빼기 작업을 실시한다.

25 ①

26 ②

27 ④

유압장치는 전기 · 전자의 조합으로 자동제어가 가능하다.

28 ②

디셀러레이션 밸브는 캠(cam)으로 조작되는 유압 밸브이며 액추에이터의 속도를 서서히 감속시킬 때 사용한다.

29 ④

유압 작동 부분에서 오일이 누유되면 가장 먼저 실(seal)을 점검하여야 한다.

30 ④

31 ③

로더 버킷의 종류

㉠ 스켈리턴 버킷 : 물 등이 배출될 수 있는 구조로 되어 있어 자갈을 채취할 때 적합하다.

㉡ 사이드 덤프 버킷 : 적재물을 옆으로 적재할 수 있는 구조의 버킷이다.

㉢ 래크 블레이드 버킷 : 나무뿌리 뽑기, 제초, 제석 등 지반이 매우 굳은 땅의 굴삭 등에 적합하다.

㉣ 암석용 버킷 : 돌, 자갈 등의 채취에 적합하다.

32 ②

기계식 스키드 로더로 덤프 작업을 할 때에는 페달의 앞부분을 누른다.

33 ②

34 ④

35 ③
허브에 있는 유성기어장치 기능은 바퀴 회전속도의 감속, 구동력의 증가이다.

36 ④
기관을 시동할 때에는 브레이크 페달을 완전히 밟고 시동스위치를 작동시킨다.

37 ②
굴삭기와 로더의 버킷에는 투스(tooth)를 부착한다.

3 8 ②
추진축은 요크, 평형추, 센터 베어링 등으로 구성되어 있다.

39 ②
무한궤도형은 접지압이 낮아 습지나 모래지형에서 작업하기 용이하다.

40 ③

41 ④
덤프높이 : 버킷을 최고 올림 상태에서 45° 앞으로 기울인 경우 지면에서 버킷 투스 끝단까지이다.

42 ③
주차를 할 때에는 버킷을 지면에 내려놓아야 한다.

43 ④
상승시간 : 버킷에 표준하중을 적재한 상태에서 지표 기준면에서 최대 높이로 올리는 데 필요한 시간이다.

44 ②
버킷이 토사에 충분히 파고들면 전진하면서 붐을 상승시키고, 이때 버킷을 오므리면서 토사를 담는다.

45 ①
붐 킥 아웃 장치는 붐이 일정한 높이에 이르면 자동적으로 멈추어 작업능률과 안전성을 기하는 장치이다.

46 ③

47 ③
로더로 제방이나 쌓여 있는 흙더미에서 작업할 때 버킷의 날을 지면과 수평으로 나란하게 유지하는 것이 가장 좋다.

48 ④
타이어식 로더의 엔진 시동순서 : 주차 브레이크 위치 확인 → 기어레버 중립 확인 → 파일럿 컷 오프 스위치 잠금 확인 → 시동

49 ③
주행할 때에는 버킷을 지면에서 60~90cm 정도 위로 올리고 주행한다.

50 ④
작업장치를 작동시키는 유압 실린더는 복동식을 사용한다.

51 ④

52 ②

53 ①
공기기구의 섭동 부위에 윤활유를 주유하여야 한다.

54 ②

55 ①
충전용기의 도색 : 산소용기 – 녹색, 아세틸렌용기 – 적색 또는 노란색

56 ③
크레인으로 물건을 안전하게 달아 올릴 때에는 수직으로 올린다.

57 ③

58 ③
D급 화재는 금속나트륨, 금속칼륨 등의 화재로서 일반적으로 건조사를 이용한 질식효과로 소화한다.

59 ③

60 ①

모의고사 3

01 ④

건설기계의 정기검사 유효기간이 1년이 되는 것은 신규등록일로부터 20년 이상 경과되었을 때이다.

02 ③

건설기계 정기검사에 불합격된 경우에는 정비명령을 받는다.

03 ④

건설기계의 정기검사 신청기간 내에 정기검사를 받은 경우 다음 정기검사 유효기간의 산정은 종전 검사유효기간 만료일의 다음 날부터 기산한다.

04 ②

특별표지판 부착대상 건설기계 : 길이가 16.7m 이상인 경우, 너비가 2.5m 이상인 경우, 최소회전반경이 12m 이상인 경우, 높이가 4m 이상인 경우, 총중량이 40톤 이상인 경우, 축하중이 10톤 이상인 경우

05 ④

건설기계의 소유자는 건설기계 등록사항에 변경(주소지 또는 사용본거지가 변경된 경우를 제외한다)이 있는 때에는 그 변경이 있는 날부터 30일 이내에 등록을 한 시·도지사에게 제출하여야 한다.

06 ①

구조변경검사 또는 수시검사를 받지 아니한 자는 100만 원 이하의 벌금에 처한다.

07 ①

건설기계의 구조변경을 할 수 없는 범위 : 건설기계의 기종변경, 육상작업용 건설기계의 규격을 증가시키기 위한 구조변경, 육상작업용 건설기계의 적재함 용량을 증가시키기 위한 구조변경

08 ①

09 ②

건설기계조종사면허를 받지 아니하고 건설기계를 조종한 자는 1년 이하의 징역 또는 1,000만 원 이하의 벌금

10 ②

건설기계 조종사 면허가 취소되었을 경우 그 사유가 발생한 날로부터 10일 이내에 면허증을 반납해야 한다.

11 ①

밀봉작용은 기밀유지 작용이라고도 하며, 실린더와 피스톤 사이에 유막을 형성하여 압축 및 연소가스가 누설되지 않도록 기밀을 유지한다.

12 ③

13 ④

작업 후 탱크에 연료를 가득 채워 주는 이유 : 다음의 작업을 준비하기 위해서, 연료의 기포 방지를 위해서, 연료 탱크 내의 공기 중의 수분이 응축되어 물이 생기는 것을 방지하기 위함이다.

14 ④

실린더 내에서 폭발이 일어나면 피스톤 → 커넥팅로드 → 크랭크축 → 플라이휠(클러치) 순서로 전달된다.

15 ①

축전지 내부의 충·방전작용은 화학적 에너지를 전기적 에너지로 변환시키는 화학작용을 이용한다.

16 ③

가압 방식(압력 순환 방식) 라디에이터의 장점 : 라디에이터(방열기)를 적게 할 수 있고, 냉각수의 비등점을 높여 비등에 의한 손실을 줄일 수 있으며, 냉각수 손실이 적어 보충횟수를 줄일 수 있고, 기관의 열효율이 향상된다.

17 ④

18 ④
교류발전기는 전류를 발생하는 스테이터(stator), 전류가 흐르면 전자석이 되는(자계를 발생하는) 로터(rotor), 스테이터 코일에서 발생한 교류를 직류로 정류하는 다이오드, 여자전류를 로터코일에 공급하는 슬립링과 브러시, 엔드 프레임 등으로 구성되어 있다.

19 ②

20 ①
기관 시동으로 사용하는 전동기는 직류직권 전동기이다.

21 ②
관로에 공기가 침입하면 실린더 숨 돌리기 현상, 열화 촉진, 공동현상 등이 발생한다.

22 ③
어큐뮬레이터(축압기)의 용도 : 압력보상, 체적변화 보상, 유압 에너지 축적, 유압회로 보호, 맥동 감쇠, 충격압력 흡수, 일정압력 유지, 보조 동력원으로 사용 등

23 ③
캐비테이션(공동현상) : 유압이 진공에 가까워짐으로써 기포가 발생하며, 기포가 파괴되어 국부적인 고압이나 소음과 진동이 발생하고, 양정과 효율이 저하되는 현상

24 ②

25 ③
유압유가 과열되면 : 작동유의 열화 촉진, 작동유의 점도의 저하에 의해 누출, 유압장치의 효율 저하, 온도 변화에 의해 유압기기의 열 변형 발생, 작동유의 산화작용 촉진, 유압장치의 작동불량 현상 발생, 기계적인 마모 발생

26 ①

27 ③
유압 펌프의 종류에는 기어 펌프, 베인 펌프, 피스톤(플런저) 펌프, 나사 펌프, 트로코이드 펌프 등이 있다.

28 ①
유압 모터는 유체 에너지를 이용하여 외부에 기계적인 일(회전운동)을 하는 유압기기이다.

29 ④
카운트 밸런스 밸브는 유압 실린더 등이 중력 및 자체중량에 의한 자유낙하를 방지하기 위해 배압을 유지한다.

30 ②
압력제어밸브의 종류에는 릴리프 밸브, 리듀싱(감압) 밸브, 시퀀스(순차) 밸브, 언로드(무부하) 밸브, 카운터 밸런스 밸브 등이 있다.

31 ④
로더의 작업제어 레버의 작동
㉠ 붐 리프트 레버에는 상승, 유지, 하강, 부동의 4가지 위치가 있다.
㉡ 버킷 틸트 레버에는 전경, 후경, 유지의 3가지 위치가 있다.
㉢ 버킷 틸트 레버에는 버킷을 지면에 내려놓았을 때 굴착각도가 적당히 되도록 설정해 주는 포지션 장치가 있다.

32 ④

33 ②
직진 · 후진법(I형) : 로더가 버킷에 토사를 채운 후에 덤프트럭이 토사 더미와 버킷 사이로 들어오면 상차하는 방법

34 ④

35 ④
트랙의 장력이 너무 느슨하면 벗겨질 위험이 있기 때문에 조정해야 한다.

36 ①

37 ②

허리꺾기 조향방식은 유압 실린더를 사용하여 앞 차체를 굴절하여 조향하며, 선회반경이 작아 좁은 장소에서의 작업에 유리한 장점이 있으나 안정성 이 나쁘다.

38 ④

버킷의 각도는 5°로 깎기 시작하는 것이 좋다.

39 ③

40 ④

브레이커 작업은 굴삭기로 할 수 있다.

41 ①

타이어형 로더에서 허리꺾기 조향을 사용한다.

42 ①

43 ①

44 ②

틸트 레버(tilt lever)의 3가지 위치는 유지, 전경, 후경이다.

45 ①

덤핑 클리어런스란 버킷을 상승시켰을 때 버킷 투스 하단과 지면과의 거리이며, 덤핑 리치란 적 재할 수 있는 길이이다.

46 ④

47 ④

클러치 컷 오프 밸브는 브레이크 페달을 밟으면 변속 클러치가 떨어져 엔진의 동력이 차축까지 전달되지 않도록 하는 장치이다.

48 ②

무한궤도식 로더는 강력한 견인력을 가지고 있으 며, 노면 상태가 험한 지형에서 이동이 용이하고, 접지면적이 넓어서 습지, 사지에서의 이동이 용이 한 장점이 있으나 이동성이 낮은 단점이 있다.

49 ④

자동제한 차동기어장치가 있으면 미끄러운 노면 에서 운행이 용이하다.

50 ②

51 ①

중량물 운반 작업을 할 때에는 중 작업용 안전화 를 착용하여야 한다.

52 ②

53 ③

54 ④

55 ②

56 ③

57 ③

58 ③

59 ④

60 ④

재해의 직접적인 원인은 작업자의 불안전 행동 이다.

로더 운전기능사

2019년 4월 20일 인쇄
2019년 4월 25일 발행

저자 : 박광암
펴낸이 : 이정일

펴낸곳 : 도서출판 일진사
www.iljinsa.com

(우)04317 서울시 용산구 효창원로 64길 6
대표전화 : 704-1616, 팩스 : 715-3536
등록번호 : 제1979-000009호(1979.4.2)

값 14,000원

ISBN : 978-89-429-1584-2